解析内向者的心理和性格 给你自我改变的技巧法则

改变心态 淬炼性格 自我突破

每天学点 内向者心理学

内向，常常被人们与胆小、自卑、懦弱相关联；内向，似乎成了很多人成功路上的拦路虎；
然而内向，它并不是一个贬义词……
内向者，往往有着专属于自己的优势：
细心、谨慎、沉稳、敏锐、乐于倾听……

金岩 韩双桥◎编著

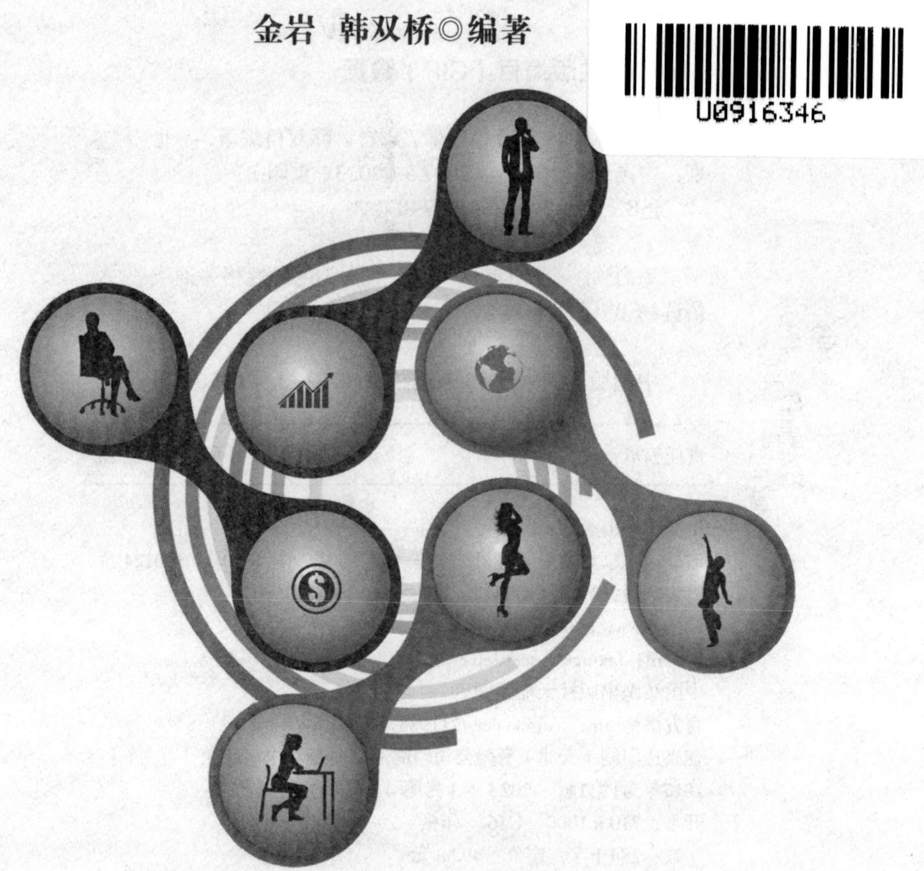

打破常人认知中外向者更有能力的假相，发挥内向者的本来优势；
教会内向者建立自信、扬长避短、改善自我、迎接成功。

中国纺织出版社

内 容 提 要

许多人性格内向，不善言辞，在生活和工作中错失了许多机会，但他们的冷静、专注、独立等优点又让他们很快找到属于自己的位置。对于内向者而言，一定要坚信自己的闪光点，发挥出性格的优势。

本书通过生动形象的故事，通俗易懂的语言，为您全面展示内向者的性格优势及心理特征，让内向者能够从中感受到共鸣。同时，通过日常交际中的人际关系、职场、家庭、婚姻方面的具体案例，引导内向者放松身心、管理情绪、扬长避短，发挥自身的优势。

图书在版编目（CIP）数据

每天读点内向者心理学 / 金岩，韩双桥编著. --北京：中国纺织出版社，2017.5（2023.1 重印）
ISBN 978-7-5180-3347-8

Ⅰ.①每… Ⅱ.①金… ②韩… Ⅲ.①内倾性格—通俗读物 Ⅳ.①B848.6-49

中国版本图书馆CIP数据核字（2017）第035692号

责任编辑：闫 星　　责任印制：储志伟

中国纺织出版社出版发行
地址：北京市朝阳区百子湾东里 A407 号楼　邮政编码：100124
销售电话：010—67004422　传真：010—87155801
http：//www.c-textilep.com
E-mail：faxing@c-textilep.com
中国纺织出版社天猫旗舰店
官方微博http：//weibo.com/2119887771
佳兴达印刷（天津）有限公司印刷　各地新华书店经销
2017年5月第1版　2023 年 1 月第 4 次印刷
开本：710×1000　1/16　印张：20
字数：284千字　定价：49.80 元

前言

2012年，青海公务员考试第一名，被以“性格内向”为由拒录的事件引起热议。一时之间，众多性格内向的同学不禁人人自危。实际上，大可不必有这样的想法，毕竟内向并非全是劣势，内向也有许多优势。

通常外向者比较热衷于人际交往，他们热情活泼、喜欢说话，充满自信、喜欢交友，他们在社交聚会中感到快乐，比如宴会、社区活动等。外向者比较愿意与他人共处而不是独处，他们崇尚冒险精神且常常表现出领导才能。

内向者通常都是安静的、低调的、深思熟虑的，很少参加相关的社交活动。内向者在独自的活动中感到快乐，比如阅读、写作、绘画、看电影、发明、设计、编程和打电脑游戏。当然，许多艺术家，比如作家、雕刻家、作曲家以及发明家都是非常内向的。内向者大多数时间愿意独处而不愿意与他人共处，在生活中，他们通常是三思而后行。

基于内向者与外向者之间的特点，在许多人看来，外向者有着先天的优势，站在人群中，他们热情开朗；走在路上，他们也是魅力非凡。而内向者与外向者有天壤之别，即便站在人群中，他们也会在角落里；走在路上，他们好像穿着“隐形衣”。但根据著名心理学家艾森克的观点，内向者在后天的行为，不仅懂得保护自己，而且善于调整自己，在追求成功的路途中，内向者比外向者更明智。

有这样一个故事：有一天，国王来到牢房对所有的死囚说：“假如你们中间有谁能从这间牢房里从容不迫地走出去，我不但赦免他死罪，而且赐良田百顷。”所有的囚徒，你看看我，我看看你，再看看这间坚不可摧的牢房，纷纷摇头表示自己无能为力。这时，一个性格内向的囚徒站起身向牢门走去，他只是用手试了试，最后抓住锁门的铁链条轻轻一拉，门一下子就被打开了，原来牢房是由铁链条虚挂着的。

大量事实证明，内向者比外向者更具有潜能，只是他们尚待发掘而已。在生活中，许多内向者最后都成了老板或领导者，因为他们比较有主见，有创造力，逻辑和判断能力都非常强，经常会给人严肃的印象，看起来非常威严，言语不多却见解独特，具有极大的影响力。而性格外向的人尽管各方面都发展得不错，却不容易攀登到最高峰。

所以，你还在为自己是内向者而感到自卑吗？假如你还不够自信，不妨阅读一下本书，它将帮助你寻找到内向者潜藏的力量，使自己成为优秀的内向者！

编著者

2016 年 6 月

目录
CONTENTS

上篇　解码内向者的心理特征

下篇　激发内向者的心理潜能

上篇

解码内向者的心理特征

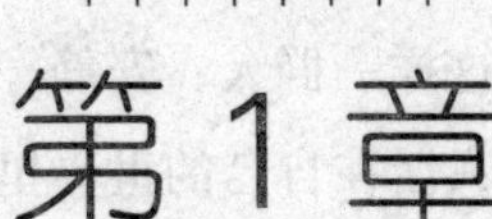

内向者心理特点

内向是心理学上指气质中指向性的一种，艾森克个性问卷对典型的内向性格描述为：安静、离群、内省、喜欢独处而不喜欢接触人；平时做事喜欢有计划，倾向瞻前顾后；日常生活有规律；遵循伦理观念；比较悲观，容易抑郁。

你为什么内向

社会发展越来越快，人们反而更加缺少语言的沟通，变得越来越内向。在我们的周围，总存在这样一群人：安静、离群、内省、喜欢独处而不喜欢接触人，不善言辞，只活在自己的世界里。他们的行为特征反映出典型的性格特征，我们称其为内向性格。当然，性格并没有好坏之分，内向性格与外向性格都有其长处与缺点。从心理学角度来讲，性格指对现实的稳定态度以及与之相适应的习惯化行为方式，是人格的一个最关键的方面。而内向是一种用于区分人格类型的简单方法。

那么，内向者心理到底是如何形成的呢?

有个性格内向的人这样说："我并不讨厌这个世界，不过我实在不知道活着是为了什么。我对身边的任何人和事物都不是特别喜欢，我希望可以独立存在一个空间，不必面对这个世界。

每天早上一睁开眼睛，我就觉得好难过，外面的世界对我而言太疲于应对了；而每天晚上回到家，我就觉得浑身轻松。平时休息时，除非有不得已的理由，否则，我一定坚持留在家里，不管怎样也不会出门。我在人们面前觉得自卑，我觉得自己什么都比不上别人，所以我根本不想跟他们进行比较，我尽量不与别人接触，这样就避免了比较高低的情况。

我不敢向别人提出任何问题，我怕别人说我笨，即便有不得已的问题，我也会在心里默默地试过很多遍才会付诸实践。于是，对于生活和工作中的一些事情，我只是一知半解，最后也只能得过且过了。我心里是极其矛盾的，我希望躲在自己的世界里，但同时我感到无比孤独；我希望有几个知心朋友，不过又害怕与这么多人接触；我希望自己可以真正地享受人生，又惧怕去了解生活中的琐碎事情。"

一般而言，内向者拥有这样一些心理特征：他们的兴趣与注意指向自身及其主观世界；除了最亲近的朋友之外，不易与他人随便接触，对一般人比较冷淡；含蓄、沉思、敏感、严肃；缺乏自信；喜欢幻想；喜欢有秩序的生活。

一般说来，内向性格的形成原因有以下四方面：

1.先天遗传因素

有的人天生就内向，从小就惧怕生人，对于别人的呼唤置之不理，这所有的行为都表现为内向性格特征。这样的人大多有先天遗传因素，比如，父母中一人性格为内向者，那孩子性格就有可能倾向于内向。

2.自我意识敏感

有的人是由于自我意识敏感而产生对他人的“紧张症”“恐怖症”。举个例子，有的青少年在与异性接触时，过分强烈地意识到对方是异性，结果造成情绪过分紧张，陷入窘境。这样的人不喜欢张扬，不喜欢表露自己内心的东西，结果导致自己性格内向。

3.个人经历

性格是一个人在现实生活实践中，在不同环境的相互作用中形成的。人的生活环境，具体而言，即人的家庭、学校、工作等，人与环境关系发展的过程就是经历。当然，经历也是形成性格的条件之一。

4.家庭成长环境

一位内向者说：“小时候父母从来不鼓励我，我提出的问题，他们觉得很好笑，总是严肃地告诉我‘这些事情跟你没关系，你只需要好好学习就行了’。”父母不鼓励孩子交朋友或参加活动，他们只希望孩子好好学习。所以，孩子在进入社会之前，他们的生活圈子只局限在学校和家里。

通常情况下，家庭背景往往是形成内向性格的主要因素。父母通常属于比较冷漠的人，他们坚信若使孩子绝对服从自己，必须与孩子保持一定的距离。结果在家里缺少与父母沟通的孩子，他们长大之后，也不敢尝试与别人沟通，完全将自己封闭起来，沉浸在个人世界里。

内向者心理启示：

内向者的内心世界是什么样的？这是一位内向者的独白：“我并不是

冷漠无情，我也希望自己能和其他人一样幸福地生活。然而，我最怕的是人，觉得自己什么人都比不上。”内向这个名称，最早由荣格所提出，他认为这是一种可能导致以自我为中心定向以及围绕个人内在世界的主观知觉与认识占优势的人格类型。

如何改变过分内向的性格

有位内向者很无奈地说：“我比较内向，我父母不喜欢我的性格，还说很多人都不喜欢我这样内向的人。我本来决定改变自己的性格，不过在改变的过程中却感觉很苦恼。现在我很矛盾，内向的性格真的不好吗？那到底怎样才能改变内向的性格呢？”

我从小就比较内向，而我在成长过程中遭遇的一些事情成为一种阴影，永远笼罩在我心上。我记得还在读幼儿园时，当其他的孩子都爬上树去摘叶子，我也在树下面捡了几片叶子，假装自己是他们中的一员。然而，当其他的孩子看到我是从树下捡的叶子，就不屑地指着我说：“这个白痴，哈哈……”我红着脸躲开了，从那以后我变得更内向了。小学毕业旅行时被同学捉弄，初中时被调皮的同学堵住教室后门不让离开教室，即便亲朋好友聚会时也不讨长辈喜欢……我甚至不敢直视别人的眼睛，即便我面对的是父母。

艰难地熬过高中三年，终于上大学了。因为我从许多人嘴里听说大学是很自由的地方，我以为内向的我应该会在大学里过得很安逸。但事实上，我错得比较离谱。大学很自由，同时个人展示的机会无处不在。而我只能悲哀地成为同学们嘲笑的对象，我遇到最大的挑战就是上台作报告，平时与同学说话都很困难了，更别说走上讲台。于是，当我战战巍巍走上讲台，憋红了脸，嘴里艰难地吐出几个字：“大家好……”下面的同学满脸笑容地望着我，有的甚至开始窃窃私语，我以为他们是在嘲笑我，胆怯而又内向的我只能选择夺门而逃，身后传来一阵哄笑声。

内向性格给我造成的阴影，陪伴了我一生，也使我痛苦一生。

事实上，内向性格也有其显著的优点。比如，遇事冷静、善于思考，这是提高工作效率的基本条件。而内向者性格的缺陷则是思想比较狭隘，容易产生自卑感，总喜欢纠结于一些小事，容易忽视大局，这给内向者自身的生活和工作带来了一些影响。所以，对于那些过分内向的人，需要适时改变一些性格方面不足的地方，这样对于自己未来的生活与工作才会有较大的帮助。

那么，如何改变自己过分内向的性格呢？

1.学会观察身边的人

内向者每天下班后，不要急于回家，可以去人多的广场或公园待一段时间，然后将自己的所见所闻记录下来。长时间这样做可以促使自己从个人封闭空间里走出来，去一些自己以前不敢去的环境，而且对身边的人进行仔细的观察。渐渐地，内向者对所有接触过却从来不曾留意的事物开始产生兴趣，想在外面闲逛的愿望也会日渐强烈，在外面的时间也会越来越长。

2.正确认识你自己

在现实生活中，内向者要正确认识自己，即给自己一个正确的评价。平时多考虑自己应该如何去做，在日常生活中的一些场合，尽量呈现自己最自然的一面，而不是顾虑别人是否注意你。当内向者与他人交流时，眼睛应该看着对方，这样可以增加内向者对他人的注意，减少对方对内向者的注意。

3.深谙一些沟通方法

生活中，大部分人内向和外向兼具。很多性格过分内向的人生活在孤独之中，他们迫切希望拓展自己的生活圈子，让自己的生活变得更加有意义。但是他们缺乏一些基本的沟通技巧，所以，在内向者主动与他人接触之前，需要学习一些基本的沟通技巧。

4.坦然表达自己的观点

内向者表示："我有一个相伴12年的邻居，但我自始至终都不知道他姓什么，因为我从来没跟他说过话。"假如你愿意跟他打个招呼，不妨大胆地说出自己的想法。毕竟是邻居，有许多十分便利的条件，比如，上下班时问好，这样时间长了就慢慢熟悉了，而内向者紧张的心理也渐渐平复了。

5.积极的心理暗示

内向者要善于放松自己紧张的情绪，平时进行积极的自我暗示。可以采用一些平静、放松的语句，进行自我暗示，经常可以起到缓解紧张情绪，减轻心理压力的作用。不管在什么时候，内向者都要对自己充满信心，鼓励自己"我很好""我很优秀"。

6.培养自己的兴趣爱好

内向者需要保持良好的心态，热爱生活。假如想唱歌，就尽情地唱歌；假如想大笑，就尽情地大笑。在周末休息时，可以邀约三五个朋友一起逛街，一起运动。假如在与陌生人交流时感觉到脸红，就不要试图用一些动作去掩饰自己的紧张，这样只会使你的脸更红，加深内向者的胆怯心理。

7. 敢于尝试

内向者要坚定改变性格的缺点，生活中不放过任何发言的机会。在平时生活中可以向每天见面却不说话的人问好，比如，值班室的大叔、邮递员等。在与陌生人沟通时，假如遇到自己感兴趣的话题，要大胆而主动地表达自己的观点，不要过于在乎别人如何看你。

8.保持与朋友聊天的习惯

尽管内向者朋友不多，但知心朋友还是有的。对此，内向者要保持与朋友聊天的习惯，并适时注意谈话的技巧。与朋友聊天，除了工作和生活之外，还可以聊聊有趣的见闻、笑话、幽默，只要这样长久地坚持下去，自然会增加内向者的交际能力。

内向者心理启示：

尽管我们说性格是没有好坏之分的，内向和外向不过是性格的类型而已。但是，假如过分的内向性格已经影响自己的生活或工作，内向者就应该考虑如何正确地看待自己的性格，以及适当改变自己的性格。大量事实表明，这是非常有必要的。

请为内向者喝彩

苏珊凯恩认为，如果这个世界没有内心丰富的人，也就不存在万有引力论、相对论、W.B.叶芝的《第二次圣临》、肖邦的夜曲、普鲁斯特的《寻找失去的时间》。甚至，她用记者威尼弗雷德加拉赫的话来论证："停下来思考而不是着急地去行动，性情中的闪光在于它对智慧和艺术的成就有深刻的影响。不管是爱因斯坦的质能方程，还是《失乐园》的创作，都不是热衷于参加社交聚会的人仓促写出来的。"尽管大部分内向者是孤独的，但他们恰恰是孤独的骄傲，所以，请为他们喝彩。

我们不可否认，不仅是职场，这个世界看起来似乎早已成为外向者的天下。内向者不明白的是，性格内向的人并不需要假装自己很外向，其实，内向性格也可以成就伟大的事业。因为内向者的一些特征，诸如注重深度、清晰准确的表达、习惯孤独等，使他们更容易成为卓越领导者。尽管我们的文化更倾向于性格外向的人，尤其是职场中，"性格外向""开朗乐观""擅长沟通"已经是对每一位应聘者的基本要求。但是，这仅仅是我们理所应当的情况，真相是内向的CEO比我们通常以为的要多得多，根据一项统计，美国40%的商业权力掌握在性格偏于内向的人手里。

比尔·盖茨自称为孤独的奔跑者。

比尔·盖茨从小就是一个偏内向的人，给人的印象就是木讷的，不过却是极其聪明的。他有着惊人的记忆力，通常总是一个人看书，一个人回家。即便上了大学，最初接触计算机，比尔也是习惯一个人待着，他思考着、努力着，最后缔造了微软世界。

比尔认为，自己就是那个独孤的奔跑者。少年时期的比尔就读于西雅图湖滨中学，正好学校边上有一个小湖，比尔坚持去湖边跑步。有一次，天空下着大雪，比尔编好一段程序想出门活动一下。虽然外面下着大雪，不过比尔依然换了跑鞋打算沿着湖边跑步。这时路面、湖面已经是白茫茫一片，天色越来越黑，路上几乎没什么行人，比尔像往常一样跑步。望着周围空无一人，比尔瞬间感到了孤独。不过，因为比尔正在奔跑着，他感到欣慰，因为奔跑着的自己注定是孤独的，只有承受住这旅途中的孤独才会迎来人生的辉煌。比尔的步伐更加坚定，他的身姿也更加矫健，平坦的步道上留下了比尔坚定而快速的步伐。

比尔·盖茨这位孤独的奔跑者，最终跑向了世界。童年的比尔并不喜欢主动与人接触，他不善言辞，喜欢独处但并不在意别人的意见。比起与其他人相处，他更愿意钻研新技术。而美国总统奥巴马成功颠覆了“害羞的人无法在政治选举中取胜”的这一成见。因为喜欢独处的奥巴马从政之前从事学术工作，工作履历上都是偏内向的职业，此外，他还喜欢写作。

尽管内向者是孤独的，但他们却是孤独的王者，其身上有着不可多得的王者之风：

1.内向者比较有深度

在现实生活中，内向者追寻事情比较倾向于深度而非广度，他们喜欢挖掘事情背后的真相，从而获取他们想要的信息。与外向者相比，他们更加小心和谨慎，容易看清事情的真相并做出智慧的决定，等到这件事完成之后再继续处理新问题和新点子。假如需要与其他人交流，他们也更倾向于进行有意义的谈话，仔细地倾听并提出有见地的解答，而不是无谓的闲聊。

2.三思而后说

内向者很少会说出不谨慎的话，他们在开口之前，往往会仔细斟酌，三思而后说，就好像记录下来的文字报告一样有着准确、清晰的观点。在日常生活中，在与他人沟通过程中，他们也会认真思考对方的言辞和评论，然后经过一番思考作出回应。比如，在公司会议中，他们通常可以在嘈杂的人群中以孤独姿态保持冷静，然后作出判断和回应。其实，公司会议上最孤独的那个人，往往掌握着决策权。

3.内向者更善于倾听

内向者更善于倾听，他们喜欢关注细节，并在倾听过程中获取自己所需要的信息，以掌握公司的真实情况，从而减少人力资源的成本。比如，以一句温暖的话让本来打算辞职的员工留下来。其实，内向者更适合做领导者，因为他们可以在工作中倾听并鼓励员工实施自己的想法，他们所起的是调节的作用，而非外向者领导类型所起的决策作用。

4.稳定的自信

自信的内向者，他们的自信往往是稳定的，是忙而不乱的，他们常常有备而来。对于一些重要的工作，内向者会早早地开始准备，甚至经常有备用方案。这样一来，他们在关键时刻总可以胸有成竹、心平气和地发表出自己的意见，根本不会受到外界环境的干扰或影响。内向者身上这种稳重、自信、平和的心理特征，往往可以赢得周围人的信任。

5.内向者十分谨慎

外向者非常自信、勇于进取的个性，一旦过度，就会给自己带来一些不必要的麻烦，比如，过度自信，可能会让他们在一些重大事情中作出错误的选择。不仅如此，外向者有可能会忽略即将面临的风险，而为了追寻丰厚的回报而不顾一切地向前冲。对于内向者而言，他们非常谨慎，所以在作决定时会有诸多考虑，因而作出更加谨慎的决定。

内向者心理启示：

有心理学家专门做过研究：喜欢一个人训练的人总是很容易获得精湛的技术，这些技术包括体育方面、乐器演奏，或是学生的考试等。一个人训练保证了在大家一起训练时无法达到的练习强度，被训练者的精神也更加集中。所以，一个人工作时的效率将更高，而这无疑是内向者所喜欢的方式。众所周知，“头脑风暴”并非产生好主意的唯一方式，独自思考的效果有可能更加理想。

内向者总是默默无闻

在日常生活中，当我们说“某人性格很内向”时，脑海里总会浮现这种场景：一个人永远坐在房间的角落，总是默默地低着头，不说话，偶尔会露出一丝笑容，每天独来独往，以至于哪一天他没来，也没人发现。通常这样一个人是容易被忽视的，因为他们总是独孤地坐在一个角落。而且他们似乎很没有主见，总是一味地顺从，一副恭顺听话的样子。在我们身边就有这样的朋友和同事，以至于我们开始忽视他了。每次见面仅仅道一声“你好”，更有甚者几乎不说话，见面只是微微一笑。通常情况下，他们嘴里不会说“不”，总是“好”“是的”，面对别人的提问，他们从来都只是点头和摇头，好像自己没意见似的。即便他们心中有着不同的看法，但由于他们性格内向，也总会说：“我跟你们是差不多的看法。”于是，尽管他们坐在某个角落里，却好像完全被人忽视了。

内向者不愿意说话或说话很慢时，他们常常是没有将心思投入到人们的谈话之中。其他人会觉得内向者不会提供任何有价值的观点，内向者自身也会这样认为，所以他索性做一名安静的听众，或只是委婉地说两句，或干脆不发表任何意见。此外，内向者一开口比较有深度，这会令其他人感到不舒服，于是，人们就选择忽视内向者所提的观点，他们更倾向其他人所表达的东西。这时其他人忽视了内向者，而内向者自身也感觉到被忽视了。

性格内向的老李是公司的老员工，辛辛苦苦工作几年了，职位却一直没有变。在平时的工作中，他认真负责，与身边的同事相处得也比较融洽，对上司更是敬重有加，不过，进入公司快十年了，许多比他晚进公司的同事都得到了晋升，只有他还在原地踏步。同事戏谑地问他：“对你的工作挺满意吧？”他总是乐呵呵地回答：“是的。”在与同事相处中，遇到不同的意见，老李对这位同事说："是，你说得对。"回过头，他对那位同事也说："对，你说得没错。"这种没有立场的说话态度，让同事很扫兴。

实际上，老李并没有发现自己没有得到重用的原因就在于自己内向的性格，不管是和上司说话，还是和办公室的同事说话，他都是"是是是""好好好"，从来不会说反对的意见，更不敢多说一句话。刚开始同事和他接触，以为他这样说话是由于陌生的关系，不想得罪人。时间长了，与同事都熟络了，他还是这样说话，同事就觉得很无趣了，而且，大家总觉得他这个人比较"虚伪"，不愿意与之交往。上司觉得老李没有自己的想法，只会一味地顺从，这样的人对公司将不会有很大的帮助，于是就一直没有重用他。

在公司，没有谁与老李能够谈得来，因为大家觉得他这种模糊的表态方式，内向而不敢多说一句话的样子让自己非常不舒服。所以，最后老李既没有得到领导的赏识，也没有获得同事的好感，完全被大家忽视了。

虽然，上司喜欢下属服从自己的命令，但是下属一味地服从自己的命令也会让上司感到厌烦。毕竟在很多时候，上司更希望自己的下属能够积极地发挥主观能动性，为自己出谋划策。假如只是附和上司，不多说一句话，即使发现上司的错也不说，这样就很容易造成不必要的损失，于是，像老李这样的下属将不会得到重用。

1.装在套子里的人

内向者就像是"装在套子里的人"，他们把自己包裹起来，让人们看不到其真实的面目，他们总是以一副永远顺从的样子出现在众人面前。即使谦虚是一种美德，但默默无闻却并非谦虚，只是呈现出内心的胆怯，只会让对方觉得说话者太胆小，同时，也会让对方留下没个性、没主见的印象。

2.不自信

大多数内向者默默无闻，不敢表现自己，内心胆怯是源于不自信。他们内心其实并不想笑也并不愿附和，只是害怕自己作出这样的行为之后对方会讨厌自己，所以，他们不想得罪任何人，逼自己放弃想法，逼自己说出言不由衷的话，久而久之就养成了习惯。

3.可能源于童年时期的阴影

有的孩子从小就接受父母“军事化”的教育，比如，从小就被父亲打，无论做对做错都要挨打，必须无条件服从父母的管束。长大之后，他们就自觉地认为别人的话都是对的，自己想的都是错的，别人让他们去做什么就去做什么。然而，他们潜意识里却不太相信别人，说话时需要时刻看对方的眼神。因此，他们最终形成了内向的性格，其内心的胆怯是源于童年时期的阴影。

4.内向者默默无闻的外在显现

在他们身上总是残留着这样的影子：说话异常小心，害怕自己的言语会遭到对方的反对；不管你的装扮多么离谱，但如果你硬是让他来评论，他总是说“我觉得这身挺好的”，结果令你很无语；从来不发表自己的意见，百分之一百认为对方说的话就是正确的。

5.他的沉默或许是在思考

内向者外在沉默的展现并不会使其大脑停止思考，在交际场合中，他们看起来是沉默不语的。其实，除非他们觉得压力比较大或不感兴趣，通常他们这时是在思考大家正在谈论的事情。对于某些内向者，假如问到他们，肯定会给出一番有水平的见解。所以，在生活中，有时看到性格内向的人默默无闻，面无表情，实际上他们的思绪早已飞到九霄云外了。

内向者心理启示：

虽然我们讨厌那种凡事都争个高下的人，但是，这种性格内向的人却令人感到无聊。因为和这样的人交流，总感觉无趣，我们根本不知道他们的真实想法是什么，所以也就不知道该怎样和他们说话。大量事实证明，这样的人无论是在工作中还是生活上，都将遭遇很大的障碍，他们无法展现出自己的能力，换句话说，由于性格内向，他们不敢展现自我。

内向者的沉默有时是一种智慧

内向者喜欢沉默，尽管这容易被人忽视，但这在某些场合却成为一种智慧。而且，内向者总是会考虑周全之后再开口，这样说出的话更有胜算。大多数外向者喜欢在公共场合发表言论，可是常常说了半天，大家还不明白他的意思。他们其实是在自己心里稍微有点想法就开口，于是，在那里东拉西扯了半天，也没有清晰的逻辑，让人听了摸不着头脑。

特别是一些公共场合，或者是公司的大会上，一些自作聪明的人头脑发热，在自己没有清晰的表达思路时就开始发表意见。那是一种鲁莽的行为，因为思路不清晰，就不可能表达得很清楚，而且有可能说到一半，思路就断了。这不仅没有达到你发表意见的初衷，也会使自己陷入尴尬的境地，那样就得不偿失了。而内向者恰恰由于其自身性格特点，可避免这一窘境。

性格有些内向的小王是家庭吸尘器的推销员。有一次，经过一个朋友介绍，他去拜访曾经买过他们公司吸尘器的夫人。尽管小王不太喜欢说话，但小王还是硬着头皮，一见面就递上自己的名片："您好，我是吸尘器公司的推销员，我叫……"

小王一句话还没有说完，那位夫人就用十分严厉的口气打断了小王的话，并开始抱怨当初买吸尘器时遇到很多不愉快的事情，并且说服务态度不好，所报的价格也不实在，吸尘器的质量也有很多问题，发货的时间也不准时……

那位夫人一直在喋喋不休地数落小王公司以前的那位推销员，小王静静地站在一旁，认真地听着，一句话都没有说。那位夫人终于把自己的怨气发泄完了，她稍微喘了口气，才发现站在自己身边的这位小伙子相当陌生。她很不好意思地说："小伙子，你贵姓呀，现在有没有好一点儿的吸尘器，拿一份目录给我看看，给我介绍介绍吧。"

小王离开时，兴奋得几乎想跳起来，因为他手上拿着两台吸尘器的订单。

俗话说:顾客是上帝。小王能够成功地签下订单，在于内向的他懂得沉默。从小王拿出产品目录到那位夫人买了他的吸尘器，他说的话加起来不到十句。但是那位夫人看重的就是小王的实在、诚意，而且小王的善于倾听使那位夫人得到了尊重，所以小王能够成功而回。

1.内向者擅长考虑周全

内向者常常会在自己没有清晰的表达思路时，选择适当的沉默。他不会急于把自己没有成熟的想法说出来，他们总是能够把握自己的实力。在适当沉默的时候，会厘清自己的逻辑和思路，以等待下一个机会。没有把握的事情，他们不会冒险去做，更不会使自己陷入尴尬的处境。

2.比起卖弄口舌，内向者更愿意选择倾听

在日常生活中，内向者不喜欢卖弄口舌，而是选择倾听，尤其是在一些成功人士面前。他们总会考虑自己资历有限，思想的深度和宽度都大大欠缺，这让他们在表达某些想法时就不可避免产生偏差。所以，内向者绝不逞一时口舌之快，在大人物面前发表观点，或是将一些不成熟的想法说出来令自己陷入难堪的境地。他们只会选择做一个安静的听众。

内向者心理启示：

尽管我们常说内向者因不善于言辞而影响其生活和工作，但事实上，即便是一个外向者，我们也会要求他在毫无头绪的情况下给自己预留沉默空间，这种形式上的静止，并不代表思考的停滞，那些有深度的思想，正是看似沉默的思考过程。在这方面，内向者所占据的是一个天然的性格优势。

内向者先天的优势特点

在人们生活的外向世界，内向者常常被当作一个怪人。甚至，在某些极端的情况下，他们会被认为是“可以任意忽略的人”“被驱逐的人”。人们

总给那些安静、沉思的人身上贴许多标签，而这个世界也需要与那些大声说话、滔滔不绝的外向者保持一致。在世界上究竟有多少内向者呢？许多研究得出了不同的结论：世界上25%、50%，甚至57%的人是内向者。

尽管并非所有内向者都有天赋，但在有天赋的人中，内向者居多。内向者很少展示自己以及自己的行为，他们看起来比较冷淡。而且，就好像我们所看到的，社会总是称赞那些外向者的优点，人们总是以怀疑的眼光看待内向者给这个世界带来的贡献。令人遗憾的是，一些内向者自身也无法理解自己所作出的贡献。

艾美金像奖的获得者黛安·索耶是《早安，美国》和《周四黄金时间》的著名节目主持人。内向的她被收录于性格内向的著名人物的网络列表，以及很多关于迈尔斯·布里格斯性格类型的著作之中。

她曾经在几次访谈节目中都说到了自己内向的性格，“人们肯定觉得你不可能是一个孤独的人，而且你经常在电视上露面，”她说，“他们当然理解错了。”她曾经在自传中这样解释：“决定从事广播的行业，因为自己对写作的渴望，以及对进入男性统治领域的挑战。”而且，由于性格内向的缘故，她以沉着冷静、独立超群和职业的举止而闻名于世。她凭借内向者先天的优势，以详细的研究，以及采访政治人物等带来很好的名声。毋庸置疑，她成为自己所在领域的佼佼者。

有人会认为内向者比较害羞，实际上，内向者与害羞完全没有关系，害羞的人是难堪、不舒适以及不喜欢身边有别人。当内向者独处时，内向者感到重新充满活力、精神焕发，而与其他人在一起，就会筋疲力尽；反之，外向者在人群中表现得十分活跃、充满活力，不过当他们独处时却显得颓废和无聊。所以，许多科学家、艺术家和作家都是内向者，他们享受独处时的愉快时光，独自探索，发现新事物。由于这些专业领域通常比较高深，所以存在很多著名的内向者。所以，相对于外向者而言，内向者身上的优势是显而易见的。

1.外向者易轻率，内向者更稳重

虽然逼迫或诱导人们趋向外向，带来了普遍的焦虑和紧张。更为关键的问题是，外向已经改变了人们的思考和行为习惯。他们从小对孩子注重自信的培养，其目的就是希望孩子长大后可以表现出绝对自信的样子。尽管这样的方式卓有成效，不过却频频发生状况。比如，外向者亢奋的行为习惯令人作出轻率的决定，从而影响生活和工作。

内向者在很长一段时间内被误解、被忽略，如今应该被人们重新认识。由于内向者更喜欢独处、习惯于孤独，所以有利于培养其创造力。实际上，内向性格、行为表现源于高度应激性。

2.内向者花更多的时间来思考

由于内向者对新事物的恐惧，会促使他们花更多时间熟悉或思考事情，所以他们更有可能成为艺术家、作家、科学家和思想家。内向者擅长观察身边环境的信息，经常会发现外向者容易疏漏的细节，比如，别人情绪或语气中的微妙变化，或者光线太亮，或者某些数据的细微变化，等等。而且，内向者还擅长移情，能够察觉和区分他人的情绪。

3.内向者关注自我世界

人们总以为内向者是以自我为中心、孤僻，且又不喜欢交际，认为他们表现得漠不关心。实际上，这是由于内向者认为外部刺激已足够，于是便关闭了接收信息的通道。内向者并非以自我为中心，其实刚好相反。他们只是关注自我世界，以及对感觉和体验进行思考的能力，之后更好地理解其他人。内向者身上被认为是自我中心的东西，其实是可以理解他人所处环境的能力。

4.内向者以自己的方式进行交际

内向者并非孤僻不爱交际，他们只是以自己的方式进行社交而已。内向者只需要很少的朋友关系，不过喜欢较多的联系和与朋友的亲密相处，因为与其他人交际会浪费时间和精力，所以他们不愿意花太多的时间用于交际活动。他们有时容易在交际中默默无语，这是因为内向者更喜欢内容丰富、充实的交流，并从中丰富学识，使自己充满活力。

5.相比较外向者，内向者拥有自身的优势

马蒂·兰妮（Marti Laney）博士是《内向者优势》一书的作者。书中，他提到内向者一般为：喜欢独处，有深交的朋友，在参加社交活动时淡定、默默无语、三思而言、是一名很好的倾听者，不过回到家之后，他们就感到很累；而外向者正好相反，他们喜欢成为人群中的中心，喜欢结识很多朋友、喜欢闲聊，说话做事时从来不仔细思考、做事情更注重行动力。

内向者心理启示：

内向者拥有自身的优势，诸如在一对一的工作关系中，与人相处绝对和谐、灵活、独立、自省、有责任感、有创造力、喜欢分析问题、聪明。内向者并不如人们所误解的那样不友善、呆板、缺乏交际能力、不与人沟通、不喜欢接近人、默默无语。

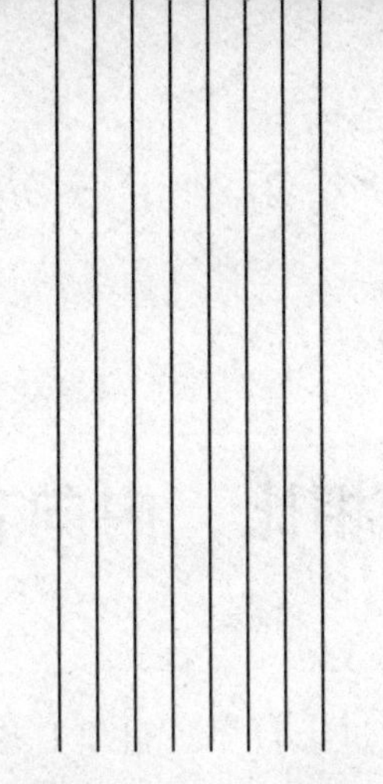

第2章

内向者的心理劣势

人的心理健康是一个十分复杂的动态过程，相对于外向者而言，内向者存在恐惧、害羞、自卑、孤独等心理障碍，而这些性格特征对于内向者的交际、生活、工作都是有弊无利的。所以，为了能够融入社会，与他人建立和谐的人际关系，内向者有必要跨越这些心理劣势。

与外向者相比，内向者太自卑

与外向者相比，内向者过于自卑。自卑心理，用科学的语言可以解释为对自己缺乏一种正确的认识，在人际交往中缺乏自信，做事缺乏勇气，畏首畏尾，随声附和，没有自己的主见，一遇到有错误的事物就以为是自己不好，最后的结果是导致自己失去交往的勇气和信心。实际上，正是因为这样的自卑心理，最后会失去一个展现自我的机会。

自卑，它是一种不能自助和软弱的复杂情感。那些有着自卑心理的人总容易轻视自己，认为没办法赶上别人。在这里，自卑心理主要表现为两个方面的意思：一是一个人认为自己或自己的环境不如别人的自卑观念为核心的潜意识欲望、情感所组成的一种复杂心理；二是一个人因为不可以或不愿意进行奋斗而形成文饰作用。自卑心理是因为婴幼儿时期的无能状态和对别人的依赖而引起的，对人有普遍的意义，可以驱使人成为优越的正能量，不过又是反复失败的结果。当然，自卑心理是可以通过调整认识和增强自信心并给予支持而消除的。

那是大学毕业生增多的一年，小王作为众多学子中的一员，被分配到一个偏远的水电站工作。

在那个水电站，有内部食堂、有小卖部、有幼儿园……尽管地方不怎么大，却什么都有，如同一个与世隔绝的小社会。当然，生活在这个小社会的人，他们都喜欢打麻将，除此之外就是没事闲聊，小王觉得自己与这里简直格格不入。因为他喜欢看书、喜欢听古典音乐、喜欢看欧美影片，而且每次进城都会买一些新书和碟片回来，这同样让别的同事无法理解。在有意或无意之间，小王和大伙儿之间的距离越来越远了。

绝望得快要发疯的小王，无奈之下就给远在大学教书的老师写了一封信，详细地讲述了自己的苦恼：在我生活的这个空间里，我与别人从内到

外都不一样，我所理解的东西，在这里我完全看不到与思想契合的，只看到截然不同的地方。我感到很无力，也不知该怎么办，我是否也要和他们一样……很快地，老师回信了，信中讲了一个故事：

从前，有一只鹰蛋不小心落到了鸡窝里，没有人发现，所以它被理所当然当成一只鸡蛋，然后它被鸡孵了出来。但是，从它出生的那天开始，它看起来就与鸡窝里的其他兄弟姐妹不一样。这只奇怪的东西没有五彩绚丽的羽毛，也不会用泥灰给自己洗澡，也不会在土里啄出一只小虫来。它长得越来越高大，当它在矮小的鸡窝活动时，头总会被碰到，这时其他鸡总会嘲笑它笨。它对自己失望极了，于是跑到一处悬崖，想跳下去，结束自己的生命。当它纵身跃下的时候，本能地展开翅膀，飞上云天，这时才发现，自己原本是一只鹰，鸡窝和虫子不属于它。它为自己曾因不是一只鸡而痛苦的往事感到羞愧……你不要因为自己是一只鹰而感到羞愧！

看了这封信，小王豁然开朗。从此以后，小王不再因为大伙儿的不认同而痛苦绝望甚至扭曲自己，而是埋头读自己的读书、做自己的事儿，并在两年后顺利考上了研究生。如今，小王已经成为一家外企的经理了，而老师在信末尾的那句话，也成为他一生的座右铭。

自信、执着，会让内向者拥有一张人生之旅的永远坐票。那些不愿意主动寻找自己，最终只能在漂泊无依中一直流浪到老的内向者，他们其实就是在生活中安于现状、不思进取、害怕失败的自卑者，最终，他们永远滞留在起点。信心是获得成功不可缺少的前提，信心会引导内向者走向成功。

那么，内向者该如何克服自卑心理呢？

1.尽可能坐在最前面的位置

心理学家认为，坐在前面可以建立信心。因为敢为人先，敢上人前，敢于将自己置于众目睽睽之下，就一定有足够的勇气和胆量。时间长了，这样的行为就会成为习惯，自卑也就在潜移默化中变为自信。而且，坐在比较显眼的位置，就会放下自己在公众视野中的比例，增强反复出现的频率，起到强化自己的作用。所以，从现在开始就尽可能地往前坐，虽然比较显眼，但通常情况下关于成功的一切都是显眼的。

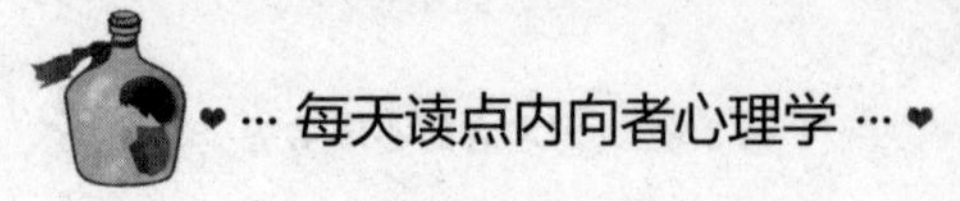

2.抬头挺胸，快步走

心理学家认为，内向者行走的姿势、步伐与其心理状态有一定的状态。通常情况下，那些懒散的姿势、缓慢的步伐是情绪低落的表现，是对自己、对工作以及对别人不愉快感受的反映。假如我们认真观察这些，就会发现身体的动作是心灵活动的结果，而那些内心自卑的人，走路就是拖拖拉拉，缺乏自信。相反，假如我们改变走路的姿势与速度，就有助于调整我们的心理状态，表现出较强的自信心，走起路来应该比一般人快。快步行走，就是告诉所有的人："我要到一个重要的地方，去做很重要的事情。"

3.面带微笑

许多人都知道笑可以带给人自信，它是医治信心不足的良药，不过，依然有许多人不相信这一套，那是因为他们在自卑、恐慌的时候，从来不试着微笑一下。真正的笑容不仅可以治愈自己的不良情绪，还能立即化解别人的敌对情绪。假如你真诚地向一个人展露笑颜，他就会对你产生好感，这种好感足以使我们充满自信。

4.学会正视别人

俗话说得好，眼睛是心灵的窗口。一个人的眼神可以折射出性格，透露出情感，传递出微妙的信息。假如不敢正视别人，那就意味着自卑、胆怯、恐惧，躲避别人的眼神，则折射出阴暗、不坦荡的心态。当我们用眼睛正视对方时，就等于告诉对方："我是诚实的，光明正大的，我非常尊重你，喜欢你。"所以，正视别人，反映的是一种积极心态，是一种自信的表示。

5.学会当众讲话

在一些公众场合，自卑的内向者认为自己的意见可能是没价值的，假如说出来，别人可能会觉得自己很愚蠢，最好什么也不说，而且其他人可能比自己懂得多，内心里其实并不想让别人知道自己很无知。于是，在这样的过程中一次次摧毁好不容易建立起来的自信心。其实，从积极的角度来看，假如尽可能讲话，就会增加信心。因此，不管参加什么样的活动，每次都要主动讲话。

内向者心理启示：

在现实生活中，我们见到过这样自卑的内向者，或许自己曾经也是他们中的一员。他们不敢大声说话，不苟言笑，都是独自在某个角落里默默注视着他人，实际上，他们心里也渴望得到别人的关注，不过由于自卑的心理，让他们抬不起头来。因此，他们的内心世界是一片黑暗，很少能交到朋友，就这样自卑地活着。其实，自卑心理是可以用实际行动克服的，而克服自卑心理最好的办法就是付诸行动，去做自己害怕的事情，直到成功。

紧张的心境是一大难关

马克思曾说："一种美好的心情比十服良药更能解除生理上的疲惫和痛楚。"然而，在现实生活中，有一种情绪时常困扰着内向者，诸如独自登台表演或演讲的时候、与陌生人沟通的时候、在公众场合说话的时候，等等，诸如这些场景，紧张的情绪会冒出来困扰他们，影响内向者的一举一动。有时候，紧张的情绪使内向者怯场，内心有了退缩的念头；有时候，紧张的情绪会让内向者心中大乱，最终以失败而收场。总而言之，紧张的情绪似乎总是伴随内向者左右，势必影响他们的言行举止才罢休，紧张，总是有意或无意地干扰着属于自己的心境，在紧张的心境下，他们似乎没有办法做好任何事情。所以，要想拥有一份美好的心情，内向者应该努力克服内心的紧张情绪。

亚伯拉罕·林肯出生于一个农民家庭，他曾经是一个内心自卑却又渴望成功的人。

林肯当选为美国总统后，复杂而令人头疼的政事使他患上了抑郁症，在患病的那一段时间里，林肯经常失眠，内心时刻充满着紧张的情绪，甚至，他对自己的生活感到了绝望。每一次会议或者讨论，林肯都沉默不语，并不是他习惯于如此，而是源于内心的紧张。后来，心理医生建议他"重新找回自信"，然后，在医生的帮助下，林肯喜欢上了剪报。每天，他都会剪下报纸里对自己的赞美之词，然后揣进口袋里，这样，内心紧张的情绪就会减弱一点。每当有重大会议召开之前，林肯都会心情紧张，这时，他就会从口袋里掏出剪报，鼓励自己。“将别人的鼓励随身携带，以舒缓紧张的精神”，林肯直到去世都保持着这个良好的习惯。就在林肯不幸遇刺后，人们从他的上衣口袋里，发现了那些赞美他的剪报。

一位曾被紧张情绪困扰的人这样说道：“过去的我，性格非常内向，每天都感觉特别紧张，活得十分痛苦，虽然，我尽力伪装自己显得很正常，但是，我非常清楚自己的心境是处于病态中，当逃避和伪装让自己不胜疲惫的时候，我终于选择了面对，心里越是害怕与人沟通，我就越要与人主动沟通；越是不喜欢人多的地方，我就越给自己机会来面对人群。在这种与自己抗争的艰辛历程中，我得到了前所未有的历练和成长。”其实，紧张的情绪对于内向者来说，并不可怕，只要鼓起勇气，就能够克服内心的恐惧，从而使自己变得优雅起来。

世界著名的男高音帕瓦罗蒂曾参加过无数次演出，仅在美国纽约大都会歌剧院，他的演出就达到了379场。但是，像这样一位世界著名的艺术家在每一次登台的时候，也忍不住产生紧张情绪。帕瓦罗蒂认为自己的紧张情绪可能是遗传于父亲，其父亲本具有男高音天赋，但由于太过紧张而无缘舞台。但是，为了使演出显得更加完美，帕瓦罗蒂必须克服内心的紧张情绪。

刚开始的时候，帕瓦罗蒂通过暴饮暴食来摆脱紧张的情绪，每一次上台演出之前，他都要大吃一顿，这样才能缓解内心的紧张情绪。但是，暴饮暴食使自己变得肥胖，而且，医生也对他发出了最后警告：“再这样吃下去，你将有生命危险。”帕瓦罗蒂无奈放弃了这种方式，转而寻找另外一种摆脱紧张情绪的方式。后来，他开始依赖一枚钉子。原来，在帕瓦罗蒂的家乡，流传着这样一个传说：生了锈的弯钉子会给人带来好运。帕瓦罗蒂相信这一传说，以后，在每一次演出之前，帕瓦罗蒂都会在后台昏暗的灯光下寻找一枚弯钉子。如果演开始时，他还没能够找到一枚弯钉子，那么，哪怕这场演出的报酬再高，帕瓦罗蒂也会拒绝出演。因为他的这一习惯，不仅得罪了无数的朋友，而且，造成了美国芝加哥歌剧院永久地拒

绝了他。后来，帕瓦罗蒂的这一习惯被慢慢传开，那些承接帕瓦罗蒂演出的单位都会特意为他留一枚钉子。

摆脱了紧张的情绪，帕瓦罗蒂优雅完美地完成了每一次演出。赛车的时候，在那瞬息万变的赛道上，每一次判断和决定都是在毫秒之间作出的，因此，几乎所有的赛车手都有一个最大的通病，那就是“紧张的情绪”。对于许多赛车手来说，彼此之间都有一个心照不宣的秘密，那就是许多人都会因为比赛过度紧张而尿裤子。

舒马赫在赛车界是数一数二的人物，然而，即使这样一位大名鼎鼎的赛车手，他在每次比赛时也会紧张。于是，为了缓解自己的紧张情绪，在每一次比赛之前，舒马赫都会玩电子游戏，这样，他才能更加优雅地玩转赛车。

1.降低对自己的要求

在生活中，要想克服紧张的心理，内向者就应该努力把自己从紧张的情绪中解脱出来。心理学家认为：有效消除紧张心理，从根本上说是要降低对自己的要求，一个人如果十分争强好胜，每件事情都追求完美，那么，常常就会感觉时间紧迫，内心自然充满紧张。而如果我们能够清楚地认识到自己的能力，放低对自己的要求，凡事从长远打算，这样，心情自然就会放松。

2.通过玩游戏消除内心的紧张

赵治勋被日本人称为“棋圣”，他在围棋界占据着极其重要的位置。然而，即使这样一位大师也会紧张，在每一次激烈的对弈中，赵治勋都感到异常紧张，而一紧张就很容易出错。因此，为了缓解内心的紧张情绪，赵治勋总是要求工作人员准备一大堆火柴和废纸，在对弈的时候，他通过撕废纸和玩折火柴来舒缓自己紧张的情绪，这样，他才能将棋局运筹帷幄，最终赢得比赛。

内向者心理启示：

其实，紧张的情绪并不是内向者所特有的，而是每一个人都有的一种心境，无论多么伟大的人，他们都未必能完全摆脱紧张的束缚。但是，只要他们能找到恰当的放松方式，内向者就可以轻松地战胜内心的紧张情绪，最终赢得完美的胜利。

喜欢逃避人群，变得孤僻

孤僻心理的产生来自多方面的因素：青年时期的心理特点，使得孤僻心理在青年人中比较多见。青年人正处于成长的关键阶段，世界观和人生观刚开始建立，自认为已经长大成人，经常委屈地感到自己不被理解，有一种莫名其妙的孤独感；一个缺乏强烈事业心的人会有孤僻的心理；通常情况下，内向性格的人容易孤僻，因为他们的自我中心观念比较强，内心深处对外界有强烈的抗拒感，往往对外界事物和周围人群表现得很冷漠；童年的创伤经验，比如父母离婚、伙伴欺负等不良刺激，都会使他们过早地接受了烦恼、忧虑、焦虑不安的不良情绪体验，会使他们产生消极心境，最终形成孤僻的性格。

内向者喜欢逃避人群，也就是我们常说的不合群，不能与人保持正常关系、经常离群独居的心理状态。在日常交际中，主要表现为不愿意与他人接触，待人冷漠，对周围的人常有厌烦、鄙视或戒备的心理。当然，这样的内向者猜疑心比较强，容易神经过敏，做事喜欢独来独往，不过也免不了被孤独、寂寞和空虚所困扰。

小王是一名战士，下士军衔，大家都说他性格怪异、冷漠，很少看到他与其他战友嬉笑打闹，做什么事情都是一个人，没事时一个人总是待在一个角落，成为部队热闹生活的旁观者。由于他不愿意和别人交流，开会也很少讲话，除非点名叫他，否则是看不到他举手的，而且他在说话时语速很快很紧张，一副很小心翼翼的样子。战友们都很难了解小王内心的想法，而小王平日在部队里也是一副“各扫门前雪，莫管他人瓦上霜”的态度。

有一天，领导安排四个战友在球场上打球，领导叫上小王说去打球，小王的第一反应就是：“我不去，我又不会打。”这就是杜绝第一交际，领导说：“好，你不打，陪我去转转总可以吧？不行我们再一起回来。”

好说歹说总算愿意去了，到了球场，大家都在喊“小王，下来一起玩”。小王默默看着领导，领导先下去，他在场边看领导和战友们打，球场上五个人肯定分布均匀，领导说：“你来吧，不然人不够，你够点儿意思。”小王说：“我不会，打不好。”这时小王就处于“不想交际”了。领导说：“就一次，下次我喊其他人，你就陪我们打一次，打一会儿就回去了。”小王不吱声，战友和领导又喊了几次，终于拖下来了。

算是勉为其难开始进入球场了，当战友们看到他有好位置的时候，就把球传给他，让他投，他迟疑了，战友们都鼓励他投，说他位置好，赶紧投。他才把球投了出去，当然，他离球筐很近，而且没有防守，球进了，大家都说看不出来啊，小王还留了一手。他害羞地笑了，闭上了嘴巴，还是那副冷漠的样子。后来在战友们的“配合”下，小王又进了几个球，而且不用战友们说会主动投球。打了一会儿，大家都累了，坐在球场边上东一句西一句地聊，不过话题离不开“小王球打得不错”，看他脸上因害羞变得红红的，战友们猜测其心里肯定在想“其实挺好的”。后来打球，小王都主动参与了。

小王就是典型的孤僻心理，符合心理孤僻所有的性格行为。那么其孤僻心理是如何产生的呢？原来，小王的父母在其幼年时死于一场火灾，从小就跟随爷爷奶奶生活，火灾的发生，给小王留下的不只是身上被大火烧伤的痕迹，还有不完整的人生。在成长的过程中，小王给自己画了一个圈，给自己定了性，自己给自己增加心理暗示，自我羞耻感、屈辱感不断增强，自我否定意识的不断形成与加剧，表现出了消极的自我评价，对身边人的戒备心理就开始产生了。随着消极的自我暗示的不断出现，自己的情商扭曲，慢慢形成逃避现实、孤僻自卑、谨小慎微、容忍退让的懦弱性格。

那么内向者如何对自己的孤僻心理进行调节呢？

1.正确认识自己和他人

孤僻者本人要对孤僻的危害有一个正确的认识，打开自己紧闭的心扉，追求人生的乐趣，摆脱孤僻的困扰，同时正确地认识别人和自己，努力寻找自己的优点和长处。孤僻者都没能正确地认识自己，有的觉得自己比别人强，总想着自己的优点和长处，而看到别人的缺点，自命不凡；有的则比较自卑，总认为自己不如别人，怕被别人嘲笑，而把自己封闭起来。其实，这两者都需要正确地认识别人和自己，多与别人交流思想，沟通感情，享受人与人之间的友情。

2.敢于与人交往

性格孤僻的人应该多与那些性格外向的人交往，让自己的情绪受到感染，也使自己变得开朗起来。这样一来，在每一次交往中都会有所收获，丰富知识经验，纠正知识上的偏差，一方面获得了友情，另一方面还愉悦了身心。

3.掌握交际技巧

假如我们在交际方面显得比较笨拙，可以看一些有关交往的书籍，学习交往技巧，同时多参加正当、有益的集体活动，比如，郊游、跳舞、打球等，在活动中慢慢培养自己开朗的性格。

内向者心理启示：

孤僻的内向者缺乏朋友之间的欢乐与友情，交往需要得不到满足，内心很苦闷、压抑、沮丧，感受不到人世间的温暖，看不到生活的美好，很容易消沉、颓废、不合群。由于缺乏群体的支持，整天过着提心吊胆的日子，忧心忡忡，容易出现恐慌心理。假如这样的消极情绪长时间困扰自己，就会损伤身体，严重的还会产生轻生的念头。

受挫能力比较弱

人生勉不了遭遇困难或挫折，没有经历过失败的人生是不完整的人生。对于一些外向者而言，生活中那些挫折可以马上消化，但那些内向者则容易深陷其中，他们总是对自己的失败念念不忘，久久无法释怀。

生活中，挫折与失败可以锻炼内向者受挫的忍耐力，但是即便

拥有强大的忍耐力，离成功还是有一步之遥。在某些时候，内向者要想赢得成功，还需要适时调整自己的心态。一旦遭遇失败，就应该选择重振旗鼓，调整心态，迎头赶上，而不是垂头丧气，自暴自弃。当内向者遭遇失败与挫折的时候，需要冷静分析造成失败的原因，采取什么样的方式可以避免失败，总结出失败的经验，吸取其中的教训，鼓舞自己，重拾之前那种激动的心情，再一次给成功一个热情的拥抱。

1832年，亚伯拉罕·林肯失业了，这令他感到十分难过，他下定决心要成为政治家，去当一名州议员。但是，糟糕的是，他在竞选中失败了，在短短的一年里，林肯遭受了两次打击，对他而言无疑是痛苦的，心中还有一些无法排解的怨气。接着，林肯开始创业，当即开办了一家企业，可是还不到一年，这家企业倒闭了，林肯感觉到，似乎老天总是与自己作对，这是考验还是宿命呢？林肯不知道，但是，在之后的时间里，他即使心中有怨，还是到处奔波，偿还债务。不久之后，林肯又一次参加竞选州议员，这次他成功了，在林肯内心深处有了一线希望，他认为自己的生活有了转机，心想："可能我就可以成功了。"

然而，人生的逆境好像永远没有结束的那一天。1835年，亚伯拉罕·林肯与漂亮的未婚妻订婚了，但离结婚的日子还差几个月的时候，未婚妻却不幸去世，林肯心力交瘁，几个月卧床不起，没过多久，他就患上了精神衰弱症，他对任何事情都失去了信心，一种负面情绪萦绕在心中。1838年，林肯觉得自己身体好了些，他决定竞选州议会议长，但是，在这次竞选中他又失败了，不过，那种再接再厉的精神一直鼓舞着林肯，1843年，林肯参加竞选美国国会议员，这次他所面临的依旧是失败。但是，林肯却一直没有放弃，心中的怨气在一点点消减，他并没有说："要是失败会怎样？"而是怀着一颗平常心来对待，他想：如果自己不在意失败，那么，事情或许将有好的转机。

1846年，林肯参加竞选国会议员，这次他终于当选了，但两年任期结束后，林肯面临着又一次落选。1854年，他竞选参议员，但失败了，两年之后他竞选美国副总统提名，结果却被对手打败，两年之后他再一次参加竞选，还是失败了。无数次的失败，让林肯练就了平和的情绪，无论成功与失败，他的心都变得十分坦然，或许，正是那份平和的情绪，铸就了他最终的成功，1860年，亚伯拉罕·林肯当选为美国总统。

孟子说："天将降大任于斯人也，必先苦其心志，劳其筋骨，饿其体肤，空乏其身，行拂乱其所为，所以动心忍性，曾益其所不能。"面对每一次失败，林肯都以平和的心态面对，而且敢于勇往向前，在这一过程中，似乎命运也在跟他暗暗较劲，然而，最后，林肯驾驭了自己的命运。

1.失败一次，就离成功靠近一步

有一句很受玫琳凯推崇的话："失败一次，就向成功靠近一步。"那些成功者绝不会害怕人生所面临的失败，从来不畏惧尝试再次成功。玫琳凯经常对公司员工说："如果比较一下我们的双膝，你们会看到我膝上的伤疤比在场的任何一个人都要多，这是因为我一生中有过无数次摔倒再站起的经历。"

2.将每一次失败当作一次尝试

其实，内向者应该把人生的每一次失败都当作尝试，不要抱怨上天的不公平，不要责怪家人和朋友，沦陷在失败的痛苦里只会让内向者离成功越来越远，试着接受每一次失败，调整好心态，从中吸取教训，这样内向者在成功的路上才会走得更远。

3.将失败的痛苦向身边的朋友倾诉

内向者可以将自己失败的痛苦情绪向别人诉说，这可以帮助内向者心理保持平衡。内向者在遭遇失败后将失望焦虑的情绪封锁在内心，反而会失控，这有可能会使内向者心理崩溃。所以，内向者可以选择适度向身边人倾诉，将机体内的失控力量慢慢化解。

内向者心理启示：

一个内向者在面临失败之后，心态往往是最关键的，如果没有调整好心态，即便这个人很有能力，也是难以取得成功的。反之，那些本身能力欠缺的人，若是调整好了心态，必然会再次赢得成功。

容易受消极情绪影响

大多数内向者都是理想主义者，他们总是幻想着美好的未来，浪漫的爱情，幸福的生活。可是，当现实犹如一盆冷水浇在他们头上的时候，才意识到自己的错误。于是，当内向者面对这些现实问题的时候，总会产生消极的心理状态。由于自己对生活的期望太高，但世界是冷冰冰的，社会现实是残酷的，所以便会充满失望、灰心，甚至绝望。消极心理会逐渐影响内向者的生活和工作，它使内向者人生停滞了前进的脚步，对生活失去了信心。所以，内向者要克制自己的情绪，远离沮丧情绪。

内向者通常在遭遇一点点不顺心的事情时就会垂头丧气，失望到底。比如，在上班的时候情绪就不太好，回到家看见乱七八糟的东西，定会觉得事事都不如意；本来自己花了很大工夫做的企划案，却一下子被上司否定了，是不是觉得自己连死的心都有了；心情很好地去逛街，却从服装店的镜子里，偶然看见自己的“大象腿”，于是便灰心地空手而归了。其实，这些都是生活中很小的事情，但是却很容易让内向者产生消极心理。

曾有一位年轻人，他总觉得自己好像生病了。于是，他就去图书馆借了一本医学手册，想看看自己到底得了什么病，他先看了癌症的介绍，突然，他意识到自己患癌症已经几个月了，顿时，他被吓住了。后来，他想知道自己还患了什么病，就依次读完了整本医学手册，一下子明白了，除了膝盖积水症以外，自己什么病都有。当他走出图书馆的时候，完全变成了一个全身都是病的老头。

他决定去找医生，见到医生后说：“亲爱的朋友，我不给你讲我有哪些病，只说我没有什么病，看来，我的命不会长了，我只是没有患膝盖积水症，其余什么病都有。”医生给他作了诊断，然后开了一张处方给年轻人。年轻人顾不得看，就马上塞进口袋，立即跑往药店。到了那里，年轻人匆匆把处方递给药剂师，谁知，药剂师看了一眼，就退给他说："这是药店，不是食品店，也不是饭店。"年轻人惊讶地接过处方一看，上面写着：煎牛排一份，啤酒一瓶，6个小时一次；10英里的路程，每天早上走一次。年轻人照做了，结果是，他一直健康地活到了现在。

如果内向者长期沉溺于沮丧，不能自拔，便会影响其身心健康。其实，内向者容易受消极情绪影响的一部分原因是来自于不自信。当他们自身的能力、魅力遭到否定的时候，就会灰心，甚至一蹶不振。这时候，他们自己也不再相信自己了，自己也把自己否定了。

一个沮丧的内向者，他也曾陷于沮丧的痛苦中，也很挣扎，希望得到别人的帮助，于是他们很想求助于别人。可是孤独和害怕被拒绝的心理使他们往往不敢去求人。自卑的态度，让他们无法正视自己的脆弱，只好以假装快乐的方式来掩饰自己。

1.克服自卑心理

远离消极情绪，内向者就要克服自己的自卑，肯定自己，对自己充满信心。很多内向者通常是不自信的，由于社会对于内向者能力的怀疑，还由于内向者自己对自己的怀疑。他们常常觉得自己的能力需要别人来肯定，一旦别人在一件小事上对他否定了，由于自卑心理作祟，他就会觉得自己完全被否定了，于是开始灰心。

为了打败沮丧，内向者要重视自己，肯定自己，做一件事情时，要时刻树立一种强烈的自信感。每个内向者都有自己引以为豪的地方，当你被否定的时候，要看到自己的优点，那么你就有机会站再起来。适当的时候，给自己信心。当你开始沮丧的时候，对着镜子，告诉自己："你是最棒的！"只要自己肯定了自己，对自己充满了信心，就会从消极情绪的旋涡中挣扎出来。

2.保持积极向上的心态

远离消极情绪，要保持积极向上的心态。如果生活的烦恼困扰着你，不要失望，不要灰心，时刻用乐观的心态去看问题。你就会发现，事情并没有你想象的那么糟糕。"面包会有的，牛奶会有的。"如果你这么安慰自己，就会发觉自己所遭受的没什么大不了。

想一想那些在病床上与病魔抗争的人，想一想那些在地震中失去双腿的孩子，想一想那些流浪在街边无家可归的人。你会觉得，你是一个比较幸运的人。至少，你有温暖的家，爱你的人，健康的身体，你又何必整天为这些小事想不开呢？沮丧让你失去对生活的信心，但是，积极乐观的心态会让你重拾信心，并且会让你拥有美好的人生。

内向者心理启示：

一些内向者之所以能够成功，就在于他们能够克服自己的消极情绪。他们通常能够以开放的心理去接受各种情绪的影响，所以情绪的承受能力很强。他们能时刻充满自信，保持积极向上的生活态度。所以，当他们遭遇沮丧的时候，能通过适当的途径克服沮丧情绪所带来的困扰，并且能及时地回到正常的工作和生活中。

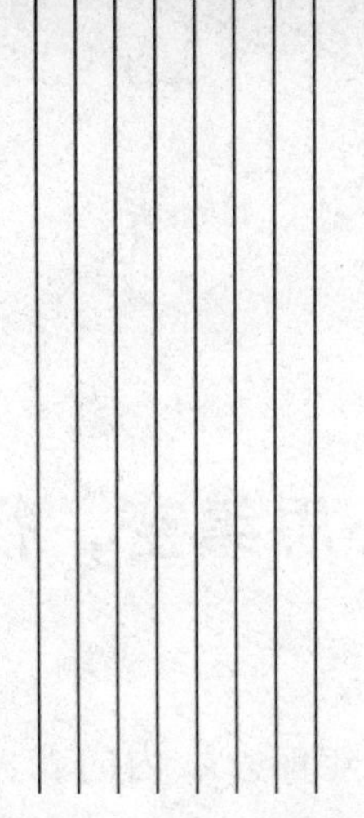

第3章

内向者的心理优势

内向者几乎无所不能，他们善于自省，有责任感，富有创造力……那些自以为是的人并不了解内向者的优势。可以说，内向者拥有外向者无法比拟的某些优势，而内向者与外向者最大且唯一的区别是内向者的动力之源是自己。所以，身为一名内向者，并非性格上的缺陷。

内向者心思缜密，行事谨慎

俗话说：“小心驶得万年船。”内向者大多心思缜密，行事谨慎，他们处理事情的方法总是需要细心、冷静研究，凡事多想一步，安全就会长久一点。孔子曾说：“乱之所生也，则言语以为阶。君不密，则失臣；臣‘不’密，则失身；几‘不’密，则害成；是以慎密而不出也。”有时候，之所以发生混乱，主要是做事不慎重周密。如果君主的言语不慎重周密，就会失去才能的臣子，如果臣子的言语不慎重周密，就会招祸失去生命；机密的大事不慎重周密，就会造成灾害，因此，做事一定要慎重周密，否则，亡羊补牢，为时已晚。

内敛的曾国藩处事一向细致周密，非常谨慎，以至于他纵横官场多年而立于不败之地。

有一次，曾国藩坐着轿子正要出门，没想到，听到帘子外有人叫自己的乳名：“宽一！”他连忙叫轿夫停轿，看到来人他又惊又喜：“这不是干爹吗？您老人家怎么到了这里？”说完，赶忙将干爹迎到了家中。

面对远道而来的干爹，曾国藩不住地问家乡的情况，可是，干爹却是满腹委屈，他找了个机会将自己在家乡受到知府大人不平的遭遇一一告诉了干儿媳，干儿媳安慰他说：“不要担心，除非他的官比你干儿子大。”老人家听了，悬着的心放下了一半。

过了几天，夫人特意说起了干爹的事情，她劝曾国藩：“你就给干爹写个条子到衡州吧。”曾国藩大声叹气：“这怎么行呢？我不是多次给澄弟写信让他们不要干预地方官的公事吗？如今自己倒在几千里外干预了起来，岂不是自己打自己嘴巴？”夫人说：“可干爹是个老实本分的人，你总不能看老实人被欺负，你得为他主持公道啊！”曾国藩思考了片刻，说道：“好！让我再想想。”

第二天，曾国藩接到了奉谕升官，顿时，许多达官显贵都来庆贺，曾国藩将干爹迎到了上座，向大家作了介绍。这时，曾国藩拿出了一把折扇，说道："干爹执意要返回家乡，我准备送干爹一份小礼物，列位看得起的话，也请在扇上留下宝墨，以作纪念。"文武官员一听，都争相留名，不一会儿，折扇两面都写满了名字。干爹带着这把折扇回到了家乡，知府大人一看，气焰顿时削减不少。

虽然曾国藩官运亨通，但是他从来不以此为傲，平日里，他常常告诫家里人要内敛，不可嚣张。这次，干爹有一些事情求助于他，并且确实是冤屈的事情，如果不帮于情于理都说不过去，但是，如果直接出面帮助，难免会落人口实。因此，面对诸如此类的事情，曾国藩总是小心行事，什么时候都多想一步，既帮助了别人，同时也保全了自己。

1.“三思而后行”

俗话说："三思而后行。"内向者做任何事情，都经过仔细考虑。慎重考虑清楚自己还没有预料到的事情，以防万一，这样他们才能更好地保全自己。在现代生活中，许多外向者做事风风火火，全凭着一股劲儿，做事从来不动脑子，虽然加快了做事的速度，但是，他们却常常为冲动造成的后果而埋单。

2.更细心

在诸葛亮挥泪斩马谡的故事中，无论是诸葛亮还是马谡，都缺少了那么一点细心，最终酿成了大错。在生活中，当内向者决定要去做一件事情的时候，总是思考这件事值得不值得去做，如果做了对自己有没有好处，会不会有什么后果。同时，他们还考虑事情的下一步会发生什么，权衡利弊再衡量思路，以至于作出更有利的选择。

3.多思索更安全

在曾国藩帮助干爹这件事中，折扇虽然小，但是，他却谨慎行事，巧妙借他人之力达成了自己的目的，这其中有智慧，但更多的是细心。曾国藩为官那么多年，深知官场的险恶，即使是一件小事，他也会谨慎处理，多想一步，安全就会多一点，越是困境的时候，越需要注意这一点。现代社会人心复杂，任何时候，内向者都谨慎行事，细心周全，遇到事情总是多思索，最终才能立于不败之地。

内向者心理启示：

内向者做任何一件事情，都会考虑周到细致，防止事情可能发生的一切情况，事前就做好应对准备，如此这般，很容易做成大事。而外向者做事情常常顾头不顾尾，毛毛躁躁，缺乏周密的思考，所以，他们常常无法做出一些成就来。而在现代职场中，上司更愿意欣赏那些做事谨慎的人，而非那些只注重效率的人。

不浮躁，稳重成大事

内敛的曾国藩说：“做事须以耐烦为第一要义。”在生活中，有许多看起来很麻烦的事情，同时，还需要处理这些麻烦的事情。对外向者而言，可能处理一件麻烦事算不了什么，处理两件这样的事情也还支撑得住，但是，三件或三件以上的事情就忍不住了。不管是一件琐碎的小事，还是一件令人头疼的大事，时间长了，就可能会使自己变得心浮气躁，甚至，做出一些不符合理性的事情，同时，也给自己带来不好的后果。不过安静的内向者却时刻保持冷静的头脑，稳住场面，最后作出正确的判断。浮躁的情绪会影响外向者的判断，心急如火的样子只会使事情变得更加混乱。在这方面，内向者比较稳重，所以容易成大事。

弟弟曾国荃曾写信给曾国藩，他在信中说：“仰鼻息于傀儡膻腥之辈，又岂吾心之所乐。”对此，曾国藩告诫弟弟：“你已经露出了浮躁的情绪了，将来恐怕难以与人相处。”在曾国藩看来，能耐烦的好处就是从容平静，一个人只有在安静时才能产生智慧，这样才能处变不惊，才能安稳如山。

有一次，曾国藩率部追击捻军。可是，在那天夜晚，捻军却突然来

袭，当时，曾国藩手下的湘军护卫仅有一千余人。眼见捻军来袭，许多湘军情绪变得异常躁动不安，对此，当时的文书急忙向曾国藩报告说："现在已经到了半夜，直接出战肯定不行，突围又恐外面危险重重，但是，如果我军按兵不动，假装不知道，捻军一定会生疑心，或许能够不战自退。"曾国藩对此计策大为赞赏，他高卧不起，文书也十分镇静。湘军看见曾国藩那么镇静，大家也都平静了下来，军队恢复了常态。捻军见状，怀疑曾国藩设有埋伏，徘徊不前，不敢贸然进攻，最终只得匆匆撤去。

曾国藩说："本部堂常常用'平实'二字来告诫自己，想来这一次必能虚心求善，谋划周全以后再去打，不会像以前那样草率从事了。"情绪浮躁之人，很容易干出草率的事情，因为情绪一旦变得躁动不安，就难以平静地思考，反而有可能做出一些不理性的行为，这样一来，不是自惹麻烦吗？

现代社会，部分外向者的心情变得越来越浮躁，做事没有恒心，心绪不宁，脾气大，忧虑感强烈。在工作中，常常遇到一点点困难就想放弃，心生浮躁，结果什么都干不好。如果有人指出了其缺点，他还会大发脾气，同时，又深感忧虑，感到自己总是处处不如人，产生严重的自卑心理。事实上，内向者才是真正成大事者，因为他们总能克制自己浮躁的情绪，谨慎做事。

1.很耐烦

小松是一个情绪浮躁的人，在公司，有时候，他需要别人的帮助。可是，当别人正思考该怎么做的时候，他常常一副不耐烦的样子："哎呀，要是想不出来，还是我自己去吧，真是愁死我了，你还跟我整这套。"时间长了，同事一听说他请求帮助，都会委婉拒绝。谁知道，这样一来，他的情绪更加浮躁了，整天在办公室指桑骂槐，整个人就没有安静下来的时候。就连经理也听闻了他的一些事情，开始将一些重要的工作交给其他人去做，对他也不那么重视了。

2.更慎重处理

内向者做任何事情都很有耐心。俗话说："人生不如意十之八九。"

内向者明白，面对那些不合自己心意的事情，总是怨天尤人也不是办法，只有将浮躁的情绪平息下来，才能平静地思考，慎重处理才是解决问题的根本办法。否则，任由情绪浮躁，只会使事态变得更加严重，自己也难以控制大局。

3.知足常乐

避免浮躁的情绪，最重要的一点就是要知足。外向者对自己目前的处境并不满意，心中就会产生浮躁的情绪，比如，不满工资的待遇而辞职，不满上司而故意拖延工作，等等。其实，当你懂得知足，心就会平静下来，一个人没有过多的欲望就不会浮躁。在工作中，一步一个脚印，踏踏实实向前走，你会发现，杂乱的心绪已经平静了下来。

内向者心理启示：

曾国藩说："吴竹如教诲我说'耐'，我曾经说过：做到了贞，足够干一番事业了，而我所欠缺的，正是贞。竹如教给我一个'耐'字，其意在让我要在急躁浮泛的心情中镇静下来，达到虚静的境界，以渐渐地向'贞'靠近，这一个字就完全能够医治我的心病了。"因为内向者不受浮躁情绪干扰，表现得更有耐心。

忠诚的倾听者，更容易获得信任

倾听是一种美德，没人会喜欢开口就叽叽喳喳的鸟儿，人们更喜欢能够认真倾听自己说话的人。内向者恰恰可以将这一美德表现出来，于是在沟通中他们更善于赢得主动位置。最后所造成的结果是无往不利。外向者习惯滔滔不绝，结果多说话会给他们带来很多负面的影响，多说有可能会使他人产生戒心，认为外向者有某种企图；说得太多了，他人会对你敬而远之，因为他没有义务当你的倾诉桶；况且，说话这件事，说得多了，难免会出错；有时候，说得太多，暴露的信息太多，就会被别人看穿。所

以，应该如内向者这般，做一个忠诚的倾听者，并将这样的美德发扬下去，自然他们会赢得比别人更多的机会，获得更多的信息。

小罗是一个很受欢迎的人，他常常会接到不同的邀请，而在各种社交场合，他能和大家打成一片。朋友小林十分敬佩他，不过，他始终没能找到小罗的社交秘诀。

有一天晚上，小林参加一个小型的社交活动，一到场他就看见了小罗和一个气质高雅的女士坐在角落里。小林发现，那位年轻的女士一直在说，而小罗好像一句话也没说，只是偶尔笑一笑，点点头。回家的路上，小林忍不住问小罗："刚才，那位年轻的女士好像完全被你吸引住了，你是怎么做到的？"小罗笑着说："刚开始我只是问她：你的肤色看起来真健康，去哪里度假了吗？她就告诉我去了夏威夷，还不断称赞那里的阳光、沙滩，之后顺理成章地，她就开始讲起了那次旅行，接下来的两个小时她一直在谈夏威夷，最后，她觉得和我聊天很愉快，但我实际上并没有说几句。"

看完了这个案例，想来，我们应该清楚小罗为什么总是那么受欢迎了吧？是的，原因就是认真地倾听，其实，在沟通过程中，倾听是对谈话者最基本的尊重，同时，也是有效沟通的前提。懂得倾听，认真地倾听，让对方感受到你的注意力，让他觉得你对他所谈的内容很感兴趣，那么，你对他的心理距离就会缩短。在这种友好的氛围中，对方更容易对你产生好感，而你掌握主动权的概率会更大。

有一次，乔·吉拉德拜访了一个有趣的客户，一开始，客户就喋喋不休地谈论自己的儿子，他十分自豪地说："我的儿子要当医生了。"乔·吉拉德惊叹道："是吗？那太棒了！"客户继续说："我的孩子很聪明吧，在他还是婴儿的时候，我就发现他相当聪明。"乔·吉拉德点点头，回应道："我想，他的成绩非常不错。"客户回答说："当然，他是他们班上最棒的。"乔·吉拉德笑了，问道："那他高中毕业后打算干什么呢？"客户回答："他在密歇根大学学医，这孩子，我最喜欢他了……"话匣子一打开，客户就聊起了儿子在小学、中学、大学的趣事。

第二天，当乔·吉拉德再次打电话给那位客户时，却被告知客户已经决定买自己手中的车，而客户的原因很简单，他说："当我提起我的儿子吉米有多骄傲的时候，他是多么认真地听。"

认真地倾听，使得乔·吉拉德赢得了一份订单，如此看来，"倾听"确实是一种讨人喜欢的行为。在日常交际中，外向者习惯用语言来交流思想，用心来沟通感情，但是，沟通与交流需要的仅仅是语言吗？这是否定的，在很多时候，外向者都很容易忽视耳朵的作用，也就是倾听。倾听是一种交流，更是一种亲近的态度，只有倾听才能领略别样的风景，只有倾听才能真正地走进对方的心里。

事实上，内向者的倾听有很多奇妙的作用。

1.一种理解

有时候，即使内向者不能认同对方的做法，也会表示出理解"您说的很有道理，我非常理解您""谢谢您，如果我站在您的位置，也会有与您一样的想法"。话说到了对方心坎儿上，对方会不自觉地受你影响。

2.维护对方的自尊心

美国著名哲学家詹姆斯曾经说过："人类天性的至深本质就是渴求为人所重视。"当对方的表述有些偏颇的时候，内向者会维护对方的自尊心，尽量以委婉的表达方式传递这样的信息："您说的非常有道理，但我相信，每个企业，毕竟都有它存在的理由。"

3.具体而新颖的赞美

每个人都渴望别人的赞美与认同，当内向者察觉出对方有这方面的心理需求的时候，需要给予具体而新颖的赞美之词，比如，"您的声音真的非常好听""听您说话，我就知道您是这方面的专家""跟您谈话我觉得自己增长了不少见识，谢谢您了"。这些恰到好处的赞美会触动对方内心，继而赢得对方的信任，最终达到影响对方心理的目的。

4.倾听也能获取信息

布里德奇说："学会了如何倾听，你甚至能从谈吐笨拙的人那里得到收益。"倾听并不是没有任何意义的随声附和，一个优秀的倾听者可以从

说话者那里获取大量的信息，从而赢得对方的喜欢。不过，倾听也是有技巧的，除了听之外，需要适时地重复对方话语中的关键字眼。当然，倾听比说话更需要毅力和耐心，假如你只是埋头玩自己的手机，或者把头转向一边，这样无疑会打击说话者的积极性。

内向者心理启示：

在内向者看来，只有听懂了别人表达的意思的人才能沟通得更好，倾听是说话的前提，先听懂别人的意思，再表达出自己的想法和观点，才能更有效地沟通。同时，听懂了别人的意思，我们才有机会掌握沟通的主动权，最后，有效地掌控其心理，达到自己的目的。

深藏不露的大智慧

老子说：“大巧若拙，大辩若讷。”意思就是说那些大智慧的人、真正有本事的人，虽然有丰厚的才华学识，但平时像呆子，从来不自作聪明；有的人虽然能言善辩，但表现得就好像不会说话一样。其实，前者所说的就是内向者，后者则是外向者。早在几千年以前，老子就一语道破了内向者与外向者的玄机。不管内向者出于什么样的位置，不露锋芒，不随处显示自己的聪明，这样更容易成才。

一个人有绝顶的聪明，有满腹才华，固然是好事，但在合适的时机运用才华而不被或少被人所妒忌，避免功高盖主，这才是最大的才华。人们常常用“聪明”这个华丽字眼儿来形容一个人的智慧，实际上，“聪明”是个值得玩味的词，它虽然透露出“智慧”，但也隐含着“不稳重、浮躁、爱表现”的意思，所以，有时候“聪明”也是一个贬义词。

汉武帝即位之初，下诏征求贤良有识之士，东方朔也赶来凑热闹，他上书说：“臣自幼失去父母，由兄嫂养大，12岁开始学书法，3年之后文史知识足资运用；15岁学击剑；16岁学诗书，背诵22万言；19岁学习孙武兵法，战阵排列，也背诵了22万言，臣身高九尺三寸，眼睛明亮如宝珠，牙齿整洁如有序的贝壳，像孟贲一样勇敢，像庆忌一样敏捷，像鲍叔一样廉洁，像尾叔一样忠信。像我这样的人，可以做陛下的大臣。”这份奏章自视甚高，油腔滑调，偏偏汉武帝觉得此人比较奇特，下令东方朔等诏于公车。

有一天，东方朔陪汉武帝游上林苑，汉武帝指着苑中一棵树，问东方朔：“此树叫什么名字？”“叫善哉。”东方朔随口答道。汉武帝暗中叫人将这棵树做了记号，并记下东方朔说的树名。几年后，汉武帝和东方朔又来到那棵树前，汉武帝问东方朔：“此树叫什么名字？”“叫瞿所。”东方朔随口说道。

汉武帝脸色一沉，呵斥道：“你竟敢欺君，同一棵树，为何有两个名字？”东方朔不慌不忙地回答：“陛下，马长大之后，我们才叫它马，在它小时候，我们却称之为驹；鸡也一样，在它小时候，我们叫它雏。这棵树也有一个生长过程，我以前叫它善哉，现在叫它瞿所，有什么好奇怪的？”汉武帝明知东方朔在诡辩，但对他的足智多谋非常欣赏，就没有追究。

东方朔聪明绝顶，但一直没能得到汉武帝的重用，多数时间只是郎官，仅供汉武帝取乐而已。东方朔也曾满怀壮志，上书陈请农战强国的大计，但是，汉武帝始终没有采纳他的意见，而这主要是因为汉武帝认为他小聪明太多的缘故。

聪明算得上是一件好事，但是像东方朔这样炫耀卖弄则不可取。东方朔既有大智慧，也有小聪明，然而他并不懂得大智若愚的道理，对任何事情都喜欢要小聪明，自然给汉武帝一种油腔滑调、难以相信的感觉，这也是他虽有大智却难以得到重用的原因。

真正的聪明人，他是不随便显露自己的聪明，甚至给人的感觉是愚蠢笨拙的，表现得既谦虚又谨慎。有人认为谦虚或谨慎是一种消极的人生态度，实际上，倘若一个人能够谦虚诚恳地对待他人，就会赢得他人的好感；如果他能够谨言慎行，还有可能赢得他人的尊重。所以，做一个大智若愚的内向者，深藏自己的智慧，这才是人生至善至美的境界。

1.别太聪明，而要智慧

我们常说智慧人生，这里就不能不涉及聪明和智慧。虽然，在很多时候，我们喜欢把聪明与智慧混为一谈，但实际上，聪明和智慧是两回事，聪明是一种生存的能力，而智慧则是一种生存的境界。世界上真正聪明的人并不多，而智者更是罕见，连大哲学家苏格拉底都说自己是无知的。也许，我们没有办法做一个大智者，但却可以做一个大智若愚的人，掩饰自己的聪明，不妨活得糊涂一点。

2.难得糊涂

郑板桥说“聪明难，糊涂更难”。其实在这里，糊涂更需要智慧，所以，“难得糊涂”实际上就是难得智慧。生活中，我们每个人都想做一个聪明的人，更是处处展现着自己的聪明才智，殊不知，“聪明外露就是不聪明”。有人说：“聪明人能装得不让人觉得聪明，那才是真聪明。”那些表面上聪明的人，人们是不喜欢的，聪明并不是坏事，但外露了，就是坏事了，因为会招人嫉妒，另外还会得罪人。所以，尽可能地掩饰自己的聪明，做一个人生路上的大智者。

3.内向者的内敛，让人感觉很安全

一个拥有大智慧的人，他从来不会到处炫耀自己的聪明和才华，因为他懂得更好地保护自己，这样的人才是真正有智慧的人。有人说，聪明伶俐，人见人爱！其实并不是这样，那些到处显露聪明的人实际上并没有受到人们的喜欢，相反，他们会处处受到排挤，最后郁郁不得志。

我们深究其原因，那就是他们锋芒太露，太过张扬，从来不掩饰自己的聪明，甚至为了表现自己的聪明才智，他们常常口若悬河、直抒胸臆，丝毫不考虑别人的感受；或者毫不留情地当面指出对方的错误，不给对方台阶下。也许，当他们表现自己时是得意的，但随后就会沦落为失意者。

内向者心理启示：

因为外向者自以为很聪明的行为，无形之中给自己人生路上莫大的阻碍，还会因为抢了人家的风头而招人妒忌，有的因为聪明外露而阻碍了自己的前程，还有的因为聪明外露而招来杀身之祸。所以，外向者在这方面需要向内向者学习。

内向的糊涂虫与外向的出头鸟哪个活得更长久

在我们身边有许多内向的糊涂虫，也有不少喜欢出头的外向者，他们两者的区别就在于做人的姿态。内向的糊涂虫乐在糊涂之中，甘愿掩饰自己的真实想法，给人毫无威胁之感的亲和之态；外向出头鸟恃才傲物，处处表现自己，唯恐自己的才华被埋没。所以，这两者的结局也是迥然不同的，糊涂虫秉承“糊涂学”，过着快乐幸福的生活；而出头鸟却因为太出风头，被猎人击中了。

因而，在人生的道路上，我们更愿意做一只什么都不知道的糊涂虫，而不要做处处出风头的出头鸟，因为糊涂虫往往比出头鸟活得更长久。也许，有人会觉得糊涂虫的人生哲学有点消极，总是极力地逃避，但实际上这是一种人生的境界，避开锋芒，自显光芒，这才是糊涂虫的美丽人生。糊涂虫之所以糊涂，是因为他在糊涂之间躲过了猎人的追杀，保全了自己，最终得以成就自我；而出头鸟太聪明了，却因为自己的聪明而丢了性命，又何谈人生抱负？人生难得糊涂一点，你才会赢得属于自己的人生。

杨修是个文学家，才思敏捷，灵巧机智，后来成为曹操的谋士，官居主簿，替曹操典领文书，办理事务。有一次，曹操造了一所后花园。落成时，曹操去观看，在园中转了一圈，临走时什么话也没有说，只在园门上写了一个“活”字。工匠们不解其意，就去请教杨修。杨修对工匠们说，门内添“活”字，乃“阔”字也，丞相嫌你们把园门造得太宽大了。工匠们恍然大悟，于是重新建造园门。完工后再请曹操验收。曹操大喜，问道：“谁领会了我的意思?”左右回答：“多亏杨主簿赐教!”曹操虽表面上称好，心底却很忌讳。

后来，曹操出兵汉中进攻刘备，被困在了斜谷界口，想进兵，又被马超拒守，想收兵回朝，又害怕被蜀兵耻笑，心中犹豫不决，正碰上厨师端进鸡汤。曹操见碗中有鸡肋，因而有感于怀。正沉吟间，夏侯惇入帐，禀请夜间口号。曹操随口答道："鸡肋!鸡肋!"惇传令众官，都称"鸡肋!"行军主簿杨修见传"鸡肋"二字，便命令随行军士收拾行装，准备归程。有人报知夏侯惇。夏侯惇大惊，遂请杨修至帐中问道："公何收拾行装?"杨修说："从今夜的号令来看，便可以知道魏王不久便要退兵回国，鸡肋，吃起来没有肉，丢了又可惜。现在，进兵不能胜利，退兵恐人耻笑，在这里没有益处，不如早日回去，明日魏王必然班师还朝。所以先行收拾行装，免得临到走时慌乱。"夏侯惇说："您真是明白魏王的心事啊！"他也开始收拾行装。于是军寨中的诸位将领没有不准备回去的行装的。曹操得知这个情况后，传唤杨修问他，杨修用鸡肋的意义回答。曹操大怒："你怎么敢造谣生事，扰乱军心？"便喝令刀斧手将杨修推出去斩了，将他的头颅挂于辕门之外。

杨修为人恃才放荡，数犯曹操之忌，杨修之死，植根于他的聪明才智。他本是一个绝顶聪明的人，而且才华横溢，但其才盖主，却又滔滔不绝，这就犯了曹操的大忌。当曹操无意间说了"鸡肋"二字，本来曹操就在苦闷，不知道该如何解脱，而杨修却做了一只出头鸟，捅破了那层薄纸，无形之中羞辱了曹操，这就是杨修致死的原因之一。人生在世，我们就要善于吸取这样的教训，甘做内向糊涂虫，不做外向出头鸟。

1.外向者更容易成为"枪打的出头鸟"

在日常生活中，我们有时候会遇到这样的情况：有一些事情，每个人几乎都想到了，也认识到了，却没有一个人当众说出来。实际上，这些人都愿意做糊涂虫，而不愿意做出头鸟。人所共欲不言，言者乃大愚也。俗语曾说："枪打出头鸟。"在一些场合，外向者争着说话，必定是犯了时忌，或者无意间说中别人的痛处，这样就会倒霉了。

2.内向的糊涂虫比外向的出头鸟活得更长久

有的出头鸟因为才华横溢，所以强出头，殊不知却犯了大忌。自古以来，许多将帅帝王都不喜欢臣子胜过自己，比如说乾隆皇帝。他喜欢卖弄才情，闲暇之余写点小诗，他上朝时就经常出一些精辟的题目考问大臣。这时候，大臣们都装作糊涂虫，明明知道那是很浅的学问，却不说破，故意冥思苦想，并请求皇帝开恩“再思三日”。这时候，乾隆皇帝自己细细道来，赢得了大臣的一片礼赞之声，乾隆帝自然是喜不自禁。

如果这时候哪个人做了出头鸟，在皇帝面前出尽风头，自然得不到皇帝的宠爱，反而心生忌讳。所以，有许多出头鸟的最终结果是丢了性命，而糊涂虫可以活得更长久，试问，你是愿做糊涂虫还是出头鸟呢？

内向者心理启示：

所谓“人怕出名猪怕壮”，人出名了，必会招来侧目而视，这就是惹祸的根由。所以，装作什么都不知道是最好的，做一只快乐而单纯的糊涂虫，让自己的人生五彩斑斓。

善于思考，敢于创新

大多数的内向者都是一个思考者，每一个年轻内向者都会锻炼自己的头脑，扩展自己的眼光和思维。这是一个脑力制胜的年代，谁的想法更高明，更有效，谁就更容易提升自己的价值，获得财富的垂青。人们不应拜金，但对财富的追求，对财富的渴望，却不可消弱。这不仅仅是改善生活的需求，更是激发大脑潜能，调动大脑思维的最原始动力。

很多时候，一个金点子，花费不多，却拥有点石成金的力量。只有看到别人看不到的东西的人，才能做到别人做不到的事。灵活的头脑和卓越的思维为内向者提供了这种本领，深入地洞察每一个对象，就能在有限的空间，成就一番事业。

因出产夏普牌电视机闻名的早川电机公司董事长早川德次，很小的时候双亲与世长辞，他在小学二年级时，就去一家首饰加工店当童工。但

早川并不自暴自弃，他就想：“在这世界上没有疼爱我的双亲，也没有关心我的长辈，我的处境比任何人都悲惨，但只要我努力生活，就不会输给别人。”

他进首饰加工店之后，每天所做的工作就是照顾小孩，烧饭，洗衣服以及搬运笨重的东西。这样年复一年过了四个春秋，有一次，他鼓起勇气对老板说：“老板，请您教我一些做首饰的手工好吗？”老板不但没答应，反而大骂道：“小孩子，你能干什么呢？你如果喜欢学的话，自己去学好了！”

早川想，真的，不靠别人，要亲自去学，亲自思考，亲自去做。以后老板叫他帮忙工作时，他尽量用眼睛看，用心学，这样一切有关工作的学识和技能，全部是靠自己偷偷学来的。

他的苦苦挣扎与努力终于没有白费，使他成为耳聪目明又富于创意的人。18岁他就发明了裤带用的金属夹子，22岁时发明了自动笔。他有了发明，老板便资助他开了一家小工厂。这种自动笔深受大众喜爱，风行一时。世界没有给他任何东西，但他却给世界很多。30岁时，在他赚到1000万日元以后，就把目标转向收音机界，建立平川电机公司。

内向者善于独立思考，当他们把这种能力转变为创意时，其生活现状也许就会发生质的改变。商人说，创意无法标价，它实施后所创造的价值却是切切实实的。年轻人在刚刚步入社会时，一般很难立即拥有发财致富的机遇，这也符合踏实肯干，付出才会有所收获的道理。但也许我们此时实力不足，如果能用好创意，常常会达到事半功倍的效果。

1.内向者的创意生涯

创意不是高深的科学技术，它的起源常常是内向者的灵机一动，不需要经过严谨的学术训练和精密的理论论证。对于创意，任何一个人都可以与之亲密接触，我们在自己的实力微不足道的时候，如果能用好创意，常常会达到事半功倍的效果。

2.创意青睐爱思考的内向者

创意人人都要有，但它更青睐于细心观察生活并随之跟进的人。创意是改变生活的加速度，它可以不是一件实实在在的产品，而是一种另辟蹊径的思维方式。思路决定财富并不是一句空话，处于困境中的人，如果有心要撬动财富的世界，改变自己的人生历程，只要头脑灵活，感觉敏锐，创意是你手中最有力的杠杆，它可以影响人生的成就和财富的流向。

内向者心理启示：

为什么世界上大部分的科学家、艺术家都是内向者，那是因为他们善于思考。一位心理学家称，每个人都容易羡慕别人，因为在比较中，你总会发现比你优秀的人。很多人不禁感叹，自己何时能赶上别人，能买房买车，能一夜暴富？世界著名的成功学大师拿破仑·希尔著有《思考致富》一书，在书中，他提出是“思考”致富，而不是“努力工作”致富。希尔强调，最努力工作的人最终绝不会富有。如果你想变富，你需要“思考”，独立思考而不是盲从他人。对于大多数人来说，把思考和金钱联系在一起的，就是创意。

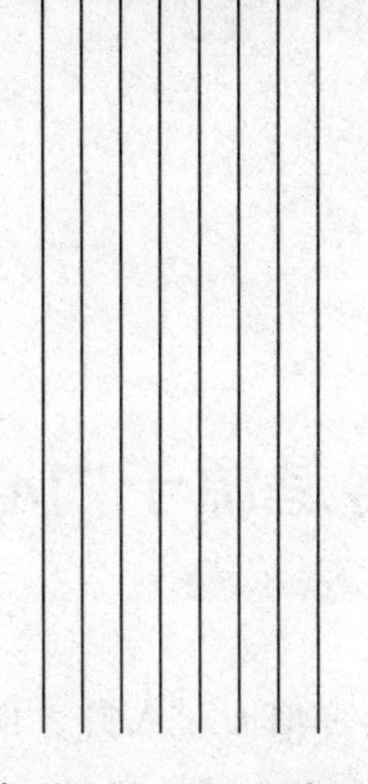

第4章

内向者的恐惧：困住心灵的枷锁

对于内向者而言，社交恐惧会给自己的生活和工作带来影响，所以一定要勇敢正视，尽量解决自己的问题，让自己走出恐惧的阴影。对于社交障碍，内向者要客观看待，只有越过这道障碍，才能与他人建立稳定而和的人际关系。

社交障碍是源于内心的恐惧

内向者讨厌面对人群或害怕面对人群，他们觉得恐惧、不好意思，对自己以外的世界有着强烈的不安感和排斥感。他们常常逃离人群，除了几个亲近的人之外，他们不愿意与外面的世界沟通。他们大多都有人际交往障碍，他们心里有很多苦恼：“我性格内向，不愿和别人交往，我挺烦的，怎样才能做一个善于交际的人呢？”“我是一个女孩，我想说的是，我无论和男的或女的说话时，不敢看对方的眼睛，手一会儿挠头一会儿揣兜，不知道该怎么办？”“我太在乎别人对我的看法，和别人沟通时，我都担心别人怎么看我，尤其是面对比较重要的人，我还有点自卑……”“我觉得我自己心理上有问题，很多时候很想跟别人聊天，但又不知道有什么好聊的，很多时候我很害羞，说话也不敢大声，我感觉自己好胆小好内向”。从这些心声中，我们可以看出他们中的大多数只是性格内向不善于交际，或是不懂得社交的艺术，而导致社交过程中出现不适，而并非他们不愿意与人交往。

艳艳今年17岁了，是一所普通高中二年级的学生，爸爸和妈妈都是大专毕业，在机关工作。因为家里只有她一个孩子，全家人对她都很疼爱，不过，她爷爷对她要求严格，希望她将来可以作出一番大事业。艳艳从小就很腼腆，不喜欢说话，家里来陌生客人了，她也是经常避而不见。在整个读书期间，她都没什么朋友，平时不上课就宅在家里。

但现在艳艳读高中了，她开始寄宿了，感觉很多事情不顺利，她很苦恼，常常向妈妈抱怨，一副不知所措的样子。前不久，在学校里一个男生无意中用余光瞄了一下艳艳，她就觉得对方在警告自己。从此，她更害怕与人打交道了，尤其是遇到异性时，她异常紧张，注意力无法集中，学习没有效率。后来，严重的时候，发展到与同性、与老师不敢视线接触。她

常常对妈妈说："妈妈，我很痛苦，好苦恼，可又不知道该怎么办？"

在青春期，性格内向的女孩子们很容易患上社交恐惧症，严重的还会发展成社交恐怖症。在青春期，一个人生理和心理都会发生急剧的变化，如果在这一阶段遇到心理问题，没有解决好，就很可能影响她们将来的升学、求职、就业、婚姻等一系列社会化进程。

1.尽可能与他人交往

内向者总是一个人宅在家里，时间长了就会脱离社会。所以，如果要突破自己的交际恐惧，就需要走出家门，尽量与他人交往。在与他人的交往中，会遵守共同的规则，学会了交往，学会了尊重别人。而且，从中还可以学会如何与人合作，如何交朋友。

2.参加活动可以帮助你拓展圈子

在家里，有可能你所接触到的就是自己的家人，有时候，甚至是姐妹兄弟。即便是一起工作的同事，也只是打过照面，没有真正接触，更别说成为朋友了。而公司举办的一些有意义的集体活动恰好为你提供了这个机会，在活动中，你可以认识更多的朋友，相应地，也拓展了你的交际圈子。

3.参加活动可以有效锻炼你的交际能力

有的人比较羞涩，性格内向，他们的交际能力较差，像这样的人更应该参加一些有意义的集体活动。在活动中，气氛比较热烈，能够激起大家聊天的欲望，如此一来，能够有效地锻炼你的交际能力，提升你的口才水平。

4.要知道没什么可怕的

内向者要知道在交际场合没什么可怕的，即便出现了最糟糕的场景，都应该将一切可能发生的最糟糕的情况列举出来，最后发现其实也没什么大不了的。所以，让自己冷静下来，做好自己，没什么可怕的。

5.做一个主动者

奥巴马总是面带微笑自信地走向大家，然后花一段时间向在座的人介绍自己，他一切的行为都令他看起来非常自信，极具总统范儿。假如一

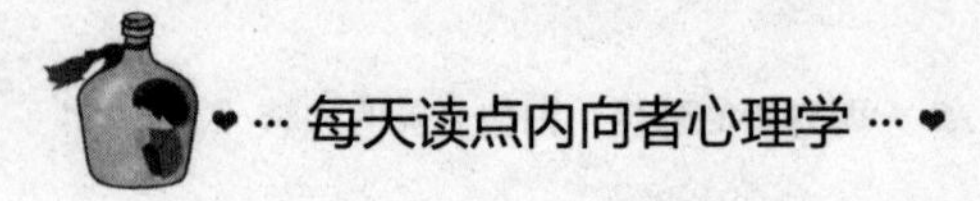

个人总是低着头走路，等待别人来和自己打招呼，结果很容易被身边的人忽视。

内向者心理启示：

内向者无法主动走出自我的世界，也不愿意加入人群。他们只要在人多的地方就会觉得很不舒服，总害怕别人在注意自己、担心自己被批评。实际上，他们的一切行为都源于内心的恐惧，一旦内心的恐惧消失了，他们就会慢慢变得自信起来。

内向者第一次公开讲话

造成内向者当众不能有效说话的最大障碍是什么？胆怯，这也是大多数人面对听众时首先遇到的最大障碍。在现实生活中，我们无法避免的事情就是每天与各式各样的人打交道。确实，社交就是展现一个人风采的重要场所，你可能会与重要人物交谈，当众表达你的观点，甚至还会出现在酒会、晚宴、谈判的场合。这时因为胆怯，人们总是选择退却，即便是鼓起勇气去了，却因表现失态，把整个场合搞得更尴尬。当再次需要当众说话时，你又开始胆怯、心慌、全身发抖，时间长了，胆怯在一次次窘态中越来越嚣张，以至于你几乎丧失你所有的自信和勇气。

某一年，在纽约举办了一个世界演讲学大会，在这个大会上有许多演讲学的教授需要当众发表自己的论文。当时，有一位教授担心自己的形象得不到大家的认可，他越想越恐惧，结果上台没说几句话就晕倒在地了。本来在他后面一个发言的教授还在不断地练习演讲，一看前面的教授晕倒了，他心里感到一阵恐惧，额头上冒出豆大的汗珠，不知不觉地他就在台下晕过去了。

在世界演讲学大会上出现了两位教授因胆怯而晕倒，这确实是一件有趣的事情。原来，胆怯是每个人都有的一种心理素质，只是程度不同而

已。不仅仅是内向者才畏惧当众说话，就连许多所谓的大人物也是如此。因此，明白了这个道理，相信对内向者克服内心的胆怯是很有帮助的。

一位实习老师第一次走上讲台，当学生起立的时候，师生之间互相问候，这位刚刚踏出校门的小伙子竟不知道该说些什么，之前准备好的开场白不知道跑哪里去了。心慌之余，他红着脸，用颤抖的声音说了句："老师，您好！"同学们面面相觑，继而哄堂大笑，而那位实习老师则不知所措，低着头站在讲台上。

他努力想让自己镇静下来，但越是这样，越忍不住心虚害怕。当他下意识地掏出手帕想擦掉额头上的汗珠时，课堂再一次沸腾了。小伙子心里纳闷了，后来经过同学们的暗示，他才发现自己手里拿的不是什么手帕，而是一只袜子。他更恐惧了，心想可能是昨晚洗脚时无意中将袜子塞进了衣兜里。

整个教室快闹翻了天，他窘得无法自控，只好跑下了讲台，慌乱之中踢到了台阶，差点摔个四脚朝天，幸亏他眼疾手快扶住讲台，才没有摔倒。

这位刚出学校的小伙子无法克服内心的胆怯，因此第一次登台就窘态百出，无疑，克服胆怯是当众说话的第一关卡。其实，有许多所谓的大人物最初当众说话都是不完善的，但最终他们都无一例外地成了当众说话的高手。比如，古罗马著名演讲家希斯洛第一次演讲就脸色发白、四肢颤抖；美国的雄辩家查理士初次登台时两条腿不停地抖；印度前总理英·甘地首次演讲时不敢看听众，脸孔朝天。为什么最后都发生了如此巨大的变化？唯一的原因就是他们克服了内心的胆怯。

克服胆怯是当众说话的第一关卡，对此我们应该想方设法克服内心的恐惧，勇敢地跨出当众说话的第一步。

1.心中有听众，眼里无听众

有一位老师初次登台讲课就很不错，有人问他秘诀，他说："我在备课时心中一直想着学生，可上了讲台，我眼中所见，就只有桌椅而已，这样我就不怯场了。"当众说话有一个秘诀叫作"视而不见"，也就是在说话前心中有听众，在讲话时眼里不能有听众，而是按照自己的意图去进行语言表达，对下面的听众视而不见，这样会消除你内心的恐惧感和紧张感。

2.抱着“无所谓”的态度

任何一个初次当众说话的人都有些胆怯，既然避免不了当众说话的环节，为什么还需要为此害怕呢？美国前总统罗斯福曾说过：“每一个新手，常常都有一种心慌病。”其实，心慌并不是胆小，而是一种过度的精神刺激。任何人都不是天生敢在公众场合自如说话的，都有一个艰难的“第一次”。只要你抱着“无所谓”或者“豁出去”的态度，管他三七二十一，这样整个人也就放开了。

内向者心理启示：

美国的心理学家曾做过一个有趣的问卷调查，问题是：“你最恐惧的是什么？”调查的结果令人大跌眼镜，“死亡”原本如此让人恐惧的事情却排在了第二，而“当众说话”却高居榜首。相对于做其他的事情，有41%的人觉得当众说话是最恐惧的事情，甚至比死亡更可怕。同样的调查在大学里也做过，结果有80%~90%的大学生对当众说话很是恐惧。由此可见，在公众场合说话，感到恐惧和胆怯是一种很普遍的现象。

善用微笑来缓解自己的紧张感

有人说戴安娜是微笑的专家，她用微笑征服了全世界。现在我想我们应该清楚为什么她会受到全世界男女老少的喜爱了，为什么有那么多不认识的人给她献花。这么多年过去了，这个既不是政治家，也不是企业家，当然更不是艺术家的女人却被那么多的人缅怀着。如果你再仔细地观察戴安娜的照片，你会发现她的每一张照片都在微笑：牙齿露出，嘴角呈一道弧线。她的眼睛里充满了笑意，充满了善意，如果说微笑是全世界共同的语言，那么在她身上得到了进一步的验证。不需要任何人的翻译，不需要

开口，所有的人都懂得她在说什么，那就是一个善意的微笑。

美国钢铁大王卡内基说："微笑是一种神奇的电波，它会使别人在不知不觉中认可你。"

曾在一次盛大的宴会中，一位平日对卡内基很有意见的商人当众抨击他，大家都尴尬地看着卡内基，但卡内基本人却安静地站在那里，脸上带着微笑，当那位商人与卡内基对视的时候，他难堪地低下了头。卡内基的脸上依然挂着笑容，他走上前去亲热地跟那位商人握手。

后来，那位商人成了卡内基的好朋友。

内向者的紧张感能引起思维混乱，甚至大脑短路，身为内向者的你之所以会紧张是因为尚未掌握正确的调节心理的方法，这时你越是想镇静下来却越紧张。其实你越是想控制紧张，它就会变成一种妖魔，更加厉害。而应付紧张感最好的办法就是微笑，放松你的下巴，抬起你的脸颊，张开你的嘴唇，向上翘起你的嘴角，用轻松的节奏对自己说"我很好"，这样给人的感觉很好，而又给人有能力的感觉，好像你真的放松了下来。就这样，你内心的紧张感慢慢消失了，随之涌上来的是满足、轻松的心理状态。在如此健康的状态下，内向者会在交际场合如鱼得水。

安安是一位爱笑的女孩子，难堪时微笑，紧张时也微笑，高兴时微笑，难过时也微笑。但就是这样一位喜欢微笑的女孩子，却天生胆子小，说话时声音像蚊子一样小，不了解她的人还以为是害羞，其实她就是这样。

大学毕业的论文答辩会上，安安不幸被抽中了，这意味着她需要在几百人的大厅里当众说话。安安还是第一次遇到这样的场合，这该如何是好呢？安安害怕得快要哭出来，论文指导老师知道了这件事，安慰安安说："你知道你给人最大的印象是什么吗？"安安不解地摇摇头，老师说："你最大的特点就是微笑，而这正好是缓解紧张感的秘诀，当你觉得很紧张、很害怕的时候，不妨微笑，不仅对着听众微笑，还需要对着自己微笑，告诉自己'放松点'，这样你就真的会放松下来。"安安若有所悟地点点头。

在论文答辩会上，安安脸上始终保持着微笑，每当不知道该怎么说的时候，每当紧张的时候，她微笑面对，台下的老师和同学就会善意地看着她，不哄笑，也不唏嘘，只是等着她继续说下去。最后，安安顺利地完成了答辩。

因为微笑，安安不再紧张；因为微笑，安安征服了所有的听众。雨果说："微笑是阳光，它能消除人们脸上的冬色。"对当众说话来说，微笑不仅能够缓解内心的紧张感，而且还会化解观众内心对你的不解和抵触。微笑对观众的征服是自然而然的，既然它能兵不血刃地征服对手，更不用说征服你的听众了。

1.对着镜子练习微笑

对着镜子练习微笑，你的眼睛可以看到标准的微笑形象，并在脑海中形成一个视觉的记忆，以后再微笑时，你的脑海中就会浮现出微笑的形象，从而帮助你加强记忆。

2.每天多次练习微笑

有人说每天需要练习一百遍的微笑，因为微笑是一种肌肉记忆训练，那些不喜欢笑的人，并非他不开心，而是他的脸部肌肉长期不动，已经僵硬了。如果你每天练习微笑比较少，那就难以形成肌肉记忆。所以，天天对着镜子练习微笑，时间长了，不知不觉微笑就能长期保留在你的脸上了。

内向者心理启示：

其实，微笑不仅仅是一个人最好的名片，而且也在某种程度上能减少人们内心的紧张感。尤其是内向者在交际场合中，如果你实在不知道说什么，那即便一个微笑，也能够很好地让人们感受到你内心的阳光与温暖。

一个招呼，拉近彼此之间的距离

在每天的人际交往中，我们都在频繁地与人打招呼，招呼表示一种问候，一种礼貌，一种热情。其实，内向者千万不要忽视了一个招呼的作

用，一个小小的招呼就是人际交往中的润滑剂。对同事的一个招呼，可以有效地化解彼此之间的敌意；对朋友的一个招呼，可以唤起双方之间深厚的友谊；对陌生人的一个招呼，可以减少彼此之间的陌生感。总而言之，一个招呼可以使人与人之间的关系更加和谐、融洽。特别是我们在与陌生人的交往中，恰到好处的一个招呼是必不可少的。

《塔木德》中说："请保持你的礼貌和热情，不管对上帝，对你的朋友，还是对你的敌人。"如果内向者能够奉行这一原则，就会在复杂的人际交往中获益匪浅。有时候，仅仅是一个看似不经意的招呼，会加深你在陌生人心中的印象，会增加陌生人对你的好感。你们之间的关系常常在这种不经意间变得更加密切，而对你赢得陌生人的友谊也有很大的帮助。

1930年，西蒙·史佩拉传教士每日习惯于在乡村的田野之中漫步很长时间。无论是谁，只要经过他的身边，他都会热情地向他们打招呼问好。他每天打招呼的所有对象中有一个叫米勒的农夫。米勒的田庄在小镇的边缘，史佩拉每天经过时都看到米勒在田间辛勤地劳作。这位传教士就会向他打个招呼："早安，米勒先生。"

当史佩拉第一次向米勒道早安时，米勒根本没有理睬，只是转过身子，看起来就像一块又臭又硬的石头。在这个小镇上，犹太人与当地居民相处得并不好，更不可能把这种关系提升到朋友的程度。不过，这并没有妨碍或打消史佩拉传教士的勇气和决心。一天又一天地过去，他总是以温暖的笑容和热情的声音向米勒打招呼。终于有一天，农夫米勒向教士举举帽子示意，脸上也第一次露出一丝笑容了。这样的习惯持续了好多年，每天早上，史佩拉会高声地说："早安，米勒先生。"那位农夫也会举举帽子，高声地回道："早安，西蒙先生。"这样的习惯一直延续到纳粹党上台为止。

当纳粹党上台后，史佩拉全家与村中所有的犹太人都被集合起来送往集中营，最后他被关押在一个位于奥斯维辛的集中营。从火车上被赶下来之后，他就在长长的行列之中，静待发落。在行列的尾端，史佩拉远远地就看出来营区的指挥官拿着指挥棒一会儿向左指，一会儿向右指。他知道发派到左边的就是死路一条，发配到右边的则还有生还的机会。他开始紧张了，越靠近那个指挥官，他的心就跳得越快，自己到底是左边还是右边?

终于，他的名字被叫到了，突然之间血液冲上他的脸庞，恐惧消失得无影无踪了。然后那个指挥官转过身来，两人的目光相遇了。他发现那位指挥官竟然是米勒先生，史佩拉静静地对指挥官说："早安，米勒先生。"米勒的一双眼睛看起来依然冷酷无情，但听到他的招呼突然抽动了几秒钟，然后也静静地回道："早安，西蒙先生。"接着，他举起指挥棒指了指说："右！"他一边喊还一边不自觉地点了点头。"右！"——意思就是生还者。

一句简单的问候，小小的招呼——"早安"，竟挽救了自己的生命。其实，礼貌和热情都是人际交往的润滑剂。正是那句真诚的问候感动了刽子手，史佩拉才得以生存下来。因此，我们在面对周围的陌生人时，尽可能地展现我们的礼貌和热情，主动打个招呼吧。

1.消除彼此的陌生感

也许在初次见面，第一次打招呼的时候，双方都会觉得有点不自然，彼此是陌生的，也不会有多少感触。但是，当你们第二次在大街上碰到，你不经意喊出对方的名字，跟对方打个招呼，对方就会有种说不出来的亲切感。并且这种亲切感随着你们一天一天地打招呼、彼此寒暄会变得更加强烈，到最后你们再见面时，已经完全没有了疏离感，彼此已经不再陌生，甚至有可能会成为好朋友。其实，人与人之间的关系就是这样建立起来的，仅仅是一个招呼，它就足以让双方不再陌生。

2.拉近双方之间的距离

在我们日常生活中，领导和下属打招呼，看似很少见的举动，可它正悄悄地拉近上下级之间的距离。这时候，领导不再是高高在上，而是像朋友之间的互相问候。领导与下属之间的关系是企业管理的核心，如果下属只是一味地惧怕你，那么，这样的企业就不能进行有效的管理与沟通。当领导与下属因为一声招呼、一句问候而成为朋友，他们之间就是一种平等的关系，当

工作出现了问题，双方就可以互相讨论如何来解决。因此，领导者要想管理好一个企业，处理好上下级之间的关系，那就要从打招呼做起。

内向者心理启示：

对内向者来说，向一个陌生人打声招呼并不是一件困难的事情。这只需要我们在见面时互相问一声“早上好”“中午好”“晚上好”，即便是一个微笑、点头，那也是一个招呼。有时候，内向者并没有因为过多的礼节而挖空心思去与对方寒暄几句，只是打声招呼，就足以唤起对方心中的温暖。没有一个人能够拒绝温暖的微笑和热情的声音，这些不仅仅能够博得对方的好感，也会化解对方冰冷的心。

勇敢走出自我，与陌生人成为朋友

在生活中，内向者每天总会遇到很多陌生人，与他们有着或亲或疏的关系。通常情况下，他们为了工作、生活，不可能永远限制在自己的狭窄交际圈子里，必须不断地拓展自己的交际圈子，结识更多新的朋友，扩大自己的人脉关系，储备自己的人脉资源。这对于每个人来说，都是必不可少的交际过程。因此，内向者每天面对的众多陌生人中就有我们需要结识的新朋友，他们就是我们即将拓展的交际圈子中的一员。那么，如何与一个完全陌生的人交朋友呢？这是每个内向者都应该思考的问题。

小张是公司采购部的调查员，这次他被委派到乡下调查村民的蘑菇收成情况。由于当天他处理一些事情耽误了末班车，而离镇上的招待所又很远，于是他不得不想办法找一户人家住一晚。但是他一连问了好几家，都被主人婉言拒绝了。对此，小张倒也能理解，毕竟谁也不愿意留一个陌生人在家里住宿。可是，天越来越黑了，小张决定最后再碰碰运气。

当小张再次敲开一户农家的门时，开门的是一位老大爷，只见他一脸戒备地问道：“你是谁？你有什么事吗？”

这次，小张并没有直接说自己想投宿的意思，而是说："大爷，我听说这个村子里有几家种蘑菇的能手，听说他们对蘑菇的研究比专业的研究人员还厉害，我是公司采购部的调查员，准备调查一下他们的蘑菇收成情况，但是不知道那几家住在哪里，所以向您打听一下。"

那位老大爷听了小张的话，脸上的神情立即缓和了下来："小伙子，你进来慢慢说吧，这天都黑了，外面黑灯瞎火的，你怎么赶路呢？"

小张连忙道谢，跟随着老大爷一起进了屋，小张看了看老大爷的屋里，不经意间发现了很多晒干的蘑菇。小张走上前去，拿了一朵蘑菇放在手里观察，发现被晒干的蘑菇，色泽鲜亮，异常饱满硕大，小张不禁问道："大爷，您可真会种蘑菇啊！您就是村里几家能手之一吧？"

老大爷听了，乐呵呵地说："你还别说，我其他没有什么好说，就是我这辈子数种蘑菇有了点成绩。"

小张不禁向老大爷竖起了大拇指："这已经是巨大的成绩了，您种这种蘑菇有什么讲究吗？"

一个问题打开了老大爷的话匣子，这一老一少就种蘑菇的话题说开了。当然，那天晚上小张就住在了老大爷的家里。

小张并没有直接说出自己想投宿的意思，但是他希望住宿的目的却达到了。他用老大爷引以为豪的种蘑菇作为话题的切入点，迅速就把双方之间的感情距离缩短了。在我们身边的每一个朋友都是从陌生到熟识的，与陌生人交流，如果处理得好，可以一见如故，相见恨晚；如果处理不当，就会导致四目相对，局促无言。

因此，内向者在与陌生人交往的时候，最关键的就是消除对方心里的陌生感。那么，这就需要你掌握几个可行性技巧和方法。

1.顺势取材

据说，在西方很多国家见面打招呼的第一句话就是"今天天气怎么样"。这样的场面话当然不错，但是如果你不论时间、地点就一味地谈论天气则会显得有些滑稽。最好就是结合你们所在的环境，顺势取材，随机应变。比如，对方第一次邀请你去他家玩，你不妨就他们家的装修、室内

设计进行赞美“这房间设计不错”。对方可能会自豪地说“这都是我的主意”，这样一下子就打开了双方的话匣子。其实，这样的谈话并没有多少实质性的内容，主要是为了消除彼此的陌生感，使双方之间的气氛融洽。

2.露出善意的微笑

陌生人之间第一次见面，必然要留下极为深刻的印象。如果你能在陌生人面前露出善意的微笑，则无疑会为你增添不少的魅力。人们在面对一个陌生人时，总会或多或少有一种防备心理，不愿意向对方开启心灵之门。但是，微笑是打开对方心扉的钥匙，即便是一个再冷漠的人，他对来自你的微笑也是没有任何戒备心理的。因为，一个微笑不仅不具备攻击性，更是一种友好方式的表达。

3.适当地提问

我们在与陌生人见面时，就免不了要进行语言上的沟通，除了倾听对方的谈话之外，还需要适当的提问，激起对方谈话的欲望。提问是引导话题、展开谈话或话题的一个好方法。提问有三方面的作用：一是通过发问来了解自己不熟悉的情况；二是把对方的思路引导到某个要点上；三是打破冷场，避免僵局。

当然，提问也是需要技巧的，需要避开一些对方难以应对的问题，比如，超乎对方知识水平的有关问题、对方难以启齿的隐私等。还需要注意提问的方式，不能像查户口一样机械地提问，你可以适当问“你这次到北京有什么新的感触”，这样才能激起对方谈话的欲望。如果你向对方提问，对方不愿意回答或者回答不上来，那么你要迅速转换话题，化解尴尬的气氛。

内向者心理启示：

与陌生人成为朋友，最为关键的一步就是要消除彼此之间的陌生感，让对方对你产生一种亲切感，对你失去戒备心理，自愿与你形成一种良好的人际关系。所以，内向者，请打开你紧闭的心灵之门，勇敢地与陌生人成为朋友。

参加有价值的社交活动

在日常的社会交际中，总有许多层出不穷的活动，比如，慈善晚会、新品发布会、某某周年庆、画廊酒会等商务聚会，还有很多鸡尾酒会、圣诞宴会等。其实，并不是人们热衷举办这样形形色色的宴会活动，而是基于人们进行正常社交的心理需求。试想，在一个大型的社交活动中，有多少有品位的人，有多少达官显贵，有多少是功成名就的知名人士，而内向者作为社交活动中的一员，自然有机会一睹他们的容颜，更有机会与他们建立良好的人际关系，扩充自己的人脉资源。所以，内向者要学会塑造自己，对于那些有价值的社交活动千万不要错过。每天与那些形形色色的人打交道，有可能他就是你未来的事业合作伙伴，或许还会成为你人生道路上的贵人。

朱艳艳是上海某公关公司的总经理，她所建立的人脉网络极其丰富，除了拥有众多的媒体朋友，还有世界500强的公司，如联合利华、三菱电机、通过磨坊都是她的客户，她是怎么做到的呢?

朱艳艳在23岁的时候，已经是兰生大酒店的公关部经理了，当时她对自己每天所扮演的角色也有些懵懂。几乎每天都在忙碌中度过，她们需要把中国文化介绍给外国客人，在圣诞节的时候举办餐会，举办各种新闻发布会，工作的跨度比较大，从举办各类宴会到媒体联络，几年的历练使她建立了一张无所不包的关系网。她拥有一大帮记者、编辑朋友，除娱乐、经济、体育记者外，还有主持人、明星以及政府部门上上下下的工作人员，这无疑成了她人生中的第一桶“金”，那就是人脉的无形资产。

1997年年底，惠而浦与上海一家公关公司的合约即将到期，她的一位在惠而浦工作的老板引荐了她，最终获得了这家公司的公关代理权；凭着2001年一手策划的“奥妙新妈妈大赛”，她成为首位获得国际“金鹅毛笔

奖”的中国公关人。

朱艳艳的经历告诉我们，参加一些有价值的社交活动，可以为自己积累庞大的朋友资源网络。这些积累下来的人脉资源，就如同一张朋友存折，会成为你事业成功的奠基石，也会成为你人生中一笔不可多得的财富。

曾毓芬专门从事高阶人力中介，现今担任昱藤数字人力资源公司总经理，可在四年前，她也是一位普通的职员而已。当时，她为了拓展自己的人脉关系网，参加了人力资源协会。

那时候，她只担任会员服务组一个毫不起眼的组员，但她奉献时间，每个月举办研讨会，把握每一个认识别人的机会，逐渐地，她的知名度打开了，晋升为主委，人脉竞争力也随之提升，业务自然随之蓬勃发展，短短三年的时间，她的年薪从五万跳级到二三十万元。

如果内向者觉得自己所置身的圈子过于狭窄，那么开拓人脉圈子的最佳途径就是打破狭小圈子的限制，走向更大的圈子，而参加一些有价值的社交活动则是有效的途径之一。参加一些有价值的社交活动，可以增加自己曝光的机会，所以尽可能地多参加一些宴会、社团活动，即便是公司内部之间的社交活动，也是把自己推销出去的一个渠道，也是结识公司管理高层领导的一个机会。

内向者心理启示：

除了参加公司内部的社交活动，内向者还可以有选择性地参加一些聚会。几乎每个人都参加过聚会，但是参加什么聚会，如何参加聚会，却是一门学问，无论参加什么样的社交活动，都需要有选择性，比如，符合你的性格、爱好、所在行业、从事的工作、目前需求等。同时，当你在参加聚会的过程中，也需要有意识地选择认识一些人，跟什么样的人维持长期的关系，这有助于扩展你的人脉资源。

第 5 章

内向者的害羞：绊倒自己的石头

人们常常认为内向的人比较害羞，但是内向与害羞并不完全是等同的。虽然两者之间确实有重合的部分，大多数内向者是害羞的。害羞是一种焦虑的情绪，带着行为上的抑制性。害羞的人往往恐惧社会对他们作出负面判断，所以会尽可能避免社交活动。

羞怯，禁锢内心情感无法表达

羞怯心理，这是一种正常的情绪反应，一旦这种心理出现，人体肾上腺素分泌会增加，血液循环加速，这种反应往往导致大脑中枢神经活动的暂时紊乱，最后导致记忆发生故障思维混乱，因此内向者羞怯时经常在人际交往中出现语无伦次、举止失措的现象。内向者会过分考虑自己给别人留下的印象，总是担心别人看不起自己，不管做什么事情，总是有一种自卑感，总是质疑自己的能力，过分夸大自己的缺点和不足，使自己长时间处于消沉的思想之中。同时，因为羞怯心理的阻碍，使得自己无法表达内心的真实情感。

克里斯多夫·迈洛拉汉是一位心理治疗专家，在他治愈的众多患者中，有一个病人是30岁单身女子，非常害怕与人约会。后来在迈洛拉汉的建议下，她写下了与约会有关的一系列事情，安排出门，在约会时说什么，关于未来又谈些什么，在将事情整体思考一番之后，她发现自己最担忧的一个她并不喜欢的男人会爱上自己，一旦出现这样的场面，自己不知道该如何去拒绝。于是，迈洛拉汉给她出了个主意，告诉她如果不想再见到约会的那个人，自己该怎么样说，一旦她有了这样的准备，约会就变得轻松随意多了。

对此，迈洛拉汉总结说："记日记是一种简易而有效的方法，我们对自身的认识也许比我们自以为知道的更多，当我们用文字将我们的害怕和焦虑梳理一番时，自己也会为之惊讶。"

羞怯心理产生的原因，是因为神经活动过分敏感和后来形成的消极性自我防御机制。通常情况下，过于内向和抑郁气质的人，尤其是在大庭广众下不善于自我表露，自卑感较强和过分敏感的人也会因为太在意别人对自己的评价而显得畏首畏尾，表现得很不好意思，浑身不自在。

伯·卡登思提出这样一个词："社交侦察。假如你要参加一个晚会，最好事先弄清楚哪些人会参加，他们将说些什么，他们的兴趣是什么。假如你要参加一个商业会晤，就应尽可能了解对方的背景材料，这样当你与人交谈时，就有了更大的主动权。"比如，你可以先同一些与自己兴趣相同的人打交道，让他们帮助自己树立信心。

一位心理治疗专家曾帮助一名害怕与陌生人打交道的妇女战胜羞怯，他先是了解到这名妇女喜欢编织，于是，在这位心理治疗专家的建议下，这位妇女报名参加一个编织学习班，在那里，她可以兴致勃勃地与那些新认识的人一起讨论感兴趣的编织话题。渐渐地，她的这种班内谈话使得她交了不少朋友，并将自己的社交圈子拓展到班级之外，最后，她终于可以与人轻松相处了，即便在公众场合也很少羞怯了。

许多羞怯的人越想摆脱羞怯，反而表现得越羞怯，慢慢形成一种恶性循环。所以，我们首先应该接纳羞怯心理，带着羞怯心理去做事，认识到羞怯只是生活的一部分，许多人都可能有这种体验，这样反而会让自己放松下来，逐渐克服羞怯心理。

内向者说："我从小就怕见到陌生人，在陌生人面前不知所措，从来不主动回答老师的提问，怕在众人面前说话，我今年已经30岁了，在异性面前就感到很紧张，很不自然，因此影响了我交女朋友，也影响了我与周围人的交往。请问，我这是属于一种什么心理障碍？"其实，这就是一种羞怯心理。

那么，内向者如何才能克制自己的羞怯心理呢？

1.增强自信心

在平时的生活中，我们应该想到自己的优点和长处，千万不要为自己的缺点而紧张，而要相信"天生我材必有用"，假如你只看到自己的缺点，那就越发显得自卑、羞怯。假如你抬头挺胸，则自己的智慧和能力就会得到最大限度的发挥，有了自信心，自然能消除羞怯的心理。

2.不要怕被别人说

分析那些害怕在公众场合讲话、羞于自己与人交往的原因，我们很容易发现，他们最怕得到来自别人的否定评价。越怕越羞怯，越羞怯越害怕，最终形成恶性循环。实际上，在社交活动中，被人评论属于正常现象，没有必要过分计较。甚至，有时候否定的评价还会成为激励自己不断前进的动力。比如，美国前总统林肯在年轻时就曾被人轰下台，不过他并没有气馁，反而更加努力，最后成为一名演说家。

3.进行自我暗示

每当自己到了公众场合，感觉很紧张的时候，就对自己说："没什么可怕的，都是同样的人，不要怕。"通过自我暗示镇静情绪，那么羞怯心理就会减少大半。俗话说得好，万事开头难，只要我们第一句话说得自然，随之而来的就是顺理成章的语言。

4.大方与人交往

我们可以向经常见面但说话不多的人，比如邮递员、售货员等问好，与人交往，尤其是与陌生人交往，要善于收敛紧张情绪，尽可能使用一些平静、放松的语句，进行自我暗示，这样可以起到缓和紧张情绪、减轻心理负担的作用。

5.讲究说话技巧

在平时的说话过程中，当我们脸红的时候，不要试图用某种动作掩饰它，这样反而会让我们更加害羞，进一步增加了羞怯心理。我们应该意识到，羞怯只是精神紧张，并不是不能应付社交活动。

6.说出自己的忧虑

作为一个羞怯者，心理学家建议可以去找一个"可告的人"，比如，家人、朋友和医生等，他们可以善意地对待自己的羞怯而不会嘲笑自己，向他们倾诉自己心中的忧虑，这一方面可以让他们为你出谋划策，另一方面还可以帮助自己摆脱心理包袱。

7.设想最糟糕的情形

我们应该设想一下最糟糕的情形，比如，你害怕发表一个讲演，我们就会设想一下这些问题：你对这次演讲最担心的是什么？演讲失败，被大家笑话；假如真的失败了，最糟糕的局面会是怎么样；要么我跟他们一起

笑，要么我以后再也不演讲了。这样一设想，最糟糕的结果也不过如此，并不是一场不可以接受的灾难，又有什么值得羞怯的呢？对于羞怯者而言，普遍的担心就是因紧张而出现的一些身体外部表现被人笑话，比如，出汗、声音颤抖、脸红等，不过，这些担忧纯粹是多余的，因为这些表现很少会被人注意到。

内向者心理启示：

在社交场合，常常会有这样的现象：有的人轻松自然，谈吐自如；有的人却手足无措，不知道怎么办才好，言谈举止显得十分慌张。比如，第一次上讲台的新教师或第一次当众演讲的人也有这样的体验：事先想好的话，一到台上就乱套了。其实，这些就是隐藏在内向者心里的羞怯心理，内向者需要做的就是克制自己的羞怯心理，坦然与人交往。

别害羞，大方作自我介绍

人都说一回生、两回熟。“两回”不难，难就难在头“一回”。对内向者而言，难在哪儿呢？难在面对的是陌生人，不知该从什么话说起，不知该说什么话，不知该说的话会不会让人听了感觉不悦……也就是说，面对陌生人，最难的就是如何通过自我介绍，给对方留下初次好印象。而如果内向者懂得抓住对方的心理，用一番别具特色的语言，定是能打动对方的。

一次非正式聚会中，一位老师将两个初出茅庐的大学毕业生引见给某作家认识。男生A这样介绍自己：“您好，我叫某某，今年刚毕业，正在找工作。”这位作家一听，当时有点愣，可能是头一次听人这么介绍自己，只好接话说：“是吗？那加油啊，祝你早日找到满意的工作。”

而女生B的介绍则完全不同，她介绍自己的方式是拉近距离形成对比：

"你好，听说你是一位作家。"这位作家赶紧谦虚地说："哪里算作家，就是随便写写。"女生B笑吟吟地说："我也是，不过我更喜欢画画，我是一名美院毕业的学生。"很快，女生B和这位作家产生了两个共同的话题——写字和画画。聊得比较热烈之后，女生B自然地提到找工作的事，而这位作家则表示可以引见她认识在美术馆和画廊工作的朋友，一切来得水到渠成。

很明显，男生A的自我介绍是不得要领的，首先，他和这位作家完全不熟，在作家对他的性格和特长一无所知的情况下，他传达给作家一个他正在找工作的讯息，属于无效信号。无疑，这会让这名作家产生这样的心理：此人不懂礼数。而女生B的自我介绍则注重从拉近与陌生人的距离开始，以攻心为主，一句句话都说到作家心里去了，自然赢得了作家的好感，成功得到作家的指点也是水到渠成的事。

单位突然请了一名资深顾问，这名顾问看似成熟，却令单位小叶很不满。虽然是第一次见面，但这位顾问却突然问我："我叫××，有男朋友吗？一定没有吧？你看起来好严肃呀！"还一直问小叶："喂，你叫什么来着？"小叶心想，就算比别人资深，也要顾好自己在别人眼里的第一印象吧！不仅是小叶，单位其他同事也对这位成熟男士印象不好。

很明显，这位新来的顾问，因为说话太过招摇，而让同事产生了不好的印象。

和这位资深顾问不同的是，新来的小唐自我介绍就很好：

小唐第一天上班，她的工作就是负责接电话，但是对方好像听不懂她在说些什么，她表现得很紧张，用手捂着话筒对我说："李姐，我是新来的小唐，早上也没跟你介绍一下，真对不起。客人好像不懂我在说什么，我刚来对业务也不太熟，你能帮我向他说明吗？"

原本还觉得新来的小姑娘不懂事的老职员李姐一下子怒意全无了，她心想：看她的样子虽然很可笑，不过如此认真的态度倒是让人颇有好感，让别人也乐意帮助她，比一些不懂装懂而误事的人强多了。

总之，内向者应该谨记，自我介绍是一门学问。自我介绍的每一句

话都要说到对方心里去，散发出你的交际品质，让对方觉得你是一个有个人风格的人，对你产生良好的印象，也就成功达到了攻克“陌生人心理堡垒”的目的。

那么，与陌生人初次见面时，内向者该怎样大方地介绍自己，才能给对方留下好印象呢？

1．巧妙地介绍自己的名字

与人初次见面时，想让对方记住自己，最简单的办法就是让对方记住自己的名字。比如，你可以对自己的名字作一个简单但容易被别人记住的介绍：“我姓接，接二连三的接，认识我，你会有接二连三的好运！”

2．自我介绍要摆脱陌生人情结

其实每个人跟陌生人交谈时内心都会不安，自己一定要先放下陌生人情结。面对陌生人不需要装模作样，不过也要表现出你的诚意。只有这样，才能显出你的大方和热情，而不至于扭捏作态，从而让对方觉得你是一个有良好的交际品质的人，愿意与你进一步交往。

3．解读现场的气氛与对方的心态

自我介绍不可太过冗长，有时候只需要简短的一两句话，因为吸引别人的也许正是开篇的某个亮点。同时，我们在介绍自己时要避免谈论让人讨厌的话题，不要一个人一直发表高见，也要学习倾听别人说话。解读现场的气氛，看准时机再发言。

4．保持谦虚低调

我们在作自我介绍的时候，除了突出自己的亮点，还是谦虚低调一点为好，免得给别人留下此人爱吹嘘的第一印象。

内向者心理启示：

出入社交场合，免不了要自我介绍一番。一些内向者觉得这很容易：“您好，我叫××，唱二人转的，很高兴认识你。”这不就结了？如果一个陌生人这样平淡无奇地作自我介绍，下次见面时，你十有八九会忘记对方的名字，甚至忘掉这个人。忘记别人是谁可能会尴尬，不被人记住才最可悲。

消除羞怯心理，坦然与陌生人沟通

内向者都有这样的体验，在走进一间陌生的房间，或是与一个不熟悉的人碰面时，在心里对自己说得最多的一句话就是：“我该怎么打破僵局，交到朋友？”而独处的时候，有时又会突然想到：“啊，那天我很唐突地说了那样的一句话。”或者是：“哎呀，我当时怎么说了那么破坏气氛的话。”想起来的时候，真是恨不得咬掉自己的舌头。可是，世上没有后悔药，我们只好悔恨地提醒自己，下次不可以再犯同样的错误。可是这样的话，又经常弄得自己很紧张，甚至惧怕与陌生人约会。而事实上，从对方的心理角度来看，内向者在与陌生人交往的时候，都希望对方能主动打破尴尬。因此，内向者要想攻破陌生人的心理防线，就要懂得与陌生人聊什么。

迈克是一家外企公司的人力资源经理，他招收过一批新员工。但让他感到不解的是：这些员工在应聘时一个个都侃侃而谈，对考官的各种提问都应答如流，可是进入公司后，很多人不善言谈的弱点“原形毕露”，即便让他们说些迎言送语式的话，也是面红耳赤，羞涩得不得了。后来，迈克就主动找他们谈话，问他们是不是对新环境感到不适应，他们大多低着头，小声嗫嚅：“不习惯和陌生人说话。”倒是其中有一个人反问迈克：“我也不知道该怎样做才能使自己融入集体？”

迈克笑了笑，随后问另一个把嘴管得死死的新员工：“你是不是每次跟人说话都像赶考？”他点头表示“是”。迈克说：“你这是患了语言怯生忧郁综合征了。”

恐怕大多数内向者在陌生的集体和陌生人面前都出现过这样的情况，在陌生人面前，因为怯生，所以就会出现舌头打卷、语无伦次，越想把话说得尽善尽美，越是说得词不达意。这就像一个初次登台的演唱者准备得

越充分，演唱效果越是打折扣一样。

那么，内向者该怎样与陌生人沟通，从而消除内心的羞怯心理呢？

1.开门见山

如果你经人介绍和一个陌生人或者一个群体认识，你不知道他们，他们也不了解你，你的心跳会不会突然加快，不知道如何是好？

逢此情况，心里不要有顾虑，更不要回避大家的提问。俗话说：“一回生，两回熟。”第一回你就怯生而不语，何来第二回的相熟？要想尽快和陌生人相熟，不说话是不行的，但说话也要看怎么说。如果面对的是群体，你就不能急于回答他们的问题，以防捡了芝麻丢了西瓜。那么怎样才能把握好与陌生群体对话的语机呢？有几种开门见山的“开场白”，比如，“初来乍到，请大家多关照”；比如，“今后我们要一起共事了，我有什么不妥之处，还请各位包涵”；比如，“作为新人，能得到大家的如此热情，真让我感动不已”；比如“认识大家很高兴”……这样在群体面前说话，会让众人觉得你热情有加，心理距离也就一下子拉近了。

无论是对一个陌生人还是陌生的群体而言，沉默不语均被视作对这个群体的拒绝；说话太多也难以让陌生人接受，而且还会让人感到害怕。第一印象是带有根本性的。如果你没有管好自己的嘴，在陌生人面前出现“言失”或过分表现自己的所谓口才，那么你都会被陌生人从心里拒绝。而如果你懂得与陌生人聊天的语言秘籍，你就能轻松操纵陌生人的心，从而轻而易举地跨过与别人之间的障碍！

2.问话探路

把对方假设成一般过路人，然后像问路一样，找一些自己心里有数却佯装不知的问题请对方来回答，这样你就取得了语机上的主动权。无论对方的回答对与错，你均需认真地洗耳恭听，即使对方说错了，你也应该“将错就错”地表示谢意。因为，这种问话探路的目的并不是要找到什么答案，而是打开你和对方语言交流的闸门。

一旦双方对话的闸门被打开，顺流而下，原先那种陌生感就会自然消失。因为通常情况下，没有人会恶意地拒绝一个虚心请教者。相反，人只要对方愿意搭你的话，你所预期的社交方案便已经成功了一半。问话探路法只适用于和一个陌生者搭话，若和一个团队接触，则不适用。

3.轻松探微

和一个陌生人初识，有时只需抓住对方工作或生活的某个细节，就会很顺利地叩开对方的心门，激发彼此交流的欲望。

仔细观察一下你身边的陌生人，看看他们是否有比较特别的地方，比如，对方使用的手机款式让你非常青睐，对方的耳环是不是很特别……谈论这些细节很可能立刻吸引对方的兴趣。聊天的话题最好选择节奏感比较轻松明快的、无须费尽思量的，这样就不会让人对你的搭话产生反感。有时候，即使无语，只需向对方报以会心的一笑，也会拉近彼此的距离。

当对方有意和你沟通时，无论对方的话对错与否，切忌否定对方，因为毕竟你们还不熟，一旦被否，余下的沟通就很难继续，前面你所作的一切细节探微的努力也会因此而徒劳。

内向者心理启示：

戴尔·卡耐基在他的《人性的弱点》一书中提到了人际关系的抑郁症。是什么导致了抑郁？答案是怯生。而怯生的原因反过来归结于我们不懂得如何说出打破尴尬的话。在生活中，内向者在与他人沟通时要有效消除内心的羞怯心理，落落大方与陌生人进行交流。

轻松应对“窘迫”场景

俗话说：“人有失足，马有漏蹄。”在现实生活中，内向者总会遇到出错的尴尬场景，比如言语失误时，虽然，这其中的原因各不相同，但出丑所造成的后果却是极为相似的，或贻笑大方，或纠纷四起，甚至难以

挽回。尤其是在日常交际中，假如你无心造成了言语失误，那可是相当尴尬的情形，因为在公众场合，你还能怎么办呢？既然窘境已经形成了，你所需要做的就是尽量挽回场面。内向者不要过分地在意自己的失误，而是想办法补救。在一些场合，即便出现了言语失误这样的尴尬场景，但只要及时找到挽救的方法进行补救，就在某种程度上降低了失言带来的严重后果。

司马昭与阮籍正在上早朝，忽然有侍者前来报告："有人杀死了他的母亲！"放荡不羁的阮籍不假思索地说："杀父亲也就罢了，怎么能杀母亲呢？"此言一出，满朝文武大哗，认为他"有悖孝道"。阮籍也意识到自己言语的失误，忙解释说："我的意思是说，禽兽才知其母而不知其父。杀父就如同禽兽一般，杀母呢？就连禽兽也不如了。"一席话，竟使众人无可辩驳，而阮籍也因此避免了杀身之祸。

当庭言语失误，这是何等的严重，稍有甚者就会惹来杀身之祸。不过阮籍是何等的机智与聪明，他凭借着敏捷的思维及时补救了自己的言语失误，借题发挥，巧妙而幽默地平息了众人的怒气。对内向者而言，失言后首先要做的就是采取一切补救措施或矫正之术，去缓解言语失误带来的尴尬情形，否则你只会被他人所厌恶。

有一次，纪晓岚光着膀子与几个人在军机处聊天，正巧乾隆带着几个随从突然到访，其他人一见皇帝来了，连忙上前接驾，躲在后面的纪晓岚心想：如果自己就这样光着膀子接驾，岂不是亵渎了万岁之罪？可能皇帝并没有发现自己，还是先躲一下为好。于是，情急之下，纪晓岚钻到桌子底下藏了起来，其实这一举动已被乾隆看在眼里，他故意装作没看见，却在椅子上坐了下来。

纪晓岚在桌子底下缩成一团，大汗淋漓，却不敢出声，很长时间过去了，他没听见乾隆说话的声音，以为他走了，就问身边的同僚："老头子走了没有？"这话被乾隆听见了，他厉声问道："纪晓岚，你见驾不接，我且不怪罪于你，你叫我：'老头子'是什么意思？你要一个字一个字地给我说清楚，否则，别怪我无情！"纪晓岚吓得半死，连称："死罪！死罪！”接着，他慢慢解释道：“万岁不要动怒，奴才所以称您为‘老头子’，的确是出于对您的尊敬。先说‘老’字，‘万寿无疆’称‘老’，我主是当今有道明君，天下臣民皆呼‘万岁’，故此称您为‘老’。”乾隆听了点点头，纪晓岚继续说道：“‘顶天立地’称为‘头’，我主是当今伟大人物，是天下万民之首，‘首’者，‘头’也。故此称您为‘头’。至于‘子’字嘛，意义更明显。我主乃紫微星下界，紫微星，天之子也，因此天下臣民都称您为天‘子’。”乾隆听了，笑了，这事就这样过去了。

当着那么多的人对皇帝失言，那可是严重的事情，弄不好自己脑袋就要搬家了。但纪晓岚却异常冷静，慢慢解释，补救自己的失言，在回答皇上的过程中，他言语诚恳，态度谦逊，语言幽默风趣，以灵敏的应变能力巧妙地化解了话语失误带来的难堪，最终受到了乾隆皇帝的肯定。

假如内向者说话过程中言语失当，该如何应付呢？

1.寻找挽救的办法

言语失误了也可以挽救，你依然能够用语言进行弥补，当然，这其中是需要灵敏的思维以及绝妙的技巧的。只要你懂得随机应变，就能够弥补自己言语失误的过错，比如，将错话加在他人头上“这是某些人的观点，我认为正确的说法应该是……”。又或者将错就错，干脆重复肯定，然后巧妙地改变错话的含义，将本来的错误变成正确的说法。

2.诚恳道歉

如果是自己的无心造成了言语上的失误，形成了尴尬的局面，那么我们应该诚恳地向听众道歉，以坦率的胸襟来面对自己的失误，以诚恳的态度赢得听众的认可。

内向者心理启示：

在日常交际中，内向者因自己内向、羞涩的性格，难免会出现一些窘迫、尴尬的场面。一旦出现这样的情况，即便你尚未找到任何解决的办法，但只要能主动承认自己的失误，并向在场的人道一声“抱歉”，如此定能赢得别人的喝彩。

沉默有时不是那么珍贵

内向者都具有一种隐忍的性格：他们会面对巨大的压力，而自己默默地承受下来；他们往往有自己的想法，却埋在心里，不说出来；受了委屈，也只好偷偷把眼泪往肚子里吞。这是一种心理特点，会影响内向者的生活和工作。在日常交际中，有时沉默不再是金，真实地说出自己的想法，其实是内向者走出自我的一个途径。

内向者常常在与人交往之中，遇到与自己意见不同的时候，会由于各种原因而保持沉默。或是矜持，或是不好意思，或是不自信，或是不敢说。往往你的那一瞬间的沉默会给别人一种错觉，认为你是默认的态度，他会以为你是认可他的。因此，如果你在这些问题上有什么好的建议，就要大胆地说出来，别人才会了解你的真实想法及能力。所以在这个时候，内向者千万不要保持沉默，要抓住机会表露自己的想法，才有可能成功地把自己推销出去。如果你一直保持沉默，沉默就会把你埋没，你也没有更好的机会来推销自己了。

小万是公司新进员工，刚刚大学毕业，正是“初生牛犊不怕虎”的年纪。有一次，在公司例行大会上，董事长表示自己手上有一个重要的企划案，希望在座的哪位拿去策划一下。同事们都面面相觑，你看我，我看你，面有难色，都不敢接这个“烫手山芋”。

小万刚开始觉得自己是新人，不敢抢同事的功。可是，等了几分钟，还是没有人去接企划案，性子急的小万坐不住了，腾地站起来：“我想试试”。董事长看见有人站起来主动接这个任务，也露出微笑，但看见是一名新员工，又是个女孩，显得很不放心：“你能行吗？”这可激起了小万的好胜心：“一定行，给我一周的时间，我会把它做好的。”

于是，在下一周的公司例行大会上，董事长拿着一份企划案，赞许地看着小万："你是最棒的！希望你继续努力，公司需要你这样的人才。"立即，会场响起阵阵掌声。

就是因为小万大胆地站起来，表达自己的想法，最终用实际行动证明了自己的能力，而赢得了全公司的认同。

如果小万在会场上一直保持沉默，那么，她的能力就不会在这个场合得到展示。正是她大胆地说出自己的想法，让老板对她赞赏有加。如今的社会，人才济济，作为内向者，如果你不把握适时的机会，说出自己真实的想法，展现自己的能力，那么你就会永远地埋没自己。俗话说："酒香也怕巷子深。"说的就是这个道理，如果你是一个各方面条件都优秀的人，更要大胆表现出来。

1.别隐藏自己的内心想法

有的内向者习惯矜持地生活着，遇到别人问他吃什么，他习惯回答："随便"。别人问他到哪里去玩，他的回答还是那两个字："随便"，好像他的想法只有"随便"两个字。其实这时候，你应该大胆地说出自己的真实想法，也许在你的推荐下，大家都会尝到一顿美味的佳肴；或者在你做导游的带领下，大家都会玩得尽兴。

大家会发现，原来你也有多姿多彩的一面。如果你总是说"习惯"，你自己以为很随意，其实不是，你的"随便"让对方感觉有种负担，因为你没有把你真实的想法表现出来，让对方觉得可能没有照顾到你的心思。所以，你应该学会大胆地说出真实的想法，这既会让对方感觉你很有主见，又不会亏待自己。

2.不是每一种沉默都有价值

沉默在某些时候，是非常有价值的，但不是每个时候的沉默都有它的价值。所以，内向者不要总是习惯性地把头深深地埋下，要昂首挺胸，敢于说出自己的心声。而你的某些独有魅力，也是通过说话表现出来的，如渊博的学识、有魅力的谈吐、优美的声线，通过说话可以彰显你思想的深度，还可以表露出你除了外表以外的内在吸引力。

内向者心理启示：

内向者应该抓住生活中的每一个机会来表现自己，而说话无疑是最合适不过的机会。学会用语言来表达自己的意见和想法，让他人更加了解你，进而对你产生信赖，这是每个内向者推销自己的最佳途径。

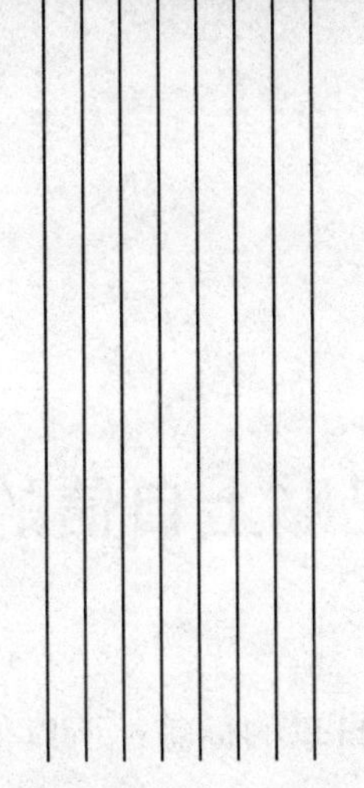

第6章

内向者的自卑：扎伤自己的花刺

自卑是一种常见的心理，并非只有内向的人才有，只不过它们在内向者身上表现得更突出而已。其实，内向者身上也有许多优点。所以，内向者要善于发现自己的优点，而不是总拿自己的弱势去与别人的优势作比较。

为自己贴上自信的标签

内向者总是为自己贴上自卑的标签，所以他们变得更自卑。实际上，内向者需要多为自己贴上自信的标签，时间长了，他就会变得自信起来。贴标签效应，就是当一个人被一种词语名称贴上标签时，他就会作出自我印象管理，使自己的行为与所贴的标签内容一致。从心理学角度说，之所以会出现“贴标签”，其实是因为标签有定性引导的作用，不管是好还是坏，它对一个人的个性意识的自我认同都有强烈的影响作用。假如我们给一个人贴标签，那么结果往往就是使其向“标签”所喻示的方向发展。

心理学家曾做了这样一个实验：他要求人们为慈善事业作出贡献，然后按照他们是否有捐献，贴上“慈善的”或“不慈善的”标签，另外一些被试则没有用标签。后来再次要求他们做捐献时，标签就有了使他们以第一次的行为方式去行动的作用，也就是那些第一次捐了钱并被标签为“慈善的”人，比那些没有标签过的人要捐得多，而那些第一次没有捐钱被标签为“不慈善的”人比没有标签的贡献更少。

在第二次世界大战期间，美国由于兵力不足，而战争又确实需要一批军人。于是，美国政府就决定组织关在监狱里的犯人上前线参加战争。因此，美国政府特派了几个心理专家对犯人进行了战前的训练和动员，并随他们一起到前线作战。

训练期间心理学专家对他们不过多地进行说教，而是强调犯人应每周给自己最亲的人写一封信，信的内容由心理学家统一拟定，叙述的是犯人在狱中的表现是如何好，如何接受教育，改过自新等。专家们要求犯人们认真抄写后寄给自己最亲爱的人。三个月后，犯人们开赴前线，专家们要犯人给亲人的信中写自己是怎么服从指挥，怎么勇敢等。最后，这批犯人在战场上的表现比起正规军丝毫不逊色，他们在战斗中正如他们信中所写

的那样服从指挥。

研究那些所谓的成功者的成长经历，发现他们对自我都有一种积极的认识和评价，换言之，就是给自己贴上了一张积极的标签，从而产生一种相当的自信。这种自信是一种魔力，即使他们在认清自己的现状之后，依然能够保持奋勇前进的斗志，而这也是他们必须依赖的精神动力。

有一天，著名的成功学家安东尼·罗宾接待了一位走投无路、风尘仆仆的流浪者。那人一进门就对安东尼说："我来这儿，是想见见这本书的作者。"说着，他从口袋里掏出了一本《自信心》，这本书是安东尼多年以前写的。安东尼微笑着请流浪者坐下，那人激动地说："是命运之神在昨天下午把这本书放入了我的口袋中，因为当时我已经决定要跳进密西根湖，了此残生，我已经看破了一切，我对这个世界已经绝望，所有的人都抛弃了我，包括万能的上帝。不过，当我看到了这本书，我的内心有了新的变化，我似乎看到了生活的希望，这本书陪伴我度过了昨天晚上，我下定了决心，只要我能见到这本书的作者，他一定能帮助我重新振作起来，现在，我来了，我想知道你能帮助我什么呢？"安东尼打量着流浪者，发现他眼神茫然、满脸皱纹、神态紧张，他已经无可救药了，但是，安东尼不忍心对他这样说。

安东尼思索了一会儿，说："虽然我没有办法帮助你，但如果你愿意的话，我可以介绍你去见本大楼的一个人，他可以帮助你东山再起，重新赢回原本属于你的一切。"听了安东尼的话，流浪者跳了起来，他抓住安东尼的手，说道："看在老天爷的份儿上，请你带我去见这个人！"安东尼带着他来到从事个性分析的心理实验室里，面对着一块看来像是挂在门口的窗帘布，安东尼将窗帘布拉开，露出一面高大的镜子，流浪者看到了自己，安东尼指着镜子说："就是这个人，在这个世界上，只有你一个人能够使你东山再起，除非你坐下来，彻底认识这个人，当作你从前并不认识他，否则，你只能跳进密西根湖了，只要你有勇气来重新认识自己，你就能成为你想做的那个人。"流浪者仔细打量自己，低下头，开始哭泣起来。几天后，安东尼在街上碰到了那个人，他已经不再是一个流浪汉了，而是成了西装革履的绅

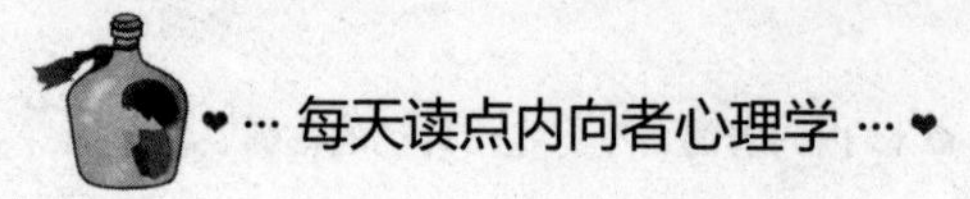

士，后来，那个人真的东山再起，成为芝加哥的富翁。

每个内向者都梦想过自己能成为什么样的人，也许是科学家，也许是医生或者律师，不过，他们却因为自卑而选择退缩，宁愿梦想着，而不实践着，甚至他们希望能得到别人的救赎。事实上，做自己想做的人，其实很简单，只要相信自己，给自己贴上积极梦想的标签，朝着梦想勇敢地奋进，那么，我们就真的能够成为我们所希望的那个人。

1.暗示自己一切都会好

不管内向者所遇到的场合多么严肃，都需要给予自己积极的暗示，告诉自己一切都会好，不要给自己贴上胆小怯弱的标签，一旦你这样认为，渐渐地，你就真的会成为那样的人。假如你暗示一切都会好，那你就真的会成为标签上所写的那样的人。

2.积极的心理暗示

许多内向者的心理总是带着消极的意味，他们自卑而懦弱，总认为自己一事无成，成不了大器。结果，就在这样一次次消极的心理暗示中，他们真的成为那种无所事事的闲人。假如我们给予自己的都是积极的心理暗示，那么自己就真的会朝着这个方向发展。

内向者心理启示：

假如内向者给自己贴的标签不是正面、积极的，那么被贴标签的人就可能朝与所贴标签内容相反的方向行动。假如内向者给自己贴上懦弱的标签，我们所表现出来的举动就是懦弱的。所以，内向者要善于给自己贴上自信的标签，这样你才会如标签内容一般变得自信起来。

你，就是独一无二的自己

在这个世界上，每个人都是独一无二的，即便在人们看来对这个社会没什么贡献的内向者，也有可能就是那一块等待发现的金子。然而，在

现实生活中，内向者总是处处与他人比较，觉得自己不如别人优秀，似乎这辈子自己真的一事无成了。事实上，对于每一个人来说，命运是公平的，每个人都有自己的价值，这是不容怀疑的，内向者所需要的做就是欣赏自己，认清自己的价值。比较，它带给我们的只是失落、沮丧、烦恼、生气，更为关键的是，比较之后，我们会变得不自信，开始怀疑自己的能力，甚至变得自暴自弃。所以，内向者不要处处和他人比较，为自己平添烦恼，其实，我们就是那独一无二的“宝藏”。

约翰在中学的时候，由于平时学习不积极，成绩很差，每次考试都不尽如人意。面对这样的约翰，老师说：“你已经无可救药了。”身边的同学也看不起他，约翰感到十分沮丧，他觉得自己这辈子也不会有什么出息了。

有一天，老师在班里兴奋地宣布，将有一位著名的学者到班上做实验。约翰心想，这和我有什么关系呢？不过，约翰从同学那里了解到，这位学者是研究人才心理学的，据说他有一台神奇的仪器，能预测出谁未来会获得成功。约翰有点生气，心想：这和我更没有关系，我成绩这么差，未来怎么可能获得成功，成功只属于那些成绩好的同学。想到这儿，约翰干脆出门玩去了。

在同学们殷切的眼神中，著名学者终于来了，老师神秘地点了5个同学的名字，其中包括了“约翰”。约翰感到十分紧张：难道自己又要受批评？来到了办公室，那位著名的学者讲话了：“孩子们，我仔细研究过你们的档案和家庭以及现在的学习情况，我认为你们5个人将来会成大器的，好好努力吧!”约翰感到一阵眩晕，以为自己听错了，可是，看着在场人的表情，约翰知道这是真的。原来自己与那些成绩优秀的人是一样的，约翰的成绩很快就赶上来了，再也没有人说他无可救药了。

本来，由于约翰学习不积极，导致成绩很糟糕，老师和同学都看不起自己，约翰感觉自己一无是处。或许，在平常的学习生活中，约翰常常与那些所谓的尖子生作比较，结果，越比较越泄气，内心的怨气让他开始“破罐子破摔”。所以，当老师宣布著名的学者将要来的时候，约翰自然而然地将自己划分为“失败者”这一行列，而这样的结论正是在长期的比较中得出来的。没想到，著名学者的巧妙暗示却成了约翰走向成功之路的助推器，通过学者的话语，约翰明白了，原来自己才是独一无二的人才。对此，约翰的内心受到了鼓励，不再泄气，不再抱怨，不再比较，他开始朝着成功的方向前进。

一位学者到了风烛残年的年纪，感觉自己时日不多了，他想考验和点化一下自己那位看起来很不错的助手。于是，他把助手叫到床前说："我需要一位最优秀的承传者，他不但要有相当的智慧，还必须有充分的信心和非凡的勇气……这样的人直到目前我还没有见到，你帮我寻找和发掘出一位，好吗？"助手坚定地回答说："好的，好的，我一定竭尽全力去寻找，不辜负您的栽培和信任。"

于是，这位助手就开始想尽一切办法为老师寻找继承人，然而，每次他带来的人都被学者婉言谢绝了。有一次，已经病入膏肓的学者挣扎着坐起来，拍着助手的肩膀说："真是辛苦你了，不过，你找来的那些人，其实还不如你……"半年之后，眼看学者就要告别人世，但最优秀的人还是没有找到，助手十分惭愧，泪流满面地对老师说："我真对不起您，令您失望了！"学者叹息着说道："失望的是我，对不起的却是你自己……本来最优秀的人就是你自己，只是你不敢相信自己，总是与他人相比较，才把自己忽略、耽误、丢失了……其实，每个人都是最优秀的，差别就在于如何认识自己、如何挖掘和重用自己……"话还没有说完，学者就永远离开了这个世界，而那位助手一辈子都活在深深的自责之中，他因为自己而辜负了老师的愿望。

比较的根源是不自信，因为不自信，所以才想通过比较来找回自信，可是，大多数人在比较中不仅没能找回自信，反而变得自卑。甚至，在比较的过程中，当他们意识到自己远远不如别人的一刹那，他们的心中是充满怨气和愤怒的，最后，他们只能成为庸庸碌碌的人。

1.不要陷入比较的旋涡中

外向者与内向者的差别在于，外向者从来不与他人比较，他们相信自己就是独一无二的；而内向者总是沉迷于比较游戏中，他们在比较中丢失

自我，满腹怨气，最后，他们成了平庸的人。

2.挖掘自己内在的潜能

内向者都梦想着成为最优秀的那一个，事实上，我们真的可以成为那样的人。没有谁能够保证你不成功，既然没有办法否定这一事实，为什么不试一试呢？相反，如果在你的生活中，总是习惯与别人比较，不敢相信自己，逐渐忽略自己、迷失自己，或许，未来的你将会一事无成，而且，你的余生有可能将在烦恼和抱怨中度过。

内向者心理启示：

上帝告诉我们：每一个人都是一座宝藏。大量数据显示，每个内向者的内心都有着无限的潜力和能力，只是尚未被发掘而已。所以，内向者不要和他人作比较，而是想办法通过不懈的努力来挖掘自己的内在潜能，其实你就是独一无二的那一位。

找准自己的位置，大胆展现自己

内向者活着就应该善待自己，在低潮时给予自己鼓励。在人生的旅程中，我们无法避免诸多的挫折，但是不管那些无情的打击如何使我们痛苦、受伤、难堪，我们都不应该忘记自身的价值，更不应该认为自己一无是处或者妄自菲薄。

大卫·奥格威曾当过推销员，做过农夫，当过外交官。他移居美国，同时却不断往来于欧洲大陆。年轻时的奥格威雄心勃勃，他有两个梦想：一是拥有一部劳斯莱斯汽车，一是获得爵士爵位。于是，每到黄昏的时候，他都会去英国国会下议院，坐在观众席里倾听别人讨论，他渴望自己有一天也会参加这里的讨论。但是，突然有一天，奥格威发现自己对这一切失去了兴趣，他对自己说：“这里并不适合我。”然后，他就站了起来，以一种坦然而轻松的心情走出了下议院，解脱的同时他的内心却充满了焦虑：自己38岁了，还能够使生命辉煌吗？没过多久，奥格威创办了一家广告公司，经过多年的发展，他被誉为现代广告的“教皇”。

大卫·奥格威找准了自己的位置，演绎了精彩人生。奥格·曼蒂诺曾这样写道：“我们的命运如同一颗麦粒，有着三种不同的道路。一颗麦粒可能被装进麻袋，堆在货架上，等着喂给家禽；有可能被磨成面粉，做成面包；还有可能撒在土壤里，让它生长，直到金黄色的麦穗上结出成千上百颗麦粒。人和一颗麦粒唯一的不同在于：麦粒无法选择是变得腐烂还是做成面包，或是种植生长。而内向者有选择的自由，有行动的自由，更有心的自由。作为一名内向者，不该让生命腐烂，也不会让它在失败、绝望的岩石下磨碎，任人摆布。”悠悠生命历程里，内向者要给自己准确定位，展现出自己的人生价值。

有一个出家弟子跑去请教一位很有智慧的师父，他跟在师父的身边，天天问同样的问题：“师父啊，什么是人生真正的价值？”问得师父烦透了。

有一天，师父从房间拿出一块石头，对他说：“你把这块石头拿到市场去卖，但不要真的卖掉，只要有人出价就好了，看看市场的人，出多少钱买这块石头？”

弟子就带着石头来到市场，有的人说这块石头很大，很好看，就出价两块钱；有人说这块石头可以做秤砣，出价十块钱。结果大家七嘴八舌，最高也只出到十块钱。弟子很开心地回去，告诉师父：“这块没用的石头，还可以卖到十块钱，真该把它卖了。”

师父说：“先不要卖，再把它拿去黄金市场卖卖看，也不要真的卖掉。”

弟子就把这石头拿去黄金市场卖，一开始就有人出价一千块，第二个人出一万块，最后被出到十万块。

弟子兴冲冲跑回去，向师父报告这不可思议的结果。

师父对他说：“把石头拿去最贵、最高级的珠宝商场去估价。”

弟子就去了。第一个人开价就是十万，但他不卖，于是

二十万，三十万，一直加到后来对方生气了，要他自己出价。他对买家说，师父不许他卖，就把石头带了回去，对师父说："这块石头居然被出价到数十万。"

师父说："是呀！我现在不能教你人生的价值，因为你一直在用市场的眼光看待你的人生。人生的价值，应该是一个人心中，先有了最好的珠宝商的眼光，才可以看到真正的人生价值。"

每个人都有属于自己的独特价值，善待自己的人，懂得自身价值的大小不在于别人的评价，而是在于我们给自己的定价。

我们每一个人的价值，都是绝对的。坚持自己崇高的价值，接纳自己，磨砺自己。给自己成长的空间，每个人都能成为"无价之宝"。

黏土在天才的手中变成了堡垒，柏树在天才的手中变成了殿堂，羊毛在天才的手中变成了袈裟。如果黏土、柏树、羊毛经过人的创造，可以成百上千倍地提高自身的价值，那么，你为什么不能使自己身价百倍呢?

每个人都想成为高大的树木，渴望矗立在高处俯瞰这个世界，但是，生活的现实与残酷却让我们成为一棵棵小草。与其他人相比，内向者的生活显得那么不堪，于是，内向者觉得自己没有价值，或许将在庸庸碌碌中度过一生。其实，小草也有它的价值，当所有高大的树木都已经枯亡时，那一片绿意盎然的小草却释放着最后的美丽。它们并不想成为高大的树木，它们深知自己的价值是什么，只想做它们自己，怀着这样一份希望，它们自然生机勃勃、春意盎然。如同小草一样，内向者也有自己的价值，没有任何人或事能够取代自己，也没有任何人或事能够贬低我们，除非我们自己看轻自己、自己贬低自己。

1.善待自己，充满自信

活着，我们就要学会善待自己，在失意时鼓励自己，在得意时勉励自己。在漫漫人生旅途中，我们无法避免偶尔的挫折与困难，但是，不管我们受到什么样的打击，我们都不应该忽视了自己的价值，不要觉得自己一无是处，也不要妄自菲薄。以一份崇高的使命感，展现出自己的人生价值。

2.不要自卑，要学会接纳自己

每个人都有属于自己的独特价值，我们应该接纳自己。而且，自身价值的大小并不在于他人的评价，而是在于我们给自己的定价。一个人的价值是绝对的，坚持自己，重视自己的价值，给自己成长的空间，每个人都会成为“无价之宝”，我们将告别平庸的人生。

内向者心理启示：

每个内向者都有自己的价值，都是独一无二的，切不可因为在某方面逊色于别人而失去自我。当然，每个内向者都希望自己能够翱翔于蓝天，驰骋于大地。但是，你是否具有翱翔的能力？如果在不了解自己的情况下就擅自定位，一旦梦想破灭，内心的失望是无法忽视的。若无法给自己准确定位，只会导致好高骛远或者内心自卑。每个内向者都是特殊的个体，上帝赋予了我们独特的个性，只要我们走出盲目模仿别人的藩篱，找准自己的位置，人生将会变得丰富多彩。

犯错没什么了不起，学会宽容自己

俗话说：“金无足赤，人无完人。”在这个世界上没有完美的东西，任何事物都有它的长处和短处。即便是一个内向者也总有失误的时候，谁也不敢保证自己就是永远的成功者；一个人总是有这样或那样的缺陷，谁也不能保证自己是最完美的。所以，内向者总有犯错误的时候，他们往往忍受不了自己的错误，总是觉得不好意思，习惯于用放大镜来看待自己的错误，从而陷入深深的自责中，不可自拔，甚至，他们不能原谅自己。

有一天，一个身材高大魁梧的人走在库法市场上，他的脸被晒得黝黑，而且，还遗留着战场上的痕迹。市场里坐着一个无聊的商人，他看到那个高大的人走过来，便想逗逗他，以显示自己的搞笑本领。于是，商人将垃圾扔向那个过路人，但是，那个高大的过路人并没有因此而生气，而

是继续迈着稳健的步伐朝前走去。

当那个人走远以后，旁边的人对那个无聊的商人问道："你知道刚才你侮辱的人是谁吗？"商人笑着回答："每天有成千上万的人从这里经过，我哪有心思去认识他呀？难道你认识这人？"旁边的人立即惊呼："你连这人都不认识！刚才走过去的就是著名的军队首领——马力克·艾施图尔·纳哈尔。"商人涨红了脸，似乎不太相信："是真的吗？他是马力克·艾施图尔·纳哈尔！就是那个不但让敌人听到他的声音就四肢发抖，连狮子见到他都会胆战心惊的马力克吗？"旁边的人再次肯定地回答："对，正是他。"商人惊恐地说："哎呀！我真该死，我竟做了这样的傻事，他肯定会下令严厉地惩罚我。"

想到关于马力克·艾施图尔·纳哈尔的传言，商人吓得心惊胆战，深深自责刚才犯下的错误。他马上关了店门，整个人蜷缩在被子里，等着马力克的惩罚，可是，一天过去了，马力克没有来，一周过去了，马力克还是没有来。虽然马力克没有出现，但是，商人内心的恐惧却越来越重，他不能原谅自己的过错。邻居们都来劝慰："马力克将军是多么有修养的人，怎么会跟你计较呢？"商人还是摇摇头，整个人看上去既憔悴又疲惫。

商人已经陷入了自责的心绪中，即使马力克表示已经原谅了他，但是，他自己走不出那个阴影，他就难逃自责的痛苦。心理学家表示：那些无法原谅自己错误的内向者，其实是对自己有着严格苛求的人。而商人之所以无法原谅自己，是缘于内心的害怕，他不断自责之前所犯下的错误，是因为害怕受到相应的严厉惩罚。

约翰尼·卡特是著名的灵魂歌手，谁曾想他过去也犯过一次错误呢。在约翰尼·卡特的事业蒸蒸日上的时候，他却感觉自己的身体已经被拖垮了。为了保证正常演出，每天，他需要借助安眠药才能入睡，还需要服用"兴奋剂"来维持第二天的精神状态。后来，卡特的坏习惯越来越严重，一位行政司法长官对他说："约翰尼·卡特，今天我要把你的钱和麻醉药还给你，因为你比别人更明白你能充分自由地选择自己想干的事，这就是你的钱和麻醉药，你现在就把这些药片扔掉吧，否则，你就去麻醉自己，毁灭自己，你自己作出选择吧！”那一瞬间，卡特醒悟了，然而，自己的过错能赢得歌迷的原谅吗？卡特并不知道，但是，他明白，只有自己才能原谅自己，于是，他开始戒毒，经过长时间的坚持，他成功了，重新回到久违的舞台。在那里，他赢得了所有歌迷的原谅，不过，每每回忆起过去，卡特总不忘说一句：“我并没有放大我的错误，我只是用自己的行动告诉别人，我可以改正错误。”的确，我们应该永远记住这样一句话：犯错并不是一件特别可怕的事情，犯错了别不好意思，原谅自己吧！

人与人之间为什么会有永远的伤害呢？其实，这大部分都是因为一些彼此无法释怀的坚持所造成的。若内向者能从自己做起，宽容地对待自己，原谅自己无意或有意犯下的错误，相信一定会收到意想不到的效果。当我们开启一扇窗户的时候，我们会看到更完整的天空。

1.学会宽容自己

内向者需要宽容，因为宽容是一种美德，一种素质。首先，我们要宽容的就是自己，这样我们才有更宽广的胸怀去宽容别人。如果连自己都宽容不了，我们又怎能原谅别人的错误呢？有人说，能够宽容自己的人，他们更容易建立融洽的人际关系。

卡耐基是美国著名的成功学家，他曾这样写道：“通过对全球120名成功人士的调查发现，他们都有一个共同的特点，就是能够建立融洽的人际关系，而正是因为他们有一颗宽容的心，所以，人际关系才会那么好。”而且，大凡取得瞩目成就的人，他们的成功之路并不会一帆风顺，总是波折不断，或许，他们曾经也犯了不少错误，但是，他们懂得原谅自己，以更加完美的姿态去迎接挑战，最后，他们才赢得了成功。试想，如果他们总是纠结自己曾经所犯的错误，那么，他们可能会在郁郁中度过余生。

2.放过自己

内向者没有办法原谅自己的过错，或者深陷自责当中不能自拔，主要原因是对自己要求太严格，或者说，之前给大家所形成的印象太美好，一旦错误对印象造成了破坏，他就认为再也没有办法弥补，所以，开始不断

地自责，甚至有的内向者会为自己人生的某一次错误而忏悔一生。

内向者心理启示：

事实上，每个人都会犯错，犯个错误没什么了不起，不要用放大镜来看待自己的错误，自己生自己的气。既然错误已经存在了，内向者所需要做的就是想尽办法弥补错误，完善自己，以免再犯类似的错误。一些爱生气的人往往是完美主义者，他们不能够容忍自己犯下的错误，从而导致内心的烦恼、不满情绪不断滋生。

其实，这根本是没有必要的，不要为自己标榜上“成功者”的印记，内向者首先要承认自己不过是一个普通人，既然避免不了错误，就要尝试着接受那个犯错的自己，学会原谅自己，不要纠结在自责中，平复内心的情绪，懂得知错就改，这样才能成为尽善尽美的人。

摆脱自卑，播下自信的种子

现代社会是一个开放和竞争的年代，人际交往越发频繁，在内向者的性格因素中，缺少自信，缺少对情绪的驾驭能力，而时不时地还会感到自卑。对于这样的内向者，即使有再多的才华，恐怕也难以获得广阔的施展空间。心理学教授说，自卑是一种消极的自我评价或自我意识，即个体认为自己在某些方面不如他人而产生的消极情感。自卑感就是个体对自己的能力、品质评价偏低的一种消极的自我意识。具有自卑感的内向者总认为自己事事不如人，自惭形秽，丧失信心，进而悲观失望，不思进取。

三毛是我国著名的作家，她小时候是一个非常勇敢而又聪明活泼的小女孩，她在12岁那年，以优异的成绩考取了台北最好的女子中学——台北省立第一女子中学。在初一时，三毛的学习成绩不错，到了初二，数学成绩一直滑坡，几次小考中最高分才得50分。三毛心里很自卑。

但聪明而又好强的三毛发现了一个考高分的窍门。她发现每次老师出小考题，都是从课本后面的习题中选出来的。于是三毛每次临考前都把课本后面的习题背得滚瓜烂熟。这样，一连六次小考，三毛都得了100分。老师对此很怀疑，决定要单独测试一下三毛。

一天，老师把三毛叫进办公室，将一张准备好的数学卷子交给三毛，限她10分钟内答完。由于题目难度很大，三毛得了0分。老师对她很是不满。

接着，老师在全班同学面前羞辱了三毛。他拿起蘸着饱饱墨汁的毛笔，叫三毛立正，非常恶毒地说："你爱吃鸭蛋，老师给你两个大鸭蛋。"

他用毛笔在三毛眼眶四周涂了两个大圆圈。由于墨汁太多，顺着三毛紧紧抿住的嘴唇，渗到她的嘴巴里。老师又让三毛转过身去面对全班同学，全班同学哄笑不止。然而，老师并没有就此罢手，他又命令三毛到教室外面，在大楼的走廊里走一圈再回来，三毛不敢违背，只有一步一步艰难地将漫长的走廊走完。

这件事情让三毛丢了丑，她也没有及时调整过来。于是开始逃学，当父母鼓励她要正视现实，鼓起勇气再去学校时，她坚决地说"不"，并且自此开始休学在家。

休学在家的日子里，三毛仍然无法从这件事的阴影中走出来，当家里人一起吃饭时，姐姐、弟弟不免要说些学校的事，这令她极其痛苦，以致以后连吃饭都躲在自己的小屋，不肯出来见人了，就这样，三毛患上了少年自闭症，渐渐产生了自卑心理。

少年时期的这段经历，影响了三毛一生，在她成长的过程中，甚至在她长大成人之后，她的性格始终以脆弱、偏颇、执拗、情绪化为主导。这样的性格对于她的作家职业可能没有太多的负面影响，但却严重影响了她人生的幸福。

英国人弗兰克林在1951 年从自己拍得极好的脱氧核糖核酸（DNA）的X 射线衍射照片上发现了DNA 的螺旋结构，之后他就这一发现作了一次演讲。然而，由于弗兰克林生性自卑，缺乏自信，于是怀疑自己的假说是错误的，从而放弃了这个假说。1953 年，在弗兰克林之后，科学家克里克和沃森也从照片上发现了DNA 的分子结构，提出了DNA 双螺旋结构的假说，

从而标志着生物时代的到来，二人因此获得了1962 年度诺贝尔医学奖。可以想见，如果弗兰克林不是自卑，而是坚信自己的假说，进一步进行深入研究，这个伟大的发现肯定会以他的名字载入史册。唐拉德·希尔顿曾说，许多人一事无成，就是因为他们低估了自己的能力，妄自菲薄，以至于缩小了自己的成就。

自卑是一种长时期的心理状态，有自卑心理的人，就如同披着海绵在雨中行走一样，包袱会越来越重，直至压得人喘不过气。

1.自卑带来的坏处

自卑会让人心情低沉，郁郁寡欢，常因害怕别人瞧不起自己而不愿与他人来往，只想与人疏远，缺少朋友，甚至自疚、自责、自罪；他们做事缺乏信心，优柔寡断，毫无竞争意识，享受不到成功的喜悦和欢乐，因而感到疲惫，心灰意懒。

2.彻底摆脱自卑

被自卑感所控制，其精神生活将会受到严重的束缚，聪明才智和创造力也会因此受到影响而无法正常发挥作用。自卑是束缚创造力的一条绳索，是阻碍成功的绊脚石。种种消极的反应都表明，自卑心理促使一个人在人生道路上常走下坡路。

内向者心理启示：

对内向者而言，战胜自卑并非难事，不要过于看重一次的失败与丢丑，不要因先天的缺陷而抬不起头，在生活中保持平和的心态对待周围的人和事情，慢慢地，当你鼓起自信的风帆，划动奋斗的双桨，你一定会发现一个生气勃勃的你，一个潇洒自如的你，一个无比成功的你！

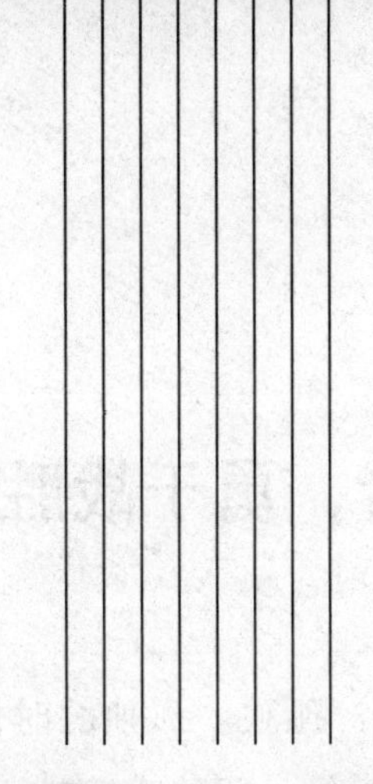

第7章

内向者的孤独：禁锢内心的牢笼

孤独的情绪会使内向者与其他人疏离开来，当内向者有了这种感觉，就意味着他已经与这个世界隔绝了。内向者一旦产生孤独感，精神就会压抑，不但会导致自己的心理失去平衡，而且会使心理、情绪产生一系列的变化，出现心情沮丧、精神颓废，丧失事业的上进心和生活的信心。

内向者，勇于战胜孤独

内向者觉得什么最可怕？孤独。孤独的时候能让人窒息，内向者孤独的时候，常常是最无助的时候。那种感觉就好像这个世界就剩下了他自己，自己被所有人抛弃了，内心的空虚感、寂寞感一起袭来，有时候甚至丧失了生活的勇气。所以，孤独被内向者看作是最可怕的敌人，他们害怕身陷孤立无援的境地，害怕只有自己一个人，因此心灵也会变得十分脆弱。其实，对内向者来说，孤独并不可怕，可怕的是当你面对孤独时放弃了生活的希望。学会战胜孤独，当孤独的痛苦笼罩你时，你就应该面对它，看着它，不要产生任何逃避的想法。如果你选择逃避了，你就永远不可能了解它，而它总是悄悄地躲在一边，期待与你的下一次相逢。

其实，孤独是一种常见的心理状态。孤独感是内向者在思想上、行为上的体现。人们常常说的孤独其实包含了两种情况。一种是由于客观条件的制约所引起的孤独，他们由于种种原因不得不长期远离“人群”，而以一个人或者一群人独立起来。比如，有的远离城市到边疆哨所为人们站岗的士兵们；长期坚持在高山气象观测站工作的科技工作者；长期为了工作而四处航行的海员。这样的孤独是一种“有形”的孤独，因为他们没有亲人、朋友在身边。而大多内向者的孤独是第二种，它是“无形”的孤独。

一位孤独的年轻人躺在沙滩上，他满脸胡须，面容倦怠，穿着破旧的衣服，不时有气无力地打着哈欠。另外一个人从海边经过时，有些人奇怪地问道：“年轻人，阳光无限好，又是如此好的季节，为什么你不去做事情呢？你在这里晒太阳，岂不是浪费了大好光阴？”

年轻人叹了口气：“唉！在这个世界上，除了这一身皮囊，我一无所有。我还需要花时间去做什么呢？只需要每天晒晒太阳，这就是我所有的

事情了。”

“难道你没有家吗？”

“我要家干什么呢？与其承担家庭的重担，不如没有。”

“你没有爱人？”

“没有。”

“你没有朋友？”

“没有，朋友还是会离别，不如没有朋友。”

“你从来没想过去挣钱吗？”

“从来没想过，金钱是罪恶，最后我还是一个人，何必浪费我的时间呢？”

“哦，那我觉得你可以到海中心去。”

“为什么？我又不会游泳，难道你是想让我去死吗？”

“对啊，人有生有死，与其这样活着，还不如死去。你这样活着，本身就是多余的。跳海而死，也是符合你的逻辑的。”

顿时，孤独的年轻人哑口无言。

很多内向者并不是他们喜欢孤身独守，而是他们有的是在人生的路途中遭遇了坎坷，陷入无边的孤独和痛苦中不可自拔；有的是得不到别人的理解，也不愿意去理解别人，于是选择洁身自好；有的是看不起自己，不相信自己，有一种深深的自卑感。于是，他们在面对孤独的时候，甚至没有抗争，就束手就擒。所以，他们陷入了无边的痛苦中，与孤独为伴。

而有的内向者是因为内心世界的封闭使他们无法通过感情交流来建立真正的友谊，友谊的缺乏使现代人产生一种强烈的孤独感。有的内向者这样来描述自己的感受：“在这个世界，我感到孤独、嫉妒、愤怒、紧张。”无论是因为人生境遇，还是因为自己的感情失意，内向者的孤独在无形中已经成为他通往正规工作和生活的阻碍。孤独的内向者要学会在生活中拿出自己的勇气，敢于与孤独抵抗，战胜孤独。

那么，怎么才能有效地战胜孤独呢？

1.战胜自卑心理

内向者有时候受到了大的磨难，就会觉得自己跟别人不一样，而自己没有勇气跟别人接触，这其实是自卑心理产生的孤独状态。这时候，要突破自己内心的屏障，相信自己，钻出自织的“茧”。你就会发现，其实跟别人交往是一件很容易的事情。

2.转移自己的注意力

如果觉得自己内心是孤独的，你可以适当地转移注意力。有计划地生活，把自己的注意力转移到工作、生活中来。在工作中，除了努力工作，还要适时与以前的同事交流；在生活中，走出心理的黑暗，开始结交新的朋友，开启新的生活，重新树立起生活的信心。这样，你就会发现，能够与大多数人生活在阳光下是一件很惬意的事情。

3.为别人做点什么

孤独的内向者都有这种情况，当你与很多人在一起的时候，你会感到比独处时更孤独。因为与他人的格格不入，让你陷入孤独的境地。这时，你应该为别人做点什么，帮助别人，获取别人的好感，为自己争取一份友谊。

4.享受自然，走入社会

一个孤独的内向者，总是把自己关在小屋里。这样，精神会长时期地受压抑，会使自己的性情越来越孤僻。请试着走出家门，呼吸一下大自然的空气，体验一下在街道上拥挤的感觉，这时候，你已经忘记了你的寂寞，你的心情会变得开朗，逐渐从孤独的城堡中走出来。

内向者心理启示：

内向者的孤独更多地来自于内心深处的寂寞，因为感情，或是因为生存境遇的突变，使得他们内心无法承受。孤独的内向者因为受内心的折磨，精神也受到长时间的压抑，不仅会导致自己心理失衡，还会影响自己的智力和才能的发挥，会引起人的心理上、思想上的坍塌，导致情绪低沉精神萎靡，并且失去事业的进取心和生活的信心。所以，孤独对于内向者是非常可怕的。面对孤独，内向者要学会战胜孤独，才能在自己的事业上取得成就，才会扬起生活的风帆。

阳光心态，驱散内心的孤独

金斯利说：“太阳底下所有的痛苦，有的可以解救，有的则不能，若有就去寻找，若无，就忘掉它。”生活中，很多时候，由于环境或者其他一些原因，内向者感到心里荒芜，内心满是孤单，这种情绪就像赶不走的影子，时刻伴随着他们，令孤独者感到恐惧与绝望。孤独，是一种心境，是一种似乎全世界都抛弃了自己的感觉。如果要摆脱被孤独折磨的滋味，需要依靠乐观的心态填满内心的空洞，这样内向者就不会再感到孤独，而是感受到阳光带来的温暖。

在一个村庄里，有位中年人从事了二十年的邮差工作，每天，他往返五十里的路程，日复一日地将忧欢悲喜的故事送到居民家中。一晃二十年过去了，村庄里的人和事物都历经几番变迁，唯有邮局到村庄这条道路，始终没有改变。每一次，邮差经过这条道路，心里都会想：这样荒凉的路还要走多久呢？太阳照着大地，中年邮差孤独地走在道路上，悲凉而又迷茫。

邮差一想到自己必须在这条没有花没有树，而且充满尘土的路上，踩着脚踏车度过自己的一生，心中充满了遗憾，这二十年来，他第一次尝到孤独的滋味。有一天，中年邮差送完了信，一副心事重重的样子，正准备回家的时候，路过一家花店。邮差心中不禁一动：对了，就是这个。邮差走进了花店，买了一把野花的种子，第二天，邮差把这些种子撒在自己每天往来的路上。就这样，经过了一天，两天，一个月，两个月……邮差持续撒播着野花种子。

没过多久，在那条邮差已经来回走了二十年的荒凉道路上，竟然开出了无数的花朵，有红色的，有黄色的，四季盛开，永不停歇。花香对于村庄的人们来说，比邮差送达的任何一封邮件都让她们开心。那条道路不再充满灰尘，而是散发着花香，中年邮差骑着脚踏车，吹着口哨，他不再是孤独的邮差，也不再是愁眉苦脸的邮差，而是满脸洋溢着幸福与快乐的邮差。

内向者将自己封闭起来，虽然躲过了暴风雨，不过也错过了阳光。他们很少融入群体，他们认为那是一件十分困难的事情，他们宁愿将自己与外界隔离开来，尽量不参加社交活动，除了工作、学习、购物以外，大部分的时间都将自己封闭在家里，成为宅男或宅女。

一位年轻的老师被派到山区的小学为学生们代一个星期的课，刚开始，年轻老师满怀热情，希望自己与学生们度过一周愉快的时光。然而，很快他就感到了孤独与失望，这一个星期真是糟糕透了，孩子们既粗野又不爱完成作业，老师感觉自己很孤单，在最后一节课上，年轻老师对学生们说："现在我知道了，我不能和孩子们在一起，我不适合做这个工作。"这时，一位学生告诉老师："我想为这一个星期感谢您，感谢您教给我们许多知识，您知道，以前我从来没有听到过树林中的风声，它是那么可爱，我永远都不会忘记它。这是我为您写的一首诗，我差点没有勇气把它给您。"说完，孩子从口袋里掏出一张纸递给了老师，然后跑开了。那一瞬间，年轻老师感到自己心里洋溢着满满的阳光，再也不孤单了。

或许，对每一个人而言，融入一个新的环境都是非常不容易的事情。在人群中，肯定会存在一些独特的氛围，任何一个人在和一个集体打交道时，总是或多或少地受到一种无形的压力，外向者对这些压力会有免疫力，内向者则会选择逃避或退缩。实际上，只要内向者突破这些障碍，融入社会也会变得简单起来。

孤独本来是人类的自然本性，然而过度的孤独或长时间的孤独，会让内向者与世隔绝，这就会导致极度孤独的个性。一个内向者如果远离真实的生活，就会将自己与生活的基本接触完全隔绝开。内向者总是生活在一个怪圈里，由于他感到自己被忽视，所以在与别人交际过程中并不会感到快乐，甚至感到更加孤独。

内向者心理启示：

心灵是一座宝库，在这里只应留有美好与智慧，而不是收藏垃圾或浸

满孤独。哲人说："要想除掉旷野里的杂草，方法只有一种，那就是在上面种满庄稼。"，如果想摆脱内心孤独的束缚，内向者应该敞开心扉，让和煦的阳光照射进来，这样，孤独才会无处遁形。

适当地孤芳自赏

约翰·菲茨杰拉德·肯尼迪曾对家族成员说过这样一句幽默的话："在我看来，我除了当总统，别的什么也干不了！"这似乎听起来有点"孤芳自赏"，但是正是这份难得的自我欣赏给予了肯尼迪无比的自信心。肯尼迪以"孤芳自赏"赢得了美国第35任总统的位置，他极富个人魅力，年轻英俊，言谈举止风趣而有活力，即使在局势动乱的年头，他也给美国人民带来了极大的勇气和希望，美国民众称肯尼迪为"美国历史上最有魅力的总统"。大多数时候，一些内向者身上也存在着"孤芳自赏"的特点，我们会不自觉地认为"孤芳自赏"是一个贬义词，似乎那些"孤芳自赏"的内向者总是与孤独、高傲、目中无人联系在一起。其实，我们忽略了"孤芳自赏"中的积极心理，那就是懂得欣赏自我，事实上，"孤芳自赏"还能够为自己加油，它会帮助内向者走向成功。

威尔逊在创业之初，他的全部家当只有一台分期付款的爆米花机，价值50美元。第二次世界大战之后，威尔逊做生意赚了点钱，他决定做地皮生意。当时，在美国做地皮生意的人并不多，战后大多数都比较穷，买地皮修房子、建商店的人很少，地皮的价格也很低。当威尔逊骄傲地宣布自己的决定时，他遭到了亲朋好友的反对，大家都对他说："你太自信了，到时候一定会输得很惨。"然而，威尔逊却固执己见，他认为家人和朋友的目光太短浅了，他认为美国作为战胜国，其经济应该很快就能进入发展期，到那时买地皮的人增多，地皮的价格就会暴涨。

于是，威尔逊用自己的积蓄加上贷款在市郊买下了很大一片荒地，然而，这块土地地势低洼，不适宜耕种，简直无人问津。不过，威尔逊还是决定买下这块土地，他预测：美国经济很快就会繁荣，城市人口增多，市区会不断地扩大，必然向郊区延伸，不久之后，这块荒地就会变成黄金地段。

一两年过去了，威尔逊的预言实现了，美国城市人口剧增，市区迅速发展，大马路一直修到了威尔逊那块土地上。这时，人们发现这块土地风景宜人，夏天是一个避暑的好地方。于是，这块土地价格倍增，很多商人竞相出高价购买，但是，威尔逊却有着长远的打算。他在这块土地上盖起了一座“假日旅馆”，由于地理位置比较好，开业后生意非常兴隆，从这以后，威尔逊的生意越做越大，在世界各地都有威尔逊的“假日旅馆”。

威尔逊创业的决定遭到了亲朋好友的反对，他们对于威尔逊的计划颇有不屑，认为他简直是“孤芳自赏”，然而，事实证明威尔逊的决定是明智的，他凭着自信而开创了自己的事业。假如，威尔逊当初没有坚持自己的意见，放弃了地皮生意，那么命运将是另外一种结果了。

一位画家将自己的一幅佳作送到画廊里展出，他别出心裁地在旁边放了一支笔，并且他写上了这样一句话：“观赏者如果认为这画有欠佳之处，请在画上标上记号。”结果，画展结束后，画家看到了画面上标满了记号，几乎没有留下一处空白。过了几天，这位画家又画了一幅同样的画拿出去展出，不过他这次写了不同的两句话：“请每位观赏者将你们最为欣赏的妙笔都标上记号。”画展结束之后，画家取回了画，看到画面又被涂满了记号，那些之前被指责的地方都被赞美的标记所取代。画家明白了：凡事只要自己欣赏就行了，孤芳自赏其实并不是坏事。

很多时候，我们对自我的评价往往会陷入他人的评论之中，诚然，对于他人的意见我们要虚心接受。但是，任何一个人在对事物或人的评价中，总是不够全面。简单地说，每个人都有自己的价值判断标准，那些影响我们心理的评价并不一定就是中肯的意见，更多的时候，需要我们去欣赏自己，认可自己，虽然这有点“孤芳自赏”之嫌，但是，若没有“孤芳自赏”，哪来强烈的自信心呢？

1.孤芳自赏是一种自信

“孤芳自赏”其实是一种自信，当一个人拥有了自信，那么他的言行不免就有点儿“固执”，甚至显露出“清高”，但是，许多时候，正是那份“固执己见”，坚持到底，他们的梦想才得以实现，人生需要那么一点儿“孤芳自赏”。

2.适当的孤芳自赏更容易获得成功

孤芳自赏的内向者凡事以“我第一”，所有的事情都是自己作决定，他们有着极强的自尊感和权利感，渴望得到他人的注意和仰慕。在很多时候，他们会认为自己就是个传奇，同时，他们是迷人的、智慧的。在通常情况下，他们都会固执己见地去做一件自认为会成功的事情，通过事实证明，他们在很多时候都会成功。

内向者心理启示：

当然，并不是说所有“孤芳自赏”的人都会成功，但是，至少比起普通人，“孤芳自赏”的内向者多了一份自信，他们坚信自己一定能成功，并为此作出不懈的努力。不管如何评价“孤芳自赏”的内向者，他们都要相信一点：孤芳自赏也可以为心加油。

无私的爱，可以战胜孤独

有人说：“世界上最强大的武器就是一颗仁慈的爱心。”的确，如果内向者能够拥有一颗善良而仁爱的心，那么他们将战胜所有现实的困难，包括最痛苦的孤独，最终梦想成真。假如说在这个世界上，有什么能够战胜一切，那就是真挚的爱。无论是逆境还是顺境，无论是孤独还是痛苦，爱都会成为我们前进的推动器，爱会给我们前进的步伐增添源源不断的力量。在日常交际中，真挚的爱能够打动他人，威廉·詹姆士曾说：“人类本质中最殷切的需求是渴望被肯定。”心中拥有一份真挚的爱，让内向者的人生之路更加顺畅。

坎布里奇，那里住着一位孤独的老人，他没有儿女，又体弱多病，于是，他决定搬到养老院生活，在去那里之前，他打算出售自己的住宅。老人所居住的是一座名宅，许多慕名者纷纷前来参观，老人给出的底价是8万美元，但是，很快价格就被人们炒到了10万美元，而且这个价格还在不断地攀升。看着不断上涨的价格，老人却显得异常忧郁，如果不是自己身体不好，他是绝不会卖掉陪伴自己大半生的住宅的。

一天，一个衣着朴实的年轻人来了，他不停地赞美这座住宅，然后，弯下腰低声对老人说："先生，我想买这栋住宅，但是，我只有1万美元。"老人淡淡地说："但是，它的底价是8万美元，而且现在它已经升到了10万美元。"听了老人的话，年轻人并不沮丧，而是诚恳地说："如果您把住宅卖给我，我保证会让您依旧生活在这里，和我一起喝茶、读报、散步，相信我，我会用整颗心来照顾您！"老人站了起来，他示意人们安静下来，宣布道："朋友们，这栋住宅的新主人已经产生了，就是这个小伙子。"

莱尔克曾说："爱是以无穷的光照亮他人。"有时候，真正能够让人成为最大赢家的，往往是那份真挚的爱。案例中，年轻人以自己那份真挚的爱，不可思议地赢得了经济上的胜利，他梦想成真了，同时，他付出了一颗充满爱的仁慈之心。

罗曼太太是一位有钱的贵妇人，她在亚特兰大城修了一座大花园，这座花园又大又美，吸引了许多游客来玩耍，他们毫无顾忌地跑到罗曼太太的花园里嬉戏。年轻人、小孩子、老人纷纷而来，他们快乐地跳啊、唱啊、笑啊，罗曼太太站在窗前，看着这群快乐的人，看着他们在属于自己的花园里唱歌、跳舞，心里很不是滋味，她越看越生气。为了阻止那些人到自己的花园里来，罗曼太太吩咐仆人竖了一块牌子，上面写着：私人花园，未经允许，请勿入内。但是，这一点儿也不管用，那些人照样成群结队地进来游玩。

后来，罗曼太太想出了一个绝妙的主意，她让仆人把花园外面的那块

木牌取下来，换上了一块新牌子，上面写着：欢迎你们来此游玩，为了安全起见，本园的主人特别提醒大家，花园的草丛里有一种毒蛇，如果哪位不慎被蛇咬伤，请在半小时之内送往医院或采取急救措施，否则将会有生命危险。这简直是一个绝妙的主意，那些游客看了牌子之后，再也不敢来玩了。

几年过去了，罗曼太太独守荒芜的花园，由于走动的人太少，花园里杂草丛生，真的滋生繁衍出了毒蛇，罗曼太太变得孤独、寂寞，她十分怀念那些曾经来自己花园里玩耍的游客。

每个人的心中都有一座美丽的大花园，如果我们愿意让别人再次种植爱心，同时，我们也让这份爱心感染自己，这样，我们心灵的花园就永远不会荒芜。爱心是人生最美的装饰品，然而，与其他装饰品不同的是，爱心并不是用来闲置的，而是用来付出的，谁付出了它谁就会收获好运的回报。

1.感受爱的真谛

假如生命近在咫尺，我们该如何面对？在生活中，我们需要珍惜爱你的人和你爱的人，这样我们才能领悟到爱的真谛，莫等到生命消逝，才开始追悔莫及。用心感受爱的真谛，相信在爱的国度里，我们会付出更多的关怀，给予他人更多的照顾，多一份坦诚，多一份沟通，以真心为爱加油！

2.爱会让人变得不再自私

爱和自私是一对敌人，爱心本身就是无私的，而自私总是以自我为中心，总是想着自己的得失。但是，爱与自私并不是毫无关系，如果说什么东西能够打败私心，那就只有“爱”了。或许，每个人都有那么一点儿私心，但是，爱会使私心暗淡。

内向者心理启示：

爱心，它如同冬日里的阳光，使那些饥寒交迫的人感到人间的温暖；它如同一件美丽的衣裳，为我们的人生点缀出不一样的美丽。爱因斯坦说：“对我来说，生命的意义在于设身处地替人着想，忧他人之忧，乐他人之乐。”爱更让爱因斯坦这位孤独的思考者变得不再孤独。

走出孤独，从学会分享开始

一位化学家说：“我最喜欢跟我的好朋友在实验室里做实验，因为我能够跟我的朋友一起渡过难关。”这就是一种分享，孤独思考的爱迪生懂得分享，所以，光亮照亮了整个人类世界；孤独的梵高懂得分享，所以，朋友会在《向日葵》里感知燃烧的友情。事实上，真诚地分享，会令内向者收获更多。托尔斯泰说：“神奇的爱，会使数学法则失去了平衡，两个人分担一个痛苦，痛苦减半；两个人分享一个幸福，却可以拥有两个幸福。”分享，本身就是一个加减法，它令我们的痛苦越来越少，快乐却越来越多。生活中的许多东西都是分享得来的，如果内向者想驱散内心的孤独，那就从学会分享开始吧！

汤姆是一位工程师，虽然拥有体面的工作，但是，来自生活的种种磨难，令他感到沮丧。虽然汤姆已经人到中年了，但是，事业还是没有任何起色，他常常无端地发脾气，怨天尤人。有一天，他对妻子说：“这个城市令我很失望，我想离开这里，换个地方。”于是，他毅然决然地搬了家，无论身边的朋友怎么相劝，都无法令他改变决定。

汤姆和妻子搬到了另外一个城市，在新的环境里，汤姆每天早出晚归，似乎很享受这样的状态。一个周末的晚上，汤姆和妻子正在整理房间，突然，停电了，整个屋子一片漆黑，汤姆后悔自己没有购买一些蜡烛，他无奈地坐在沙发上，又开始抱怨起来。这时，传来了轻轻的敲门声，汤姆在陌生的城市并没有熟人，他也不希望自己的生活被人打扰，他不情愿地起身开门，极不耐烦地问：“谁啊？”门口站着一个黑影，问道：“你有蜡烛吗？”汤姆气不打一处来，回答道：“没有！”说完，“嘭”的一声就把门关上了。

回到客厅的汤姆开始向妻子抱怨：“真是麻烦，讨厌的邻居，我们刚

刚搬来就来借东西，这样下去怎么得了！”正在他抱怨的时候，又传来了敲门声，汤姆生气地打开门，门口站着一个小女孩，手中拿着两根蜡烛，小女孩奶声奶气地说：“奶奶说，楼下新来了邻居，可能没有带蜡烛来，要我拿两根给你们。”汤姆一下子愣住了，好不容易才缓过神来，对小女孩说：“谢谢你和你奶奶，上帝保佑你们！”拿着两根蜡烛回到了客厅，汤姆瞬间意识到自己失败的根源：对他人太冷漠、太刻薄了，不懂得与他人分享。

邻居的乐于分享感染了汤姆，而那份由两根蜡烛传递的爱更令汤姆感到羞愧。霍华德·加德纳曾说：“想让自己的心灵照进阳光，先要打开一条对外的缝隙。”心里充满了爱，我们就会想到分享，定会收获分享的快乐。如果一个人总是抱怨自己不得志，又不愿与他人分享自己的得失，那么，他注定会成为没人关心的可怜虫。

有一个犹太长老，他平时很喜欢打高尔夫球，在一个安息日，他的球瘾又犯了，但是，教规规定严禁在安息日工作和游玩，只能在家休息。犹太长老经过了一番思想斗争，没有办法说服自己不去打球，他心想：其他教徒肯定都在家里待着，不会有人知道我去打球了。于是，他带着自己的球杆去了球场。

一个路过的小天使看见了，她看见长老教徒居然在打高尔夫球，很是生气，请求上帝惩罚他，上帝答应了。可是，过了大半天，小天使看见那个犹太长老还在独自打球，很是纳闷，不解地问上帝：“你真的惩罚他了吗？”上帝笑着说：“我已经在惩罚他了，今天，他的球技出奇的好，心里一定很激动，可是，他却不能与他人分享，这是最痛苦的。”果然，没过多久，那位犹太长老收拾好自己的东西，悻悻地离开了。

一个人不管是拥有还是失去，是愉悦还是痛苦，都需要有人来与自己分享，只有在分享中找到了共鸣，他才会收获更多的快乐。一个人的快乐如果没有被分享，就会变成痛苦，一个人不把自己的快乐与他人分享，那他永远只会自己开心，没有人替他开心，也没有人会明白他的开心。这样，开心反而成了痛苦。因而，分享是一种态度，更是一种带着爱的行动，当内向者真诚地与他人分享时，必然会收获更多的东西。

1.分享会让你赢得友谊和快乐

一位老人问一个前来拜师学艺的年轻人这样一个问题：“如果你有5个苹果，你会怎么做呢？”年轻人不假思索地回答：“我会自己吃掉1个，另外4个分给朋友。”老人似乎对这个答案很满意，忍不住好奇地问道：“为什么？”年轻人回答道：“我吃1个苹果能品尝出苹果的味道，吃5个苹果还是能品尝出苹果的味道，倒不如与别人分享，让别人也品尝苹果的味道，这样，5份苹果的味道变成了1份苹果的味道与4份快乐，何乐而不为呢？”老人赞许地点点头，就这样，这位年轻人被艺术精湛的大师留下了。

2.先让对方快乐，自己才会快乐

有人说，要让自己快乐，最好的办法就是先让别人快乐。而分享本身就能带给别人快乐，在分享的同时，他人会感受到那份久违的爱。一份快乐如果乘以十三亿，那就是更大的快乐；一份悲伤如果除以十三亿，那就是渺小的悲伤。

内向者心理启示：

分享，有一种神奇的力量，它可以使快乐增加，使悲伤减少，最终，它带给内向孤独者的只有快乐。同时，分享是一架天平，你给予了他人多少，他人便会回报你多少。分享是收获的前提，假如内向者真诚地与他人分享，那么他必然会收获更多的东西。

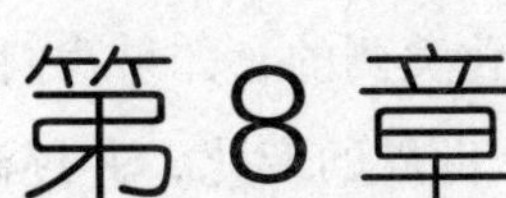

第8章

内向者完善自我的心理策略

内向者的著名代表人物有激励大师卡耐基、大科学家爱因斯坦和居里夫人、微软老板比尔·盖茨、华为总裁任正非、搜狐CEO张朝阳、新东方创始人俞敏洪、巨人集团董事长史玉柱……他们之所以能成为著名的人物，在于他们能够不断地完善自我，最终走上了一条成功之路。

陌生环境，在适应中感受快乐

内向者总是要看陌生的风景，结识陌生人，甚至，生活在一个陌生的环境里。因为这个世界是变化莫测的，如果我们固执地待在最初的原点，那么，我们将不能适应这个世界的变化，并逐渐被这个世界所淘汰。当然，对于大多数内向者来说，他们更喜欢接触熟悉的人和事，因为熟悉，内心少了几分恐惧。在陌生的人和事面前，内向者往往会乱了阵脚，多了胆怯，他们不知道自己该说什么话，该做什么事情，甚至，他们根本不知道自己应该把手放在哪里才好。事实上，既然陌生的环境在所难免，则不如在适应中体验快乐。

成功大师拿破仑·希尔曾讲述了这样一个故事：

一位将军去沙漠参加军事演习，妻子塞尔玛需要随军驻扎在陆军基地里。由于沙漠干燥气候高热，加之全然陌生的环境，令塞尔玛感到很难受，而身边又没有可以倾诉的人，陷于孤独的塞尔玛经常给父亲写信，在信中透露出自己想回家的强烈愿望。然而，当她拆开父亲的回信时，只看到短短的两行字："两个人从牢中的铁窗望出去，一个看到泥土，一个却看到了星星。"父亲的回信令塞尔玛十分惭愧，她决定要在沙漠里寻找星星。

从此以后，塞尔玛开始与当地人交朋友，互相赠送礼品，闲来无事，她开始研究沙漠里的仙人掌、海螺壳。慢慢地，她迷上了这里，通过亲身的经历，她写了一本书——《快乐的城堡》。

沙漠并没有改变，当地的印第安人也没有改变，是什么使塞尔玛的生活发生了巨大的变化呢？心态，当然是心态，以前惧怕陌生的塞尔玛看到的只是泥土，但是，当这样的心态发生变化之后，她开始慢慢适应这个陌生的环境，并在体味中找到了快乐，甚至，她在沙漠里找到了星星。

王先生热衷于广交朋友，而他最擅长的就是与陌生人打交道。有朋友问他："面对陌生人，你不害怕吗？"

王先生哈哈大笑，回答说："我这个人可从来不提倡'不要和陌生人说话'，相反，我觉得与陌生人聊天乃是人生的一大乐趣。前不久我回老家，坐在拥挤的大巴车里，人们用熟悉的乡音聊天，一位年逾70的老大爷跟我们讲了他参加革命的故事，我就特别喜欢，时而询问两句，看着他那颤动的皱纹，我觉得自己又多了一个陌生的朋友。虽然下车后，我们各走各的，可能以后都不会见面了，但是他所讲述的那些故事，以及他这个人，都有可能成为我讲给别人的故事，我仍记得，我曾跟这样一个陌生的大爷在一辆破旧的大巴车里热情地聊天。"

朋友笑了，问道："也难怪你为什么能讲出那么多好听的故事，不认识你的人还以为你经历了很多事情呢！"王先生笑着说："其实，那些故事都是来源于陌生人。人们常说'行万里路'，事实上，我与那些不同的人打交道，听不同的故事，认识不同的人，我又何尝不是行万里路呢？所以，对于我来说，比起那些熟悉的朋友，我有时候更愿意接触陌生人。"

与陌生人结识其实就是一段新奇的旅程，在这段旅程里，你会结识不同于以往所接触的人，包括他的禀性、长相、说话方式，以及发生在他身上的故事。其实，在这个世界上，对内向者来说并没有什么完全陌生的东西，因为一切陌生的事情都会慢慢地变得熟悉起来。那熟悉的过程，事实上就是体味快乐的过程，有时候，快乐就是如此简单，比如听别人的故事。

1.不惧陌生

"陌生"这个词常常会唤起内向者心里的胆怯，他们害怕去接触，更害怕自己从一个熟悉的环境到一个全新的环境。其实，这样的心理是可以理解的，从陌生到熟悉，需要一个漫长的过程中。但是，如果你换一个角度，就会发现，所谓的"陌生"其实就相当于一段新奇的探索之旅。

2.陌生环境，是一种新奇的体验之旅

在陌生的环境里，你会结识新的朋友，新的同事；你会有一间跟以前全然不同的房间，或许，你早就厌倦了之前的摆设，趁着这个机会不是可以重新装饰吗？你会有一种新的生活方式，以前那种循规蹈矩的生活你早就厌倦了，为什么不趁着这个机会改变呢？在适应陌生的过程中，其实你一直都能体味到那种“新奇”的快乐，因为所有的对于你来说都是未知的，新鲜的，自然也是乐趣无穷的。

内向者心理启示：

既然，陌生的风景、陌生的人、陌生的环境是无法拒绝的，内向者为什么不尝试去慢慢接受呢？其实，人生一直是在适应中体味快乐，内向者又何苦那么惧怕陌生呢？

总会改变，学会接受新鲜生活

在这个世界上，并没有一成不变的事情，无时无刻，这个世界都在发生着巨大的变化。但是，改变将会引起人们内心的恐惧，事实上，几乎所有的改变都会导致恐惧，不管是好的改变还是坏的改变，都会唤起内向者心里的恐惧。比如想结婚，但他马上会陷入恐慌，如果爱情无法天长地久怎么办？如果自己选错了伴侣怎么办？内向者想换一份新工作，但他马上会惶恐不安，如果自己不能胜任新工作怎么办？如果公司没办法兑现求职时的承诺怎么办？甚至，内向者想改变自己的发型，他也会担忧不已，万一新发型看起来很糟糕怎么办？如果自己因此而变得不漂亮怎么办？似乎这是听起来很可笑的事情，但事实就是如此：改变常常令内向者感到局促不安。

王太太嫁给了一个地产大户，因为家里相中了对方家里的财势。第一次去他家，她看着旋转的大厅以及宽阔的大花园，心想没什么好拒绝的。于是，婚事就这样答应了下来。

结婚后，王太太过着衣食无忧的阔太太生活，老公整天忙着工作，她

无聊就约上几个朋友打麻将，或者飞到香港去购物。她常常想：如果失去了这样的生活，自己该怎么办？当然，王太太的担心并不是毫无理由的，最近，楼市跌得厉害，许多房产大户都在一夜之间变成了穷人。比如，经常与自己一起打麻将的张太太，去年房市低迷，他们硬是没熬过来，现在一家人挤在几十平方米的出租房里。每次打电话，张太太就哭："这日子是没法过了。"

没想到，过了不久，这样的猜想变成了现实。王先生投资失败，不仅血本无归，还欠了几十万的债。王太太还没来得及看一眼后花园，就坐着一辆破旧的面包车走了。搬家后，他们租了房子，王先生的家人凑了钱还了债，王先生和太太重新开始了工作。

上班、煮饭、洗衣服、一个人带孩子，这些事情，王太太连想都没想就做了。原来，她发现自己的老公除了会赚钱以外，还会炒菜、煮饭，还会逗孩子开心。以前他太忙，两个人几乎没好好地在一起生活，现在这样的日子挺好的。王太太想起以前总害怕改变自己的生活，但是，现在真的变了，她却发现没什么不好，失去了物质上的富足，却找回了久违的家的温暖。

上帝在关上一扇门的同时，会为你打开另一扇门。当内向者过着熟悉的生活的时候，总是害怕会被改变，但是，许多灾难、横祸是无法阻挡的，唯有改变心态，以及内向者的心里的胆怯。不要在乎自己失去了什么，哪怕是工作、房子、信用卡，无论内向者的生活发生了怎么样的巨变，他们都可以从头开始自己的人生，甚至会重新攀上新的高度。

惠普中国区首席财政官韩颖说："好的设想常常被扼杀在摇篮里，但这绝对不是你变得平庸的真正原因，永远不要害怕改变，改变里就有契机。"

当年，韩颖离开了自己工作九年的海洋石油公司，正式加入惠普公司，在财务部工作。那年，她34岁，面对周围朋友的异议，她说："人生什么时候改变都不会晚。"

在20世纪80年代末期，惠普公司的员工还没有工资卡，每次发工资都是手工完成。300多人的工资，又没有百元大钞，韩颖必须得一一核实，经常数钱数得头都晕了。无意中经过公司附近的一家银行，韩颖灵光一现，为什么不给员工开户，让员工凭着折子领取工资呢?

说做就做，她兴奋地告诉大家以后领工资不用去排队等候了，直接拿着折子就可以去银行领取了。但是，事情并不顺利，先是员工产生抵触情绪，然后，上级领导又把韩颖批评了一顿。回到财务部，韩颖努力忍住自己的眼泪，心想：难道自己真的错了吗?

正在这时，公司的上层领导听说了这件事，肯定地赞扬了韩颖："你改写了公司手工发工资的历史，这种勇气和创新精神非常值得嘉奖！"

改变，它本身带着一种破坏性，将意味着你将破坏以前固有的东西，而重新去接纳另一种新的东西。几乎所有的改变都具有破坏性，即使是好的改变。但是，在生活中，许多事情都是需要改变的，那是不容拒绝的。

1.改变是走出内心世界的开始

内向者总习惯住在同一个地方，去同一个餐馆吃饭，甚至长达数年跟同一个女人约会，这并非他们太过专情，而是他们害怕改变。他们已经习惯了这样的生活，害怕一丁点儿的改变都会让自己内心胆怯。其实，对于这样的内向者而言，如果想走出自我，不妨从改变开始。

2.总要走一走陌生的街

熟悉的街道即便再有深情，但天长日久的习惯已经让内向者的心态变得麻木、懒惰，他们已经无法寻找到久违的激情。这时可以选择走一走陌生的街道，感受一切新鲜东西带来的新奇感，打开心扉，来享受这个世界。

内向者心理启示：

或许，内向者的心理就是这样矛盾，不变让人厌烦至极，而改变又让人局促不安。通常情况下，那些熟悉的、不变的事情总会让内向者感到心安。有人说："生命开始于舒适地带的尽头。"无论改变本身带给我们怎样的不安心理，内向者都必须记住：生活中的改变只是一个开始，并不是一个结束。不要害怕改变，因为人生的乐趣就是接纳新的生活。

走入大自然，找寻心灵的庇护之所

古语说：“春有百花秋有月，夏有凉风冬有雪。若无闲事挂心头，便是人间好时节。”浅显简单的道理，只有回归到大自然，内向者的情绪才会变得平和起来，而那些一直存在的消极情绪则如灰尘般渺小。在生活中，物质和财富并不能让内向者的心情好起来，它恰恰起到了反作用。人生在没有事业、没有财富的时候，往往会将事业和财富当作是好心情的保障，他们总是因缺乏这些东西而产生坏心情。其实，这只是一厢情愿的想法。大多数的内向者终日郁郁不安时，不妨投入大自然的怀抱，找寻一处心灵的庇护之所。

这是一篇游记：

最近，我一直为自己的身世而烦恼，坏心情就好像从我的每个毛孔钻出来，好像看什么都不顺眼，我从小就没有妈妈，她抛弃了我，我恨她，但在我内心深处，我又特别想念她，这样的矛盾心情一直折磨着我。我感觉心好累，在不知不觉间，我来到了老家，这是一个只有自然的朴素地方。

走进大自然，这里的一切都令人欣慰，平和，没有喧闹的汽车鸣叫声，没有人们的吵闹声，一切都是那么的清晰、新鲜。阳光潇洒地照耀着大地，火辣辣的太阳变得很温暖，给我心灵无尽的安慰。

漫步在辽阔的草原上，风吹过我的身旁，很清爽，很温暖，就好像一双慈母的手，抚摸着我的脸颊，很轻柔，很温暖。风的味道，简直令我难以割舍，它的味道，让我想起儿时所见过的妈妈模糊的香味，以及妈妈曾带给我的温暖。原来，世界真是变幻莫测，虽然妈妈不在我身边，但风让我变得什么都满足，而这种满足是前所未有的。

走进小小的森林，我闻到了香甜的果实，抬起头来，竟然发现那些早已经成熟的果实不知道什么时候跑到了我的眼前，它们好可爱，红红的，衬托出它们美满的生活与幸福。我就好像一个调皮的孩子，轻轻地摘下一枚果实，也不顾卫生就塞进了嘴里，果实的甘甜袭来，让我瞬间忘却了一切烦恼，我好像早已经回到了孩童时代，那种可以无所顾忌地奔跑在大自然的感觉又回来了。毫无瑕疵的大自然，清晰、美丽，漫步在这里，我早已经忘却了我为什么会来这里，我的烦恼是什么？大自然，不仅仅是美的艺术家，更是最好的心灵治愈师。

社会的复杂让我们失去了生命的自由空间，生活在这种复杂的环境，忧虑和烦恼空前地膨胀着，我们只是不停地工作，从来没有闲暇时光，最终使得心灵干枯了。虽然我们看似得到了许多享乐，但那却不是幸福；拥有许多方便，但那却不是自由。我们差不多已经忘记了该如何享受生活，但若是回到大自然，我们的心灵将变得宁静而充盈，那种清晰的感觉唤起了我们对过去所有美好的回忆，幸福的感觉涌上心头，那些糟糕的感觉早已经被覆盖而不知所终。

1.大自然使心灵恢复平静

大自然里有什么呢？新鲜的空气、纯净的蓝天、迷蒙的烟雨、柔和的月光、连绵的青山、潺潺的流水……这一切都是美好而祥和的，它带给内向者的是心灵上的平静，就好像是缓缓流动的水，带走了一直积压在心底深处的坏心情。大自然的美对每个人而言都是平等的，越是自然的东西，就越接近生命的本质。

2.投入大自然的怀抱

只要我们能敞开怀抱，拥抱大自然的祥和与宁静，内向者就可以真正地放下心中的牵挂和忧虑，在自然的怀抱中获得自在。在大自然的熏陶中，我们早已经放下欲望，干枯而缺乏营养的心灵在自然的馈赠中获得了滋养。在大自然的怀抱中，只要内向者拥有平常心，不必付出任何代价，就可以享受美好的心情。

内向者心理启示：

千百年来，人们一直遵循着“天人合一”的精神，人类应该感恩大自

然，珍惜大自然，爱护大自然，享受大自然，这样才能在自然中找到丢失已久的快乐和宁静。如果内向者的心情变得很差，不妨投入大自然的怀抱吧！在这里会忘记所有的烦恼，重新领悟生活的快乐与幸福，同时，也可以治愈内向者心灵所有的伤痛，让坏心情如尘埃般渺小。

热忱是内向者的强大力量

爱默生曾说："有史以来，没有任何一项伟大的事业不是因为热忱而成功的。"热忱到底是什么呢？内向的激励大师卡耐基曾在自己办公桌上挂了一块牌子，在镜子上也挂了同样的一块牌子，而麦克阿瑟将军在南太平洋指挥盟军时，其办公室墙上也挂了这样一块牌子，这三块牌子上写着相同的座右铭："你有信仰就年轻，疑惑就年老；有自信就年轻，畏惧就年老；有希望就年轻，绝望就年老；岁月使你皮肤起皱，但是失去了热忱，就损伤了灵魂。"这几乎是对"热忱"最好的赞美词，当然，这并不是一段单纯而美好的话语，而是迈向成功的必要途径。热忱，是潜藏在内向者心中的强大力量。哪怕遇到一个非常冷漠的人，只要内向者怀着热忱的态度，就一定能融化对方，打动对方。

有一次，一位推销员来拜访拿破仑·希尔，希望他订阅一份《周六晚邮》，推销员满脸沮丧，拿着那份杂志向拿破仑提问："你不会为了帮助我而订阅《周六晚邮》吧，是不是？"拿破仑一口就拒绝了推销员的要求，那位推销员阴沉着脸走了出去。

几个星期之后，另一位推销员来拜访拿破仑，她推销六种杂志，其中有一种就是《周六晚邮》。推销员看了看拿破仑的书桌，发现书桌上已经摆了几本杂志，突然，她忍不住热心地惊呼了起来："哦！我看得出来，你十分喜爱阅读书籍和各种杂志。"拿破仑放下了手中的稿子，点点头。推销员走到书架前，从书架上取出了一本爱默生的论文集，她开口谈论起爱默生那篇“论稿酬”的文章，不一会儿，拿破仑也加入其中讨论。然后，推销员将他们的话题转移到了订阅杂志上，她问拿破仑·希尔：“你定期收到的杂志有哪几种？”拿破仑·希尔回答了自己订阅的杂志名称，推销员脸上露出了笑容，随即摊开了自己的杂志，她开始分析：“我觉得这里的每一种杂志你都需要订阅一份，《周六晚邮》可以让你欣赏到最干净的小说，《美国》杂志可以给你介绍工商界领袖的最新生活动态……像你这种地位的人物，一定要消息灵通，知识渊博，如果不是这样子的话，一定会在自己的工作上表现出来。”拿破仑笑了，问道：“订阅这六种杂志一共需要多少钱？”推销员笑着回答：“多少钱？呀，整个数目还比不上你手中所拿的那一页稿纸的稿费呢！”最后，她离开的时候，带走了拿破仑·希尔订阅六种杂志的订单。

两个推销员同样向拿破仑推销杂志，但为什么那位女推销员最后获得了成功呢？事实上，拿破仑在回忆这件事情的时候，曾这样说：“第一位推销员话中没有以热忱作为后盾，在他脸上充满阴沉而沮丧的神情，他并没有说出任何足以打动我的理由；那位女推销员开始说话，我就从她身上感受到了那股热忱，她通过热忱感染了我，打动了我，促使我不得不订阅那六种杂志。”女推销员通过语言以及行为所传递出来的“热忱”软化了拿破仑的冷面孔，即使拿破仑在之前早已经打定主意不理睬她，但是，最终在热忱的感染与鼓舞下，他心甘情愿地掏钱订阅了杂志。

1.热忱的内向者更受青睐

拿破仑·希尔说：“热忱是一种意识状态，能够鼓舞及激励一个人对手中的工作采取行动。”其实，不仅如此，热忱还具有极强的感染力，不仅仅对怀着热忱的本人产生重大影响，而且，还能有效地感染他人，打动他人。拿破仑是一位崇尚热忱的人，他希望自己能被他人的热忱打动，在评估一个人的时候，他不仅仅考虑其能力，而且，还将考虑他是否热忱。

2.内向者的热忱更容易打动人

试想，一个人若是缺少了热忱，你能打动谁呢？在与人的沟通过程中，不论对方对自己的话题是否感兴趣，内向者都应该满腔热情地和对方

“套近乎”，保持友好的微笑，用自己的热情去打动对方，如此以诚相待，才能使交流得以顺利地进行下去。

内向者心理启示：

大量事实证明，热忱是交际中必不可少的要素，它能融化冰雪，能软化对方的冷面孔，在交往中，热忱是少不了的。所以，内向者不要隐藏自己内心的热忱，而是善于以热忱赢得对方的信任。也许，对方对你的热情一开始并不“感冒”，但是请不要着急，只要你能坚持热情似火，总会打动对方的。

随时为自己加油

大屏幕上一次次的颁奖，令人心动不已，谁都想走一次红地毯，谁都想触碰奖杯的荣誉，人生若是得此殊荣，自然是一种幸运，一种辉煌。但是，如此巨大的荣誉和成功却不是每个人都能得到的。生活中的内向者如此平凡，但是，请不要忘记了为自己加油喝彩。美国的一位心理学家曾说：“不会赞美自己的成功，人就激发不起向上的愿望。”随时为自己加油往往能带给自己欢乐和信心。当内向者的信心增强了，又会鼓励自己获得更大的成就，与此同时，自信心将会进一步增强。

生活中有许多困难与挫折，面对这些困境，内向者总是不由自主地说“我不能……”，在这样一种心理的影响下，他们不敢正视现实中的挑战，对自己缺乏信心，最后导致自己的潜力并没有得到充分的发挥。其实，许多内向者之所以不能取得成功，原因就在于缺乏自信，总是被“我不能”先生左右。所以，不妨试着把“我不能”埋在地下，相信自己，为自己加油鼓劲，用积极乐观的心态来面对一切，这样那些困难与挫折就会迎刃而解。

有一天，贝勒夫人给学生们上了一节特别的课。开始上课了，贝勒夫人首先让学生们在纸上写出自己不能做到的事情，一个10岁的女孩子这样写道："我无法完整地背出太长的课文""我不会骑脚踏车""我不知道怎样才能让别人喜欢我"……虽然她已经写了半张纸，却丝毫没有停下来的意思，仍认真地写着。贝勒夫人也忙着写自己不能做到的事情："我不知道如何让孩子的家长都来""我不知道怎样帮助玛丽提高她对数学的兴趣"，等等。过了10多分钟，许多学生都已经写满了一张纸，有的学生开始打开第二张纸，不过，贝勒夫人及时制止了这一行为："同学们，写完一张就行了，不要再写了。"学生们按照贝勒夫人的指示，把那些写满"不可能做到的事情"的纸对折，然后按顺序来到讲台，把纸放进一个空鞋盒里。

等所有的纸条都放进去以后，贝勒夫人把自己的纸也放了进去。然后，她将盒子盖上，夹在腋下领着学生们走出了教室，路过杂物室的时候，贝勒夫人找了一把铁锹，领着学生们来到了运动场，她挑选了一个最靠边的角落，开始挖坑。10分钟后，坑挖好了，贝勒夫人吩咐学生们将那个鞋盒埋在"墓穴"里，贝勒夫人神情严肃地说："孩子们，现在请你们手拉着手，低下头，我们准备默哀，朋友们，今天我很荣幸能够邀请到你们前来参加'我不能'先生的'葬礼'，'我不能'先生在世的时候，曾经与我们的生命朝夕相处……您的名字几乎每天都要出现在各种场合，当然，这对于我们来说是非常不幸的……我们更希望您的兄弟姊妹'我可以''我愿意''我立即就去做'等能够继承您的事业……愿'我不能'先生安息吧，也祝愿我们每一个人都能够振奋精神，勇往直前！阿门！"

接着，贝勒夫人带着学生们回到了教室，还举办了一个庆祝活动。贝勒夫人用纸剪成了一个墓碑，上面写着"我不能"，中间则写上"安息吧"，下面还标明了日期。贝勒夫人将这个墓碑挂在了教室中，每当有学生无意中说"我不能"的时候，贝勒夫人就会指着这个墓碑，学生们便会想起"我不能"先生已经死了，进而想出解决问题的办法。

永远不要让"不可能"禁锢自己的手脚，对自己要充满信心，随时

为自己加油，勇敢地向前迈一步，坚持到底，那么，“不可能”就变成了“一切皆有可能”。不可否认，为自己加油是找回自信的最佳途径。不断地为自己加油，告诉自己“我一定能行”，通过肯定自己来不断地增强你奋力向前的信心，从而获得成功。

1.为自己加油

无论是生活中还是工作中，内向者都难免会遭遇坎坷、曲折、磨难，这时，他们会感到痛苦、迷茫，但是，这些都不是最可怕的，可怕的是自己先否定了自己，自己摧毁了自己。所以，在这个关键时刻，更需要相信自己，为自己加油，要坚信命运的钥匙永远掌握在自己的手中。

2.我一定能行

摔了跟头，应该立即爬起来，为自己鼓劲，为自己喊声“加油”；当取得一次小成就的时候，应该对自己说“我真棒”；当困难来临的时候，记得给自己打气，对自己说“我一定能行”。那些能为自己加油、喝彩的内向者，他们一定是生活中的强者。

内向者心理启示：

但在现实生活中，有的内向者对自己缺乏信心，他们总是期望得到别人的掌声。对于这样的情况，一位成功者说：“别在乎别人对你的评价，否则，会成为你的包袱，我从不害怕得不到别人的喝彩，因为我会随时为自己鼓掌。”在人生的路途中，内向者要保持思路清晰，随时为自己的壮志加油喝彩！

做更好的自己

劳伦斯·萨默斯曾这样说：“像伟大和自豪的国家在其鼎盛时期一样，它们必须克服一个完全不能掉以轻心的危险因素：它们传统的绝对强势将会导致谨小慎微、追求内部特权及自满，这将使它们不能与时俱进。”如果内向者要征服这个世界，那么，你就要学会不断地完善自己，因为“永远没有最好，只有更好”。人生本来就是一个不断完善和超越自我的过程，你永远不可能做到最好，所以，内向者只求更好。千万不要为自己获得的一点点成绩而沾沾自喜，要记住，人生是永无止境的，你必须努力让自己更好一点。只有你向前努力了，生活才会给予你相同的回报。

年轻时候的富兰克林很自负，有一次，一个工友把富兰克林叫到一旁，大声对他说：“富兰克林，像你这样是不行的！凡事别人与你意见不同的时候，你总是表现出一副强硬而自以为是的样子，你这种态度令人觉得如此难堪，以致别人懒得再听你的意见了。你的朋友们都觉得不同你在一起时比较自在些，你好像无所不知、无所不晓，别人对你无话可讲了，他们都懒得和你谈话，因为他们觉得自己费了力气反而感到不愉快，你以这种态度和别人交往，不虚心听取别人的见解，这样对你自己根本没有好处，这样你从别人那里根本学不到一点儿东西，但是实际上你现在所知道的却很有限。”富兰克林听了工友的斥责，讪讪地说道：“我很惭愧，不过，我也很想有所长进。”“那么，你现在要明白的第一件事就是，你已经太蠢了，现在还是太蠢了！”这个工友说完就离开了。

这番话让富兰克林受到了打击，他猛然醒悟了过来，他开始重新认识自己，与内心作了一次谈话，并提醒自己：“要马上行动起来！”后来，富兰克林逐渐克服了骄傲、自负的不足，成为著名的科学家、政治家和文学家。

骄傲、自负会成为内向者前进路上的绊脚石，没有人在生活达到某一点就表示自己已经满足了，由于他们懂得超越自己，所以，赢得了最后的成功。如果内向者总是觉得已经做到了最好，总是自满自足、不思进取，那么，或许你的人生将从此开始衰落。今天比昨天进步一点点，明天比今天进步一点点，每天向前走几步，一段时间之后，内向者会发现，自己已经取得了惊人的进步。

在美国有位富翁，自我感觉很好，常常觉得自己就是这个世界上做得最好的人。但是，他却得不到别人的尊重，为此，他很苦恼，每天都想着如何才能得到他人的敬仰。一天，富翁在街道上散步，看到旁边有一个衣衫褴褛的乞丐，他心想自己的机会来了。于是，富翁便在乞丐面前的破碗中丢下了一枚金币，可是，乞丐却头也不抬，正忙着捉虱子，富翁感到很生气："你眼睛瞎了吗？没看到我给你的金币？"乞丐还是没有用正眼瞧他，回答说："给不给是你的事，不高兴你可以要回去。"富翁很生气，又丢了十个金币在乞丐的碗中，心想这一次乞丐一定会向自己道歉，却不料，那个乞丐还是不理不睬。

富翁几乎要跳起来了，咆哮道："我给你十个金币，你看清楚，我是有钱人，好歹你也尊重我一下，道个谢你都不会？"乞丐懒洋洋地回答："有钱是你的事，尊不尊重则是我的事，这是强求不来的。"富翁一下子着急了："那么，我将我的一半财产分给你，能不能请你尊重我呢？"乞丐翻着白眼看着他，说："给我一半财产，那我不是和你一样有钱了吗？为什么要我尊重你？"一着急，富翁说道："好，我将所有的财产都给你，这下你愿意尊重我了吗？"乞丐回答道："你将财产都给我，那你就成了乞丐，而我成了富翁，我凭什么要尊重你？"富翁一下子好像明白了什么，他抓住乞丐的手，真诚地说了一句："谢谢你！"乞丐改变了之前的态度，正眼看着他说："不用客气，您请慢走。"

如果你总是表现得很骄傲自负，那么，哪怕对方是一个乞丐，他也会瞧不起你。换句话说，即使对方是一个乞丐，在他身上同样有值得我们学习的地方。自我完善就是一个不断学习的过程，只要我们善于学习，能看到别人的长处，懂得取他人所长补己之短，努力使自己变得更好，那么，总有一天会成为一个成功者。

内向者心理启示：

生活中，我们经常听到这样一句话："尺有所短，寸有所长。"每个内向者都有自己的长处和短处，但只有我们真正地了解自己，才能避己所短，扬己所长。而当我们意识到自己的不足之处的时候，才能产生让自己变得更好的欲望，在不断完善自己的同时，也就是你进步的开始。生活中，如果你取得了一些成就，千万不要沾沾自喜，就觉得自己已经做到最好了，因为永远不可能有最好。我们应该看到自己的不足之处，不断地学习别人的长处，从而完善自己的缺陷，努力使自己变得更好。

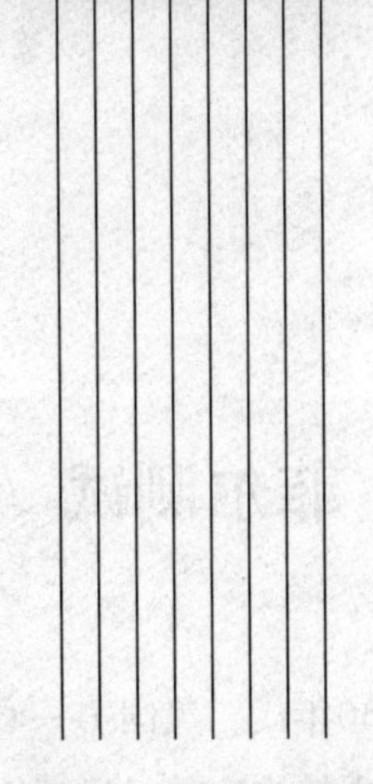

第9章

内向者的性格心理的测试

你是否是一个内向者呢？内向者有哪些性格特征呢？如何判定自己是一个内向者呢？在本章将为你呈现一系列的性格测试，当你感到放松、没有压力时来做这个性格内向者自我评估问卷。

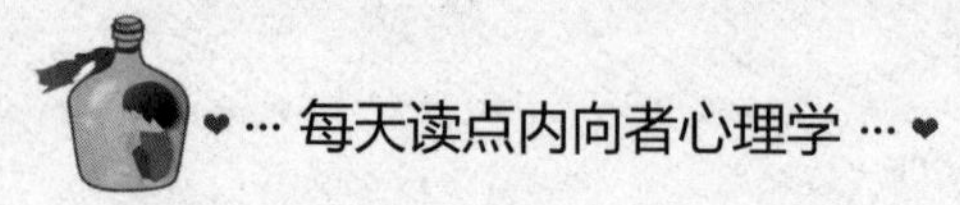

菲尔测试

皮克·菲尔生于20世纪50年代，美国第一心灵励志大师，被人们亲切地称为菲尔博士。他倡议并主持推广的气场训练课程，即“每个人都有吸引力运动”，使全世界1600万人从中受益，通过他独特的训练最终找回了自信。

皮克·菲尔曾在哈佛大学、加州大学、华盛顿大学、普林斯顿大学等多所知名学府发表演讲，在电台、电视台开办讲座，并在华盛顿、纽约、旧金山等城市设立了多个气场训练中心，与常青藤盟校建立了紧密的合作关系。菲尔博士有一系列有趣课程和科学实用的训练方法，对人们实现心理上的强大和精神的成功有很大的帮助，对提升许多人的人生境界起到了很大的作用。

这个测试是菲尔博士在著名主持人欧普拉的节目里做的，国际上称为“菲尔人格测试”，这已经成为很多大公司人事部门实际用人的“试金石”。

你可以用笔记录下答案，从而看到一个真实性格的你：

1.你什么时候感觉最好？

A．早晨

B．下午或傍晚

C．夜里

2.你走路时的姿态是什么样的

A．大步地快走

B．小步地快走

C．不快，仰着头面对着世界

D．不快，低着头

E．很慢

3.与人说话时保持什么样的姿态

A．手臂交叠站着

B．双手紧握着

C．一只手或两手放在臀部

D．碰着或推着与自己说话的人

E．手抚摸着自己的耳朵或摸着自己的下巴抑或用手玩弄整理头发

4.坐着休息时，保持什么样的姿态

A．双膝并拢

B．两腿交叉

C．两腿伸直

D．一腿蜷缩在身下

5.遇到喜剧的事情，保持什么样的姿态

A．露出牙齿，放肆地大笑

B．笑着，不过却不大声

C．轻轻地，咯咯地笑

D．害羞地微笑

6.当你去参加一个活动或在社交场合时，你保持什么样的姿态

A．动作比较夸张地入场，希望能引起注意

B．默默地入场，只是在人群中找到自己熟悉的人

C．非常安静地入场，尽可能保持自己不被人注意

7.当你十分认真地工作时，有人打扰，你会有什么样的反应

A．比较有兴趣，欢迎他

B．感到十分生气

C．在上述两种情绪之间

8.你最喜欢下面哪一种颜色

A．红色或橘色

B．黑色

C．黄色或浅蓝色

D．绿色

E．深蓝色或紫色

F．白色

G．棕色或灰色

9.快要睡觉了，你在床上保持什么样的姿势

A．仰着躺在床上，伸直身子

B．俯卧床上，伸直身子

C．侧卧，微微蜷曲着身子

D．头睡在一只手臂上

E．头用被子盖着

10.下面哪些场景会经常出现在你的梦境

A．落下

B．打架或挣扎

C．寻找东西或人

D．飞或漂浮

E．你平时不做梦

F．你的梦都是令人高兴的

菲尔测试得分标准：

1. A2 B4 C6　　2. A6 B4 C7 D2 E1

3. A4 B2 C5 D7 E6　　4. A4 B6 C2 D1

5. A6 B4 C3 D5　　6. A6 B4 C2

7. A6 B2 C4　　8. A6 B7 C5 D4 E3 F2 G1

9. A7 B6 C4 D2 E1　　10. A4 B2 C3 D5 E6 F1

通过上述十项测试后，再将所有分数相加：

60分以上：傲慢的孤独者

在他人看来对你应该谨慎对待，在他人眼里，你是骄傲的，总是以自我为中心，是一个极端有控制欲、统治欲的人。在他人看来，你是值得敬

佩的对象，希望能从你身上多学到一些东西，不过却不会选择相信你，他们会犹豫着是否与你进行更深一步的交流。事实上，在你自己看来，却认为这个世界就是周而复始，不会以任何意志改变。

51~60分：极富吸引力的冒险家

在他人看来，你是一个令人兴奋、非常活跃、容易冲动的个性；你就好像一个天生的领袖，作决定很果断，不会犹犹豫豫，尽管每一次决定并不总是对的。你给别人的印象是勇敢和冒险的，愿意去尝试任何事情，哪怕会遭遇失败。因为总是愿意去冒险，所以有时会抓住好机会。由于你身上所散发出的极富冒险的刺激感，吸引他们愿意追随你。

41~50分：平衡的中庸者

你给他人的印象是活力四射、有魅力、好玩、讲究实际、非常有趣、极富新鲜感。尽管你是一个群众注意力的焦点，不过你是一个足够平衡的中庸者，不至于因此而昏了头。因为你看起来很和蔼亲切、体贴、容易理解他人，一个永远会令人高兴起来且会帮助别人的人。

31~40分：自我保护者

在他人看来，你是一个智慧、谨慎、注重实效的人，同时认为你是一个聪明伶俐、极具天赋且十分谦虚的人。在生活中，你不会快速、轻易与他人成为朋友，不过一旦成为朋友，就会对朋友十分忠诚，而且要求朋友对你有同等的回报。若有人想要动摇你对谁的信任是比较困难的，不过一旦你失去对某人的信任，你会感到非常难过。

21~30分：缺乏信心的人

你给别人的印象是勤劳刻苦、过分追求完美、严谨、缓慢而稳定辛勤工作的人。你从来不会做没有准备的事情，或者说冲动的事情，假如你真这样做了，你会令他们大吃一惊。有时你会考虑再三依然决定不去做，而你之所以这样做是由于谨慎的性格引起的。

21分以下：内向的悲观者

在他人看来，你是一个羞怯、神经质、犹豫不决、需要人照顾、永远需要别人来为你作决定的人。你似乎总是生活在自己的世界里，不想与任何事情或任何人有关，你总是在杞人忧天，你好像永远看不到存在的问题。你给人的感觉很乏味，而那些理解你的人知道你内心并非如此。

内向者心理启示：

性格可以看成人的一种惯性行为，心理学认为，性格的形成是由多方面因素决定的，最关键的因素有遗传因素、社会文化、家庭环境、学习等。所谓“江山易改，本性难移”，可见性格有相当的稳定性。不过，性格并非一成不变，童年时期因环境压抑而性格内向的人，长大后会因得志可能转为外向；犯罪的人洗心革面后可能变成善良守法的好人，这些都是生活中不胜枚举的现象。

内外向性格测试

你知道自己的性格吗？外向型通常表现为活泼、开朗、灵活；内向型表现为文静、喜欢思考、细致。两种性格类型都有其优点和缺点，互相补充。下面有50道题，可以根据自己的实际情况，作出“是”“否”或者“不确定”的回答。通过本测试题可以初步判断你的内外向性格。

题号为偶数的题目，答案“否”计2分，答案“不确定”计1分，答案“是”计0分。

2.你读书比较缓慢，致力于完全读懂。

4.你常常分析自己，研究自己的内心。

6.你在人多的场合总是尽量不引起别人的注意。

8.你对人总是很谨慎。

10.你害怕在人多的场合发表讲话。

12.你经常会怀疑别人。

14.你渴望过平静、轻松简单的生活。

16.你常常会一个人胡思乱想。

18.你经常回忆自己过去的生活。

20.你总是思考之后再行动。

22.你不喜欢自己在工作时有人来打扰。

24.你总是一个人思考问题。

26.你从不轻易相信陌生人。

28.你不善于结识新朋友。

30.平时过马路很注意交通安全。

32.你经常会感到很自卑。

34.你很在意别人对你有什么看法。

36.你喜欢一个人宅在家里休息。

38.看到家里很乱，你就静不下心来。

40.如果旁边有人说话，你总没办法安静下来学习。

42.你是一个沉默寡言的人。

44.如果要求你与陌生人交流，你感到十分为难。

46.你总是为遭遇的失败耿耿于怀。

48.你很关注同事们的工作状况。

50.你在选择东西时总是犹豫不决。

题号为奇数的题目，答案“是”计2分，答案“不确定”计1分，答案“否”计0分。

1.即便对方与你意见不同，也可以与之和谐相处。

3.虽然你做事速度比较快，不过却马虎了事。

5.生气时，你总是毫不掩饰地将怒气发泄出来。

7.你没有写日记的习惯。

9.你是一个不拘小节的人。

11.你可以做好领导者的工作。

13.若你受到表扬将会更加努力工作。

15.你从来不会想到未来的事情。

17.你喜欢经常换工作。

19.你很喜欢参加集体活动。

21.你在花钱时从来不精打细算。

23.你总是以乐观的态度对待生活。

25.你不惧怕麻烦的事情。

27.你从来不按计划办事。

29.你的想法经常会发生变化。

31.有什么话，你总是忍不住想要一吐为快。

33.你不是太过注意自己的衣服是否干净。

35.与人交流，你经常是话多的那位。

37.你的情绪很容易出现波动。

39.遇到不明白的问题你就去请教别人。

41.你的口头表达能力还可以。

43.你适应新环境的能力较强。

45.你经常会过高估计自己的能力。

47.你觉得认真做事比较重要。

49.相对于安静地看书看电影，你更喜欢热闹的活动。

最后将各道题的分数相加，其和即为你的性向指数。性向指数在0~100之间，而通过性向指数的数值可以了解一个人内倾或外倾的程度。

0~19 内向

20~39 偏内向

40~59 中间型（混合型）

60~79偏外向

80~100外向

结果分析：

内向：内向者具有较高的感受性和较低的敏感性，他们的心理速度比较缓慢，动作迟钝，说话慢吞吞。性格方面，容易多愁善感，容易情绪化，不过表现微弱而持久。平时不善于与人交往，遭遇挫折容易优柔寡

断，在危险面前表现出恐惧和畏缩，在遭受困难之后经常会感到不安，不能快速地将注意力转移到别处，主动性较差。内向者无法将事情坚持到底，喜欢想象，比较聪明，对自己能做的事情表现出较大的持久性，而且可以克服一切困难。

偏内向：偏内向者不轻易动情感，情绪不外露，态度比较稳重，交际适度，可以控制自己的行为。这样的人心理反应比较缓慢，遇事冷静不慌张。在平时生活中，他们比较灵活，做事有条理，可以长时间冷静地工作。不过，缺乏可塑性，由于因循守旧、缺乏创新精神，性格通常表现为内向，对外界的影响较少作出反应。

偏外向：偏外向者会对所有一切吸引自己注意的东西，作出主动的、积极的反应。他们行动比较快捷，有较强的适应环境能力，善于结识新朋友，容易动感情、性格活泼、表情生动，言语极具表达力和感染力。在平时生活中，总保持精力充沛的样子，不过在持久的工作中，激情容易消退，时而表现出萎靡不振的状态。

外向：外向者具有较高的反应性和主动性，脾气暴躁、不稳重、喜欢挑衅，不过态度直率、精力旺盛，可以对工作投入极大的热情，并克服前进道路上的重重困难，只是有时会表现出缺乏耐心的样子。不过，当遭遇的挫折和困难太大，他们容易心灰意冷且意志消沉，可塑性较差，不过兴趣比较稳定。

内向者心理启示：

在这个世界上，每个人都是独一无二的。这种独特性不但表现在个人的基因是绝不相同，也表现在每个人都具有不同的个性。但是，这些形形色色的个性也有相似的地方。著名心理学家荣格根据人的心态是主观内部世界还是客观外在世界，将人分为两种类型：内向与外向。这即是最常见的性格分类法，称为“性向”，就是“性格的指向”。

性格类型测试

从心理学角度来说，性格是人稳定个性的心理特征，它表现在人对待现实的态度和行为方式上，不同的态度和行为方式的结合构成了人区别他人的独特性格。对此，我们可以发现，性格的形成有着多方面的因素，比如，遗传因素、家庭因素、生理因素等。事实上，性格有多种类型，下面我们就根据测试得出你属于哪种性格类型。

阅读以下40道题目，将符合自己情况的命题标出。需要注意的是，不要在一个问题上拖延太长时间，根据自己的第一反应或第一印象作出判断，不符合个人情况的命题则不需要标出。

S-1．人们说我十分友好。

M-2．虽然我只有几个朋友，但我们的关系十分密切。

C-3．我是天生的领袖。

P-4．我节约，从来不乱花钱。

S-5．我懂得享受生活。

M-6．我喜欢每一个细节都是完美的。

M-7．我情绪易波动，经常是早上醒来不知道会是何种情绪。

M-8．我喜欢批评生活中的人和事。

C-9．我容易愤怒。

P-10．我作决定时总是犹豫不决。

P-11.我很少会因为事情而感到愤怒和不安。

S-12．一群人聚会，我喜欢讲一些生动的故事。

S-13.有人说我这个人不靠谱。

M-14.我很会控制自己的行为。

C-15.有人说我冷漠。

C–16.我很果断。

P–17.我非常幽默。

P–18.我喜欢无所事事。

S–19．我不是很有纪律性。

P–20.我更喜欢旁观看待事情。

C–21.我不容易原谅别人。

C–22.我在短时间内可以做很多事情。

S–23.场合中只要有我就会很热闹。

M–24.我容易陷入悲观和抑郁情绪中。

P–25.我做任何事情都不太主动。

P–26.我非常有耐心。

S–27.我喜欢说话。

M–28.我不喜欢大聚会，只喜欢与几个好朋友一起。

S–29.我非常热情。

C–30.有人说我是一个十分勇敢的冒险者。

C–31.我对事情有详细的看法。

P–32.我喜欢睡觉。

C–33.我喜欢掌控事情。

M–34.我不擅长交朋友。

M–35.我十分喜欢艺术。

S–36.我爱所有人。

C–37.我十分自信。

M–38．我经常觉得别人不喜欢我。

S–39.我花钱很大方。

P–40.我经常感到很累。

结果分析：

M（忧郁型或完美型）

M型的人喜欢深思，他们喜欢自己支配时间，需要宁静；他们十分重感情，其情绪可能达到快乐的顶峰，也可能跌落到失望的低谷。在生活中，他们喜欢用大量的时间来思考问题；他们喜欢交际，却总是默默无闻，不希望引起别人的注意，他们更希望别人主动找他们攀谈。

优势：这种类型的人有着较强的洞察力，敏感而尽责，具备较好的交流技巧，善于结交新朋友。他们的工作方式可以被描述为精准、细心、善于分析、组织良好而自律。他们富有自我牺牲精神，安静而谨慎，通常在艺术、诗歌和音乐方面有较高的天赋。

劣势：他们情绪容易波动，经常处于沮丧状态，由于其绝望态度，不愿意参与以及追求完美，容易将自己独立起来。他们有自我牺牲的特点，平时不愿意拒绝他人，容易屈从，从而容易被人驱使。这样的人对新鲜的人和环境会充满质疑，由于他们曾经有很多失败的经历，可能被人们当作不愿意交往的群体对待。

P（冷静型或平和型）

这种类型的人有镇定、沉着的特点，因此常常被看作没有感情的人。他们理解和处理事情的方法如解题一般，他们愉快而放松，面对任何事情总是坦然一笑，所奉行的口头禅：“不要担心，快乐行事。”

优势：这样的人大多沉着老练，实际而靠谱，内心坚韧，非常幽默风趣。他们擅长发现生活中的快乐，即便别人感觉不是有趣的事情，在他们看来也比较有趣。他们容易与各种类型的人建立关系，是良好的外交家人选，一旦发生了矛盾，他们就是最好的协调者。

劣势：这样的人缺乏动机，比较懒惰。他们在作决定时容易犹豫不决，有时表现为若无其事，好像他们对人和事情都不关心、冷淡，这时他们宁愿看大量的电视节目。遇到事情时他们宁愿旁观也不参与。

S（乐天型或活泼型）

这种类型的人愉快、自信、乐观积极，他们高兴时喜欢唱歌，就连写字时也喜欢用“感叹号”以表示自己兴奋的情绪，称呼身边的人喜欢用绰号，被人们当作“活宝”。他们善于结交朋友，似乎每个人都可以成为他的朋友。

优势：这种类型的人可以带给身边人希望和快乐，给予对方很大的尊

重，因而受到人们的欣赏。他们的乐观精神和满怀希望且充满点子，富于创造性，使得他们容易战胜困难。在生活中，他们拥有一大群朋友，他们擅长自我推销，可以说服任何人和任何事。

劣势：这种类型的人缺乏纪律，不善组织，往往夸大其词，经常导致言不属实；喜欢夸夸其谈，喜欢打乱别人，高声发表自己的看法。他们常常失去重点和原计划要做的事情，由于热衷于表现，强烈希望自己成为人群的中心，却被别人当作浅薄而过分自我的人。

C（急躁性格）

这种性格的人容易生气，却又非常干练、非常有纪律。他们具有较高的动机，做事主动，工作刻苦，不管是在平时还是在艰苦条件下都可以坚持不懈，他们经常将那些计划付诸实践。

优势：这种类型的人决断、自信、不畏困难、充满勇气，有较强的能力，他们是天生的领导者。他们很会设计出多元性的项目，他们可信而有责任感，从来不拖延时间，表现出力量和持久的恒心，愿意吃苦。

劣势：这种类型的人容易激动，喜欢生气，他们会快速地由冷淡变得火爆，在生活中他们是挑剔和霸道的。面对压力，他们常常顾不了别人且盛气凌人。他们喜欢讽刺他人，生活中因目标过于明确而不利于他们的交往关系。他们喜欢利用别人来达到自己的目的，他们的生活态度积极却又急于求成，常常不顾自己的情感。

你是否存在恐惧心理

恐惧，是一种常见的心理反应，表现为焦虑、紧张、语速过快，逻辑思维进入抑制状态。恐惧心理，即人类对未知环境或者未能预料事情的条件反射。比如，有些内向的男孩子在追求女孩子时，因害怕被拒绝而产生的恐惧，有些人在迷路时产生的恐惧，这些都是人体大脑神经产生的保护性条件反射。

即便是一个普通人在看恐怖电影时，因大脑会受到刺激，也会促使人们产生恐惧。恐惧感是人们内心的一种反应，长时间的恐惧会危害人们的身体和心理健康。那么，你目前的心理是否存在恐惧呢？你的恐惧指数有多少呢？你可以通过下面的测试来判断自己是否存在恐惧心理。

1.童年时期，你对父母感到害怕吗？

A．对父母双方或其中一人感到害怕

B．有时

C．我不记得对父母感到恐惧

2.你经常会感到无奈吗？

A．偶尔，当遭遇困难和挫折时，我感到很无奈

B．每当遇到麻烦事情时，我都感到自己无能为力

C．在处理问题时，我从来不会感到无奈

3.你害怕丢掉自己的工作吗？

A．我从来没有担心过

B．有时会担心

C．我经常会担心丢了工作

4.你常常在意别人对你的印象吗？

A．有时会这样

B．我经常在意别人是怎么看我的

C．别人对我的看法，我完全不关心

5.对那种有威慑力的人，你会

A．经常会感到恐惧与苦恼

B．不惧怕任何人

C．尽量不和这样的人打交道

6.看见猫、兔子等无害动物，你会

A．感到害怕

B．感到惴惴不安

C．从来不害怕这些小动物

7.你害怕会失去自己爱的人吗?

A．是的，我经常担心

B．偶尔我会担心

C．我对我们的感情充满信心

8.你会担心自己的健康吗?

A．我总是觉得自己患了重病

B．有时发现身体有问题，会担心自己的健康问题

C．我从不为自己的健康而担心

9.你害怕作决定吗?

A．从来不担心出错

B．偶尔会感到不安

C．作任何决定都会使自己感到痛苦

10.你害怕负责任吗?

A．我做任何事情都不想承担责任

B．假如需要我负责任，那我一定会负责到底

C．我应主动承担应有的责任

计分标准

1.A1 B2 C3

2.A2 B1 C3

3.A3 B2 C1

4.A2 B1 C3

5.A1 B3 C2

6.A1 B2 C3

7.A1 B2 C3

8.A1 B2 C3

9.A3 B2 C1

10.A1 B2 C3

20~30分：无所畏惧

你的心理非常健康，在生活中，你总是那么自信、豁达、乐观，不管是对生活、工作，还是爱情，你都满怀信心。一旦你坚定的事情，总会保持一往无前的态度，无所畏惧。你相信自己一定可以做出一番事业来，生活也会非常幸福美满。

15~24分：有时会有恐惧感

尽管你内心不存在明显的恐惧感，不过已经有某些恐惧的症状。你的恐惧心理是偶尔的，不是经常性的，它出现在你不经意间，就觉得对某些对自己有威慑力的人或物感到恐惧。这时为了防患于未然，你可以求助于他人或进行自我治疗，积极调整心理，尽快清除内心的恐惧感。

10~14分：严重恐惧症

你可能做过一些自己不满意或不合常理的事情，因此产生某种程度的自卑感，从此做事总害怕失败。在你身上，常见的恐惧症显现为恐高症、恐水症、恐兽症、幽闭症等，表现为对某一种东西产生强烈的、病态的恐惧。不过，你没有必要为自己有某种恐惧而担心，大部分人会承认自己有病态恐惧心理，只是程度轻重不同而已。

如果你患了严重恐惧症，可以先分析一下自己产生某种恐惧的主要原因，假如是某件事引起你的恐惧，你就可以将当时的事情回忆一遍，从头到尾仔细分析，然后再回想一遍，接着，第三遍，第四遍……这时由于你重复置身于恐惧环境中，慢慢地，你对其环境就不会感到恐惧了。如果这个方法没有效果，则可以向心理专家求助。

测试你的情绪类型

曾经，有一篇科学报告中说了这样一段话：“一个人在生气时的分泌物可以毒死一只老鼠；如果一个人生气5分钟，所消耗的体能不亚于跑2

公里所消耗的体能。”对此，许多科学家得出了这样的结论：“一个人在很大程度上并不是老死的，而是被气死的。”由此可见，对于我们来说，拥有健康的心理是非常重要的，愉悦的情绪，温和的脾气都是良好心理素质的必备条件，这样，在任何时候，我们都处于泰然自若，平静如水的境地，而这正是高情商的标志。或许，你很想知道自己属于哪种情绪类型，那么，不妨来做做哈佛大学的情商测试。

如果你很想知道自己到底属于哪种情绪类型，就先做一做下面的测试题吧。（注：每道题都有3个选项，所选择的答案分数在小括号里）

1.假如让你选择，你更喜欢：

A.与许多人一起工作，并进行亲密接触（3）

B.和一些人一起工作（2）

C.独自工作（1）

2.当为解闷而读书时，你会喜欢：

A.史书、秘闻、传记类（1）

B.历史小说、“社会问题”小说（2）

C.科幻小说、荒诞小说（3）

3.对恐怖电影反应如何？

A.不能忍受（1）　B.害怕（3）　C.很喜欢（2）

4.以下哪种情况与你相符

A.很少关心他人的事（1）

B.关心熟人的生活（2）

C.爱听新闻，关心别人的生活细节（3）

5.到外地时，你会：

A.为亲戚们的平安感到高兴（1）

B.陶醉于自然风光（3）

C.希望去更多的地方（2）

6.你看电视剧时会哭或感动得哭吗？

A.经常（3）　B.有时（2）　C.从不（1）

7.路上遇见朋友时，通常是：

A.点头问好（1）

B.微笑、握手和问候（2）

C.拥抱他们（3）

8.假如在飞机上有个烦人的陌生人要你听他讲自己的经历，你会怎样？

A.显示你颇有同感（2）

B.真的很感兴趣（3）

C.打断他，做自己的事（1）

9.你想过给报纸的问题专栏写稿吗？

A.绝对没想过（1）

B.有可能想过（2）

C.想过（3）

10.当别人问你的个人隐私时，你会怎样？

A.感到不快活和气愤，拒绝回答（3）

B.平静地说出你认为合适的话（1）

C.虽然不快，但还是回答（2）

11.在咖啡店要了杯咖啡，这时发现邻座有一位姑娘在哭泣，你会怎样？

A.想说些安慰话，但却羞于启口（2）

B.问她是否需要帮助（3）

C.换个座位远离她（1）

12.在朋友家聚餐之后，朋友和其爱人吵了起来，你会怎么做？

A.觉得不快，但无能为力（2）

B.马上离开（1）

C.尽力为他们排解（3）

13.送礼物给朋友

A.仅仅在新年和生日（1）

B.全凭兴趣（3）

C.在觉得有愧或忽视他们的时候（2）

14.刚认识的一个人对你说了些恭维话，你会怎么样？

A.感到窘迫（2）

B.谨慎地观察对方（1）

C.非常喜欢听，并开始喜欢对方（3）

15.假如你因家事不快，上班时你会：

A.继续不快，并显露出来（3）

B.工作起来，把烦恼丢在一边（1）

C.尽量理智，但仍因压不住而发脾气（2）

16.生活中的一个重要关系破裂了，你会：

A.感到伤心，但尽可能正常生活（2）

B.至少在短暂时间内感到痛心（3）

C.无可奈何地摆脱忧伤之情（1）

17.一只迷路的小狗闯进你家，你会：

A.收养并照顾它（3）

B.扔出去（1）

C.想给它找个主人，找不到就让它安乐死（2）

18.对于信件或纪念品，你会：

A.刚收到时便无情地扔掉（1）

B.保存多年（3）

C.两年清理一次（2）

19.你会因内疚或痛苦而后悔吗？

A.是的，一直很久（3）　　B.偶尔后悔（2）　　C.从不后悔（1）

20.与一个很羞怯或紧张的人说话时，你会：

A.因此感到不安（2）

B.觉得逗他讲话很有趣（3）

C.有点生气（1）

21.你喜欢什么样的孩子？

A.很小的时候，而且有点可怜巴巴（3）

B.长大了的时候（1）

C.能同你谈话的时候，并且形成了自己的个性（2）

22.爱人抱怨你花在工作上的时间太多了，你会怎样？

A.解释说这是为了两人的共同利益，然后仍像以前那样（1）

B.试图把时间更多地花在家庭上（3）

C.对两方面的要求感到矛盾，并试图使两方面都令人满意（2）

23.在一场非常精彩的演出结束后，你会：

A.用力鼓掌（3）

B.勉强鼓掌（1）

C.加入鼓掌，但觉得很不自在（2）

24.当拿到母校出的一份刊物时，你会：

A.通读一遍就扔掉（2）

B.仔细阅读，并保存起来（3）

C.不看就扔进垃圾桶（1）

25.看到路对面有一个以前的朋友时，你会：

A.走开（1）

B.走过去问好（3）

C.招手，如对方没反应便走开（2）

26.知道一位朋友误解了你的行为，并且正在生你的气，你会怎样？

A.尽快联系，作出解释（3）

B.等朋友自己清醒过来（1）

C.等待一个好时机再联系，但对误解的事不作解释（2）

27.你怎样对待不喜欢的礼物？

A.立即扔掉（1）

B.热情地保存起来（3）

C.藏起来，仅在赠者来访时才摆出来（2）

28.对示威游行，爱国主义行动，宗教仪式的态度如何？

A.冷淡（1）

B.感动得流泪（3）

C.使你窘迫（2）

29.你有没有毫无理由地感到过害怕?

A.经常（3） B.偶尔（2） C.从不（1）

30.你属于下面哪种情形?

A.十分留心自己的感情（2）

B.总是凭感情办事（3）

C.感情没什么要紧，结局才最重要（1）

结果分析：

30~50分：你的情绪类型是理智型，你有较强的自制力，缺点是对别人的情绪缺少反应，建议放松一下自己。

51~69分：你的情绪类型是情绪型，有时候会感情用事，有时又十分理性，一般很少与人争吵，爱惜生活，生活得愉快、舒心。

70~90分：你的情绪类型是冲动型，很重感情，会意气用事，建议你以后遇事镇定一些。

测试你的忧郁指数

美国新一代心理治疗专家、宾夕法尼亚大学的David D.Burns博士曾设计出一套忧郁症的自我诊断表“伯恩斯忧郁症清单（BDC）”，这个自我诊断表可帮助你快速诊断出你是否存在抑郁症，且省去你不少用于诊断的费用。

请在符合你情绪的项上打分：没有 0　轻度 1　中度 2　严重 3

1．悲伤：你是否一直感到伤心或悲哀?

2．泄气：你是否感到前途渺茫?

3. 缺乏自尊：你是否觉得自己没有价值或自以为是一个失败者？

4. 自卑：你是否觉得力不从心或自叹比不上别人？

5. 内疚：你是否对任何事都自责？

6. 犹豫：你是否在作决定时犹豫不决？

7. 焦躁不安：这段时间你是否一直处于愤怒和不满状态？

8. 对生活丧失兴趣：你对事业、家庭、爱好或朋友是否丧失了兴趣？

9. 丧失动机：你是否感到一蹶不振做事情毫无动力？

10. 自我印象可怜：你是否以为自己已衰老或失去魅力？

11. 食欲变化：你是否感到食欲不振？或情不自禁的暴饮暴食？

12. 睡眠变化：你是否患有失眠症？或整天感到体力不支，昏昏欲睡？

13. 丧失性欲：你是否丧失了对性的兴趣？

14. 臆想症：你是否经常担心自己的健康？

15. 自杀冲动：你是否认为生存没有价值或生不如死？

总分：测试完之后，请算出您的总分并评出你的忧郁程度。

抑郁自测答案：

0~4分　没有忧郁症

5~10分　偶尔有忧郁情绪

11~20分　有轻度忧郁症

21~30分　有中度忧郁症

31~45分　有严重忧郁症并需要立即治疗

如果你通过BDC忧郁症清单测试表测出你患有中度或严重的忧郁症，我们建议你赶紧去接受专业帮助，因为当你需要援助而没有及时地寻求援助时，你可能被你的问题击毁。

下篇

激发内向者的心理潜能

内向者摆脱抑郁的心理策略

内向者更容易得抑郁症？内向者不喜欢向别人吐露自己的真实情感，心里有什么事情总是隐藏在内心深处，即便是面对最亲近的人，他们也会三缄其口，时间久了就容易患上抑郁症。对此，内向者需要走出心灵陷阱，努力摆脱抑郁的心灵捆绑。

当心被抑郁吞噬

有个内向者堪称是焦虑和恐惧的典型人物，据说，他已经囤积了数吨粮食，以防天灾。有人好奇地问："如果是发生旱灾，水比粮食更重要。"他却微笑着说："没事，家里已经挖了好几口井了。"旁人大惊，后来，听说他不囤积粮食了，可是，理由却是十分牵强的，他这样告诉所有的人："我听见许多人都在说，如果发生天灾了，大家就会来抢我的粮食，我想告诉大家的是，现在我已经不囤积粮食了。"看到这里，每个人都会忍不住微笑，这个内向者的焦虑心理和恐惧心理简直达到了极致。虽然，我们常说"防患于未然"，但是，对未来过分地焦虑与恐惧，则成为一种心理负担，这样导致的结果就是，以后的每一天内向者都将在担惊受怕中度过。

内向者越来越焦虑，在内心里隐藏着一种恐惧，既担心自己的生存状况，又惧怕生老病死，渐渐滑入抑郁症的泥潭。长此以往，原本健康的身体被心理折磨得奄奄一息，心理不健康是导致身体不健康的主要因素。比如，内向者感到身体不舒服，就总是怀疑自己生了病，整天陷入恐慌之中。其实，很多时候，这些只是小病或者根本就没有疾病，而是源于内心的焦虑和恐惧。当然，心病还得心药医，内向者不要猜疑自己的健康，保持健康的心理，心病自然就消除了，让那些焦虑和恐惧在阳光下消失吧！

内向的吉姆是一位年轻的汽车销售经理，他的前途充满了无限希望。但是，吉姆的情绪却非常绝望，意志消沉，他觉得自己要死了。甚至，他开始为自己挑选墓地，为自己的葬礼做好了一切准备工作。其实，吉姆的身体只是出了一点儿小问题，有时候会呼吸急促，心跳很快，喉咙梗塞，医生规劝他："你只需要坦然处理生活，退出自己热爱的汽车销售行业就行了。"

吉姆在家里休息了一阵子，但是，他还是充满焦虑和恐惧，于是，他的呼吸变得更加急促，心也跳得更快，喉咙依然梗塞。这时，医生劝他到外面去透透气，吉姆照做了，但依然无法消除内心的焦虑和恐惧。一周过去了，吉姆回到家里，他感觉死神快降临了。朋友告诉吉姆："赶快打消你的猜疑！如果你到明尼苏达州罗切斯特市的梅欧兄弟诊所，你就可以彻底地弄清病情，而不会失去什么，赶快，立即行动！"吉姆听从了朋友的建议来到了罗切斯特，实际上，吉姆担心自己会在路途中突然死亡。

在梅欧诊所，医生给吉姆做了全面检查，医生告诉吉姆："你的症结是吸进了过多的氧气。"吉姆先是一愣，然后大笑了起来："那真是太愚蠢了，我怎样对付这种情况呢？"医生说："当你感觉呼吸困难、心跳加速的时候，你可以向一个袋子呼气，或者暂时屏住气息。"医生递给吉姆一个纸袋，吉姆照做了，结果，他发现自己的心跳和呼吸都变得很正常，喉咙也不再梗塞了。当他离开诊所的时候，他已经变得容光焕发，原来这一切的症结都是因为内心的焦虑和恐惧。

长期的焦虑和恐惧会让内向者变得抑郁，甚至相信某个想象中的事情有朝一日会变成现实，然而，就是在这样的消极状态下，那些预感中会发生的事情还是发生了，到最后，内向者的焦虑和恐惧越来越严重，以至于身体真的出现了疾病。心理不健康，诸如焦虑或恐惧，会导致内向者的身体不健康。所以，内向者应该远离焦虑与恐惧，保持身心健康。

1.正确认识抑郁情绪

内向者应该认识到抑郁情绪是心理方面的危机，应及时解决。若不及时解决，这些抑郁情绪就会给生活和工作带来极大的危害，影响自身的工作效率和生活质量，使自己饱受其苦。比如，有的内向者因工作能力受损而只能在家里休息，有的内向者对生活失去信心而变得绝望，甚至产生自杀念头。假如内向者及时了解自己的心理问题，进行适时的治疗，那么抑郁情绪是可以减轻的。

2.减少工作任务

抑郁症对于内向者而言，不但是痛苦的，同时也是有益的，因为抑郁

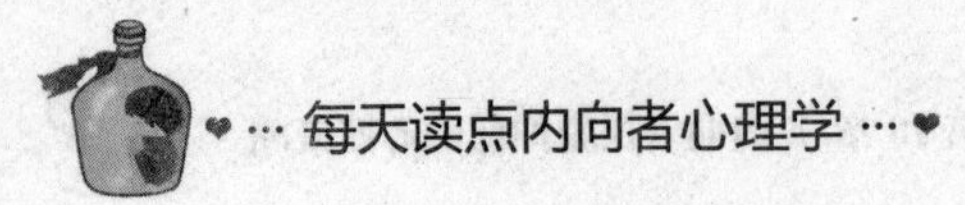

症起到了某种程度的保护作用。一旦抑郁症严重到无法工作的时候，内向者是否可以反思“你必须减少自己的工作量”，或者说“大脑停止思考一些东西”，否则，庞大的工作量以及繁杂的思考会使内向者滑入抑郁的泥潭。

3.避免焦虑和恐惧

焦虑和恐惧给内向者生活所造成的影响是不容忽视的，焦虑毫无益处，只会危害自己的生活和事业，而且，还会危害自己的健康。对于内向者而言，与其花费大量的精力和心思去烦恼和恐惧一些事情，不如好好经营自己的生活，把精力和心思转移到生活上来，这样，自然而然就摆脱了焦虑和恐惧，从而获得一种轻松而美好的生活。

内向者心理启示：

抑郁症是内向者身上普遍存在的心理疾病，它源于工作压力、人际关系、经济问题、孤独以及交通阻塞。每天，内向者都饱受着生活压力的困扰，可能或多或少都有焦虑恐惧的经历，然而，可能内向者都没有意识到，长期的焦虑会引发抑郁症，这是一种病态的心理，不仅会给自身的健康带来损害，还会感染到身边的人。所以，以积极乐观的心态面对生活，让抑郁症都消失在阳光下吧！

避免压抑情绪，懂得接纳和调整自己

张太太曾受过刺激，性格比较内向，不爱发脾气，什么事情都愿意忍耐。即使与家人发生了矛盾也一声不吭，总是一个人默默承受。但是，张太太如此坚强的意志不仅不能帮自己渡过难关，反而使自己身体上的疾病越来越多，刚开始是右腹出现不适，随后就出现了失眠、消化不良等一系列症状。其实，许多人长期面对压力，而找不到“泄洪”的出口，只能自己生闷气，结果就闷出病来。对此，心理专家建议，如果性格内向的人出现了心理问题，需要及时找心理医生治疗心病，否则一些心身疾病就会不

请自来。

比较内向的王女士在一家外企公司工作，经过几年的打拼，她现在担任了公司的重要职务。可是，前不久，公司部门来了一位年轻的同事小娜，小娜浑身洋溢着活力和干劲，并在很短的时间内就得到了公司上下的肯定。王女士逐渐感觉到小娜的到来对自己造成了严重威胁，似乎老板总是有意或无意地在王女士面前提到小娜的能力，这让王女士的心情一度低落，同时，还憋了一肚子闷气。在这种情绪状态下，王女士整天不能全身心投入工作，有时候，由于心里焦虑过度，还会在工作中犯些小错误。

或许，是因为工作上的不顺心，没想到，自己的身体状况也出现了问题。在最近的一段时间里，王女士总感觉到自己的右侧乳房胀痛，前两天用手一摸还有肿块。在医院，医生为王女士做了相关检查，经过检查得知，原来自己患了乳腺小叶增生。王女士感到十分苦闷，那些不顺心的事情总是找上门。无奈之下，王女士向主治医生倾诉了自己的烦恼，没想到，医生只是奉劝一句："首先，你莫要生闷气，这样对你的疾病才会有帮助。"

王女士百思不得其解，这病怎么会跟生气有关呢？医生对此作了详细解释："其实，引起这种疾病的原因很多，但主要和内分泌失调或精神情绪有密切关系，其中，一个重要的因素是情绪不稳定、精神紧张、喜欢生闷气。当你的情绪总是处于怒、愁、忧等不良情绪状态时，就会导致乳腺小叶增生。"王女士明白了，向医生询问："可是，我该怎么办呢？"医生建议："保持心情舒畅、乐观是最好的办法。你要学会自我调节、缓解心理压力，消除各种不良情绪，要学会宣泄，不要将闷气郁积在心里，可以向家人、朋友倾诉，以排解心理压力。"

有时候，内向者根本没有想过身体的疾病会跟心中压抑的情绪有关，事实上，郁积在心中的情绪常常会成为身体疾病的根源。一位内向者这样说："我感觉很孤单，很堕落，心中像压了一大块沉重的石头，压得我快喘不过气来，什么时候才能将这块石头移走，它憋在我心里，憋得我快要疯了。"现代社会竞争激烈，工作和生活压力都非常大，这不仅影响家庭关系、同事关系、朋友关系，如果自己不能妥善处理这些矛盾，那些心中郁积的情绪就会影响正常的生活和工作。

1.不要压抑自己

有一位被大家公认“好脾气”的内向者这样说道：“其实，每次看到令我感觉不好的人和事，我内心都相当地生气，但是，我极力克制自己，不断告诉自己‘要保持自己的形象，千万不要发脾气’，结果，每一次我都忍耐了下来，可是，时间长了，我发现，由于心中闷气的郁积，我的脾气越来越大，一点儿小事就可以让我的情绪变得无比激动，可又不好当面发作，常常是事情过去以后，我就气得砸东西。虽然，我是公认的‘好脾气’，但是，好像我已经陷入了恶劣情绪的旋涡了。”

2.想发脾气就发脾气

现在，一些国外专家研究表明，发脾气比生闷气好。虽然，在大多数人看来，发脾气有损自己的修养和形象，似乎这是一件伤大雅的事情。但是，科学家却对此公布了一项研究结果：当人感到气愤而想发脾气时，如果能够及时宣泄出来，会有利于自己的身体健康。

其实，情绪积压对内向者的身体有极为严重的伤害：一方面，经常生闷气不利于心脏的健康；另一方面，也会影响我们身体的免疫系统的正常运转，从而引起大脑内的激素变化。对此，专家建议，与其闷在那里自己和自己生气，不如宣泄心中的不满情绪，懂得接纳生气的自己，努力调整自己的情绪，这样会更有效地减少外界环境对人所产生的不利影响。

内向者心理启示：

压抑在心里的情绪，就像一朵要盛开的花，却被活生生地在还是花苞时摘下。在生活中，有什么事情，内向者总是喜欢憋在心里，不愿意说，也不愿意闹，把不愉快的事情藏在心里，越积越多，最后，只有等待原子弹爆发的那一天。有人说：“心中藏了太多事情的人，总是痛苦的。”我们通常所说的那些脾气太好的人，很容易憋出病来，可是，当有一天，自己快憋死了，会有人来可怜你吗？善待自己，调整情绪，将心中的情绪发泄出来，这样内向者才有可能回归正常的生活。

向朋友倾诉，疏通不良情绪

对内向者而言，有了烦恼、怒气，若不及时宣泄，必然会变成抑郁症的症结，因此，当自己愤怒，或者闷气郁积时，内向者需要及时地将那些不满的情绪宣泄出去。当然，宣泄情绪的方式有许多种，而向他人倾诉是其中一种行之有效的方式。一个人生活在这个世界，必然构建了一定的人际关系，家人、朋友、老师等都可以成为内向者的倾诉对象。倾诉内心的烦恼，他们会为自己分担一些闷气的愁绪，彻底消除那些闷气的根源。

可是，在现实生活中，许多人面对他人谈论自己的事情却是忌讳莫深，似乎伪装的面具就是坚强，无论自己多么烦恼，多么生气，也不愿向他人袒露，宁愿自己一个人死撑着。直到有一天因为闷气而爆发，朋友才惊讶："原来他心中藏着这么多不为人知的秘密。"为了不让自己陷入抑郁症的泥潭，学会倾诉吧，向自己的知己、好友倾诉，他们会为你分担一些愁绪。

临近凌晨了，李太太家里的电话铃声突然响了起来，李太太拿起电话："喂，你是哪位？"电话里传来了一个妇女的声音："我恨透了我的丈夫。"李太太感到莫名其妙："我想，你打错电话了。"但是，对方似乎没有听见，依然继续说下去："我一天到晚照顾两个孩子，他还以为我在偷懒，有时候我想出去见见朋友，他都不肯，自己却天天晚上出去，跟我说有应酬，鬼才会相信呢！"李太太打断了对方的话："对不起，我不认识你。"那位妇女生气地说："你当然不会认识我了，这些话我怎么能对亲戚、朋友讲，到时候肯定会搞得满城风雨，现在我说出来了，舒服多了，谢谢你。"随后，那位妇女就挂断了电话。

案例中，虽然这位妇女的做法十分荒唐，但是，我们却从中发现，一个被不良情绪所困扰的人，他们其实很想把心中的忧愁和苦闷进行一番倾诉，哪怕对方只是一个陌生人。在电影《2046》里，梁朝伟将自己内心的秘密对着一个树洞倾诉，不难发现，每个人都有一种倾诉的欲望。有时候，心中的烦闷可能是关于隐私之类的话题，那该怎么办呢？

内向的李芳才30岁的年纪，就独自经营了一家大型企业，或许，在旁人看来，李芳已经获得了人生的成功。可是，又有谁知道李芳心中的苦闷呢？在李芳的家里，是属于男主内女主外的模式，老公在家带孩子，自己在外辛苦奔波。刚开始的时候，老公满怀愧疚，常常对李芳说："老婆，你一个人太辛苦了，都怪我，没本事。"对此，老公对家里全身心地付出，包揽了家里所有的家务，不让李芳操心，这让李芳感到由衷的欣慰。可是，好景不长，老公变得越来越懒，连家务都推给保姆，整日游手好闲。如果李芳说他一两句，老公就会反驳："我一个大男人在家里多辛苦，出去放松放松，又怎样？"这时，李芳就沉默不语，两人关系越来越僵。

每次回到家里，李芳都感到身心疲惫，满腔怒火，却找不到地方发泄。每到凌晨，老公还没回家，李芳就气得在家里砸东西，可是，发泄过后，老公回家了，李芳就像没事人一样。这样，时间长了，李芳心中闷气越积越多，作为公司董事长，她又不好在员工面前发脾气，只能憋在心里。偶尔，想到了朋友们，又不好意思开口，即使碰到朋友主动问道："李芳，最近有什么烦心事吗？怎么看你脸色不太好？"李芳也总是敷衍两句："没事啊，一切都挺好的，可能是工作太累了吧！"可是，没过多久，朋友就得知了李芳自杀未遂的消息，听闻此消息，大家都大吃一惊，怎么会这样呢？

有人说："一个人如果有朋友圈子，就能长寿20年。"的确，向朋友倾诉内心的烦恼是排除不良情绪的有效办法。当自己有不良情绪时，有可能会越想越愤怒，越想越伤心，这时，若是约个朋友，将自己心中的郁闷之气尽情地倾诉一番，在朋友那里寻求支持和解答，就能获得一种心理上的平衡。

1.不良情绪需要分担

英国思想家培根曾说："如果你把快乐告诉一个朋友，你将得到两个快

乐。而如果你把忧愁向一个朋友倾吐，你将被分掉一半的忧愁。”分担，它是一件有趣的事情，可以让我们的快乐加倍，让我们的痛苦减半。当你发现自己被那些怒气缠绕，而且，无力摆脱的时候，千万不要让它憋在心中，要学会宣泄情绪，学会向知己、好友倾诉心中的烦恼，让自己摆脱抑郁症的缠绕。面对不良情绪，唯有主动释放，理智宣泄，才能保持心理健康。

2.信任朋友

事实上，内向者应该明白，在任何时候，知己、好友都是我们心灵的伴侣，在朋友面前，又有什么可丢脸的呢？当然，向朋友倾诉自己的烦恼，我们需要选择值得信任的朋友。朋友对于我们来说，无时无刻不在身边，当我们遇到了不顺心的事情，可以拨打电话给朋友，向他们道出内心的烦闷，甚至还可以在朋友面前发怒、哭诉，尽情宣泄心中的不良情绪。

内向者心理启示：

俗话说：“当局者迷，旁观者清。”或许，那些对于自己来说，不能解决的问题，在朋友的劝解之下，便会茅塞顿开，这样，心中的不良情绪就会得到最大限度的宣泄。对每一个深陷烦恼的人来说，朋友的倾听和理解才是最好的安慰剂，向朋友倾诉，不仅使郁闷情绪得到缓解，心灵得到沟通，而且，在倾诉的过程中还能增强友谊，分享快乐。

寻找适合自己的放松方式

法国作家大仲马说：“人生是一串无数的小烦恼组成的念珠。”在日常生活中，烦恼、怨恨、悲伤、忧愁或愤怒等不良情绪都是常见的情绪反映，这些都容易成为内向者的典型情绪。内向者生闷气的时候，实际等于整个人都陷入了不良情绪之中，容易产生孤独感和抑郁症，缺乏积极进取的精神病。总而言之，闷气让一个人变得郁郁寡欢，因此，内向者需要寻找让自己放松的方式。

培根说："无论你怎样表示愤怒，都不要做出任何无法挽回的事来。"美国前总统林肯如果在外面和别人生气了，回到家里就会写一封痛骂对方的信，当家人第二天要为他寄出那封信的时候，林肯会极力阻止："写信时，我已经出了气，何必把它寄出去惹是生非。"如何面对心中的种种不良情绪？当然是合理地宣泄，放松自己。

里根是一个性格温和的人，但是，有时候他也会发脾气。当他生气的时候，就会把铅笔或眼镜扔在地上，然后很快就能恢复情绪。有一次，里根对侍从人员说："你看，我在很久以前就学会了这样一个秘诀：当你生气时，如果控制不住自己，不得不扔掉一些东西来出气，那么就要注意把它扔在你的面前，一定不要扔得太远了，这样捡起来就会省力很多，捡起了东西，心情自然也就放松了。"

其实，在很多时候，所谓的放松方式就是发泄心中的烦恼，无压力地宣泄不满情绪，将心胸放开，这样就会减少一些不必要的烦恼，而且也避免了这种不良情绪感染到其他人。不良情绪是由于心理上失去了平衡，或者是自己的要求和欲望没能得到满足。因此，内向者可以转移心境，寻找一种放松的方式，这样不良情绪自然就消失了。

齐文王患了忧虑病，没能找到正确的治疗方式，时间长了，病情越来越严重，甚至，到了卧床不起的程度。这时，大臣建议请名医来诊断病情，于是，齐国派人到宋国去请名医文挚给齐文王医治。文挚察看了齐王的病情，判断出必须采取一定的方式来赶走病人心中的闷气，但是，顾虑到这样会触动齐文王而惹来杀身之祸。对此，齐国太子向文挚保证，无论如何都会保证医生的安全，于是，与文挚约好了看病的时间，但是，文挚却连续三次失约，齐文王虽在病床上，却对此十分恼怒。

后来，文挚终于应约而来，但是，他不脱鞋就上床，践踩齐文王的衣服问病，气得齐文王不搭理他。这时，文挚用粗话刺激齐文王，齐文王终于按捺不住，翻起身来大骂，没想到，齐文王的病却因此好了。

所谓"怒动其身形、冲破忧伤烦闷的不良情绪"，有人在愤怒时暴跳如雷，面红耳赤，实际上，这就是一种能量发泄。人们常说："言为心

声，言一出，心便安。”积极的能量发泄可以采取唱歌、怒吼等方式，这也不失为一种放松的方式。

1.大声哭泣

哭泣也是一种行之有效的方式，据调查，85%的妇女和73%的男人在他们哭过之后，心情就会好受一些。威廉菲烈博士说：“哭可以将情绪上的压力减轻40%，哭是健康的行为，值得鼓励。”

2.将不良情绪写出来

将心中的烦闷写出来，这也是一种自我放松的方式。一般情况下，写诗、写日记都能够有效地发泄郁积在心中的不良情绪，使情绪恢复到平静。而且，从心理学上说，适当发泄长期以来积压的闷气，可以减轻或消除心理疲劳，比将闷气郁积在心中，效果更好，这样可以使我们变得轻松愉快。不良情绪就像夏天的暴风雨一样，需要我们适当发泄，这样才能净化周围的空气，缓解心中的紧张情绪。不良情绪只会让我们变得越来越抑郁，想要获得全身心的放松，我们必须寻找一些放松的方式，发泄心中不满的情绪，驱赶心中的消极情绪，将自己解脱出来。

3.大声吼叫或大声歌唱

在电视剧《北京人在纽约》里，面临破产的威胁，失败阴影的来袭，王起明一边开车一边高唱“太阳最红……”，获得了心灵上的暂时放松；在日本，每年都要举办一次呐喊比赛，那些情绪不满者向远处的大山大叫，以发泄心中的怒气。或许，对于每一个人而言，他们都有着不同的放松方式，但是，我们最终的目的是赶走郁积在心中的闷气。

4.激烈运动

有一位商人在谈到自己放松的方式时说：“当我自知怒气快来的时候，连忙不动声色地想办法离开，跑到自己的健身房，如果我的拳师在那里，我就跟他对打；如果拳师不在，我就猛力地捶击皮囊，直到发泄自己满腔怒火，整个人放松下来为止。”

内向者心理启示：

一位内向的年轻女孩来到心理咨询中心，说道：“前两个月我被公司解聘了，心里很恼火，不愿意见人，整天就待在家里，憋得心慌，内心也变得更加痛苦，有什么办法能够摆脱这样的处境呢？”心理医生这样建议：“你这样是不行的，时间长了就会变得郁郁寡欢，寻找一种让自己放松的方式吧！”

听音乐或看电影，释放压力

缓解内心压力、发泄负面情绪的方法很多，其中不乏看看电影、听听音乐这样既轻松又恰当的方式。那些轻松、畅快的音乐不仅能给内向者带来美的熏陶和享受，而且还能够使人的精神得到放松，所以，当你紧张、烦闷的时候，不妨多听听音乐，让优美的音乐来化解精神上的压力和内心的苦闷。和音乐有着相同“疗效”的还有电影，曾经有位朋友这样说：“每次心里感到苦闷的时候，我就看周星驰的《唐伯虎点秋香》，边看边笑，到现在为止，我已经记不清楚自己看了多少遍了。”足以见得，电影所能带给我们的轻松心境。

其实，音乐和电影逐渐成为许多人发泄情绪、释放压力的方式之一，有了音乐和电影，就算一个人待在黑暗中也会感到安全，感到充实。曾遇到过一位信奉基督教的朋友，她这样讲述自己的经历：“最近老是被烦心事困扰，心变得敏感而细腻，那天，回到住的地方，居然发现自己没有带钥匙，同住的朋友还没有回来，一个人站在空旷的过道里，除了恐惧，还有一点对朋友的憎恨，有趣的是，那天我正好带了《圣经》，无聊之余，我翻开了《圣经》，借着灯光朗读起来，还唱起了圣歌，后来，我朋友回来了，这时，我心里已经回归了平静，不再抱怨，也不再生气。”音乐所带给我们的除了愉快，还有一份灵魂的寄托。

内向的小江说：“我有一个习惯，当我在烦闷的时候，我会选择听轻音乐，因为它不像摇滚乐那样刺耳、嘈杂，更适合我需要安抚的情绪和

心境。”

说到自己通过听音乐释放内心的压力，小江一下子来了兴趣，他讲述了轻音乐的发展史：“轻音乐可以营造温馨浪漫的情调，带有休闲性质，因此又得名‘情调音乐’。它起源于一战后的英国，在20世纪中期达到了鼎盛，在20世纪末期逐渐被新纪元音乐所取代，并影响至今。”说到这里，小江信手放了一首轻音乐的曲子，在缓缓流淌的音乐中，他说：“这是班得瑞的音乐，它是轻音乐的经典乐队之一，有人说班得瑞是‘来自瑞典一尘不染的音符’。班得瑞来自瑞士，它是由一群年轻作曲家、演奏家及音源采样工程师所组成的乐团，在1990年红遍欧洲。”

小江慢慢闭上了眼睛，用很轻的声音说：“当你轻轻地闭上眼睛，再放上班得瑞那一尘不染的天籁之音，你就会发现那些不沾尘埃的一个个音符，静静地流淌着，它带走了一直压在心中的忧虑，让你的心灵在水晶般的音符里沉浸、涤荡。清新迷人的大自然风格，返璞归真的天籁，如香汤沐浴，纾解胸中沉积不散的苦闷，扫除心中许久以来的阴霾，让你忘记忧伤，身心自由自在。”

在充满竞争的现代社会，每个人会或多或少地会遇到一些压力。可是，压力既可以成为我们前进的阻力，自然也可以变成动力，很多时候，就看我们如何去面对。这个社会是不断进步的，人在其中不进则退，所以，在遇到压力的时候，最有效的办法就是懂得缓解压力，如果暂时承受不了，就不要让自己陷入其中，可以通过看电影、听音乐，让自己紧张的心情渐渐放松下来，再重新去面对，这时，你往往会发现压力并没有那么大。

除了听音乐、看电影等具体放松方式，内向者还需要调整心态。

1.以积极的心态来面对压力

有的内向者总是喜欢把别人的压力放在自己身上，比如，看到同事晋升了，朋友发财了，自己总会愤愤不平：为什么会这样呢？为什么就不是自己呢？其实，任何事情，只要自己尽力就行了，任何东西都是急不来的，与其让自己为一些无所谓的事情而烦恼，不如以积极心态来面对，努力调整情绪，让自己的生活更加丰富多彩。

2.解开心结

内向者在社会生活中的行为像极了一只小虫子，他们身上背负着“名利权”，因为贪求太多，把负担一件件挂在自己身上，不舍得放弃。假如我们能够学会放弃，轻装上阵，善待自己，凡事不跟自己较劲，那么，我们的压力自然就得到缓解了。

3.转移压力

面对生活的诸多压力，转移是一个最好的办法，当压力变得太沉重时，我们就不要去想它，把注意力转移到让自己轻松快乐的事情上来。当自己的心态调整到平和以后，就不会再害怕眼前的压力了。

4.感激压力

人生中不可能没有压力，若是没有压力，我们的人生就不会进取。没有压力，我们的生活或许变了模样，因此，当我们尽情享受生活的乐趣时，应该对当初困扰我们的压力心存一份感激，因为有了压力，我们才能走得更远。

内向者心理启示：

其实，音乐和电影有一个共同的特点：它们都是艺术。当内向者被负面情绪所困扰，感到精神压力巨大的时候，把自己置身于艺术的境界中，卸下心中的负担，你会感受到前所未有的轻松，畅游在艺术的殿堂里，忘记了烦恼，心绪变得平静，心境变得宁静，那些压力、烦闷都在这样的心境中慢慢释放，最终，我们的心回归到一种平静。

今天的你，没必要为明天的烦恼埋单

一位内向的成功者毫不忌讳自己的焦虑：“现在我的公司刚刚上市，一切都在起步阶段，许多人恭贺我的成功，为此，我却感到忧心忡忡，未来的种种困难在某个阶段等着我。同时，每天外出应酬，常常是喝酒，自

己的身体每况愈下，对于明天，我真的十分焦虑，害怕它的到来，更害怕随着它而来的还有无限的挫折和挑战。”现代社会，越来越多的人陷入了焦虑的陷阱，他们并不是担忧今天的生活，而是没完没了地担忧明天的事情。最近，流行着这样一句话：“你所浪费的今天，是昨天死去的人奢望的明天，你所厌恶的现在是未来的你回不去的曾经。”

对未来生活的焦虑和恐惧，成为内向者普遍的一种心理，即使人们当下的生活过得很不错，但是，他们也会不自主地担心未来的生活，总是没完没了地考虑明天会怎么样呢？这样只会让我们的心变得更沉重，如果我们总是将多余的心思花在考虑明天的事情上，那我们的生活是不能够远离平静的，烦恼只会接踵而至。

一位著名的心理学家为研究“忧虑”问题，做了一个很有趣的实验：

心理学家要求实验者在一个周日的晚上，把自己未来7天内所有忧虑的“事情”都写下来，然后投入一个“烦恼箱”里。三周过去了，心理学家打开了“烦恼箱”，让所有实验者一一核对自己写下的每个“烦恼”。结果发现，其中百分之九十的“烦恼”并没有真正发生，因为它似乎更多地来自明天。

这时，心理学家要求实验者将真正的“烦恼”记录，并重新投入“烦恼箱”。三周很快过去了，心理学家又打开了“烦恼箱”，让所有实验者再一次核对自己写下的每个“烦恼”，结果发现，那些曾经的“烦恼”，已经不再是“烦恼”了。所有的实验者都感觉到，对于烦恼，总是预想的比较多，但往往出现的很少。

对此，心理学家得出了这样的结论：一般人所忧虑的“烦恼”，有百分之五十是明天的，只有百分之十是今天的，而最终的结果是，至少有百分之九十的烦恼是自己想出来的烦恼，至于今天的烦恼是完全可以轻松应付的。

古人云：“生于忧患，死于安乐。”意思是，只有忧愁患害才能使人发展，安逸享乐只会令人萎靡死亡。虽然，我们不否认“忧患意识”带给我们的“未雨绸缪”的益处。但如果我们总是担心明天的生活，内心总是存在一种忧患意识，那我们如何安心地活在当下呢？我们如何过好今天呢？一个内向者的烦恼，大多是来自于未知的明天，更确切地说，来自于内心的瞎想，因为对未知的明天充满恐惧，才会生出那么多烦恼。越是忧虑，心就越累，在这样种情况下，还不如轻松地活在当下，让未知的明天继续未知。

如果我们无视今天的生活，总是担心明天会发生什么，这样所造成的结果是我们既没能过好当下的今天，反而置自己于忧虑之中。对于医生来说，在他们心中有一个秘密，那就是：大多数的疾病是可以不治而愈的。有的医生甚至断言："许多人之所以生病，完全是吃撑了没事做，自己无聊坐在那里胡思乱想，结果，多么美好的一个明天，硬是被他自己设想出许多灾难来。"

1.不要自寻烦恼

内向者总是没完没了地考虑明天，自己找来了许多烦恼，这就是所谓的"烦恼不寻人，人自寻烦恼"。明天到底会怎么样呢？我们都无从得知，因为明天还是未知的，即便我们对明天有许多的猜测和幻想，那也应该对明天怀着美好的愿望，而不是为明天而沉重，不要既浪费了今天，又为未知的明天蒙上了阴影。

2.珍惜今天，活在当下

内向者应该珍惜，活在当下，这样到了"明天"，我们才不会后悔，才不会遗憾。明天是未知的，既然它是未知的，那就表示它有诸多可能，我们所担忧的不过是众多可能中的最坏那一种，但我们的运气真的那样差吗？想来肯定不是。对此，活在当下，珍惜今天，不要为未知的明天而沉重。

内向者心理启示：

尽管，我们常说"防患于未然"，但内向者若是对未来过度地焦虑和担忧，时间长了，反而会成为一种心理负担，整个人都会陷入抑郁的泥潭，最终不可自拔。对此，内向者更需要活在当下，珍惜今天，对于未知的明天，暂且不管，你只需要做好今天的自己，那明天定然是美好的。

内向者掌控情绪的心理策略

内向者应该善于控制自己的情绪，那些消极的情绪就如同潜伏在身体里的有毒气体一样，需要得到有效的释放，否则就会令人非常痛苦。对此，内向者不应该紧闭心门，而是需要使用有效策略赶走那些负面能量。

缓解压力，赶走负能量

内向者最初踏入社会，是怀着美好愿望的，他们希望自己的能力得到施展，抱负得以实现，但是，社会的残酷与现实打击了他们最初的信心，在正能量的不断消耗下，给他们身心带来了巨大的压力。无论是生存压力还是工作压力，对内向者情绪都产生了重要影响，一旦压力来袭，情绪就会恶劣，容易生气、烦躁，似乎看什么事情都不顺眼，内心的情绪积压过久，总想痛快地发泄一番。因此，内向者给自己压力越多，心中的负能量就越多，致使正能量不断消失。

几年以前，内向的毕特格刚开始做保险推销员时，他对这份工作充满了热情。但是，最开始的工作很不容易上手，这使得他十分悲观，信心大受打击，甚至一度想辞去这份工作。庆幸的是，在一个星期六的早晨，毕特格努力让自己平静下来，开始反思自己遭受负面情绪困扰的原因。

毕特格首先问自己："究竟出了什么问题？"在很多时候，当他拜访完客户，经常令自己身心疲惫，但收到的效果却是微小的。每次都是与客户谈得十分融洽，一到最后的签约环节，客户却不能爽快答应，经常说："你看这样好不好，我再考虑考虑，下次再答复你吧。"每次毕特格都是白费口舌，无功而返，这使得他想起自己的推销经历就十分沮丧。

然后毕特格继续思考："有什么可行的解决办法呢？"为了寻找答案，毕特格开始反思自己的行为，并将过去12个月的工作记录作为研究对象，仔细研究上面的数据。结果却令毕特格十分惊讶：在自己所卖出的保险中有百分之七是在第一次见面时成交的，另外百分之二十三是在第二次见面时成交的，只有百分之七是在他多次回访，多费口舌签下的合约。不过，让毕特格震惊的是，恰恰是最后那百分之七耗费了他大部分的时间和精力，他差不多把一半的工作时间都花在那百分之七上了。

这样一来，毕特格总结了出了有价值的经验：超过两次的拜访是没有必要的，我应该将节省下来的时间用于寻找新客户。于是，内心压力减少不少的毕特格开始采用了新的方式，结果业绩突飞猛进，他平均每次拜访的回报几乎翻了一番。

据一项社会调查发现，那些生活、工作条件良好、受过较高程度教育的城市人，他们对生活的满意度远远不如农村人，来自生活和工作的压力让他们的生活质量大打折扣。近些年来，城市人的脾气似乎越来越大，他们常常感到紧张、焦虑、容易愤怒，甚至在悲观时有通过自杀解脱的念头。通过这项调查显示，同农村人相比，城市人工作的体力强度、时间都少于农村人，而且，更注重健康的生活方式，但是，城市人的精神状况却显著差于农村人。

同时，在调查中，个人工作稳定、收入有保障列为城市人平日最关心的问题，对工作的极度关注使得许多城市人明显觉得工作压力影响到了个人健康。另外，城市的快速发展和工作的快节奏让许多城市人觉得自己有点力不从心，60%左右的城市人对自己工作状况并不满意，而且，来自家庭以及婚姻的压力也会让他们感到焦头烂额。

1.养成良好的作息习惯，营造良好的睡眠环境

在平日生活中，内向者需要养成按时入睡和起床的良好习惯，稳定的睡眠，可以避免引起大脑皮层细胞的过度疲劳；注意调节卧室里的温度，睡眠环境的温度要适中；在卧室内可以使用一些温和的色彩搭配，这样内向者在一个良好的环境中自然能够放松心情，顺利进入睡眠，并保证良好的睡眠质量。

2.放松精神，舒缓压力

内向者需要缓解自身的压力，比如，在睡前可以听听音乐，或者是对头部进行按摩来缓解压力；也可以进行短距离的散步。这样可以身心放松下来，舒缓了白天的社会压力。

3.给自己的压力要适当

心理学家建议：适当的压力有助于内向者激发更强的斗志，但是，正

如任何事情都有一定的度，压力过大就会影响正常的情绪。因此，在日常生活中，内向者要给自己适当的压力，只要不是太糟糕的事情，应该学会忘记，这样一来，那些琐碎的小事就影响不到我们了。

内向者心理启示：

每天，内向者都面临着诸多压力，有可能是事业不顺而造成的工作压力，有可能是感情不顺而造成的感情压力，还有可能是家庭不和谐而造成的家庭压力，对此，心理学家把这些压力都统称为“社会压力”。社会压力对内向者来说，将直接转换成心理压力、思想负担，久而久之，就会成为心结。

如果这种压力长久以来得不到有效释放，就会越积越多，并产生巨大的能量，最终，它就像一座火山一样爆发，导致的结果是，人们的情绪大变，总感觉自己活得太累，每天都不开心，脾气越来越坏，更有甚者精神崩溃，做出傻事。面对巨大的社会压力和心理压力，最重要的是学会自我调节、自我释放。

给负能量找个出口

假如内向者心中的负能量高于正能量，长时间下去，这个人的心理就会崩溃。在生活中，如果把任何事情都当成了一种负担，因为负担，内向者就有可能生活在压力、痛苦、烦躁和苦闷之中，渐渐地被负能量所围绕。相反，如果把一件事情仅仅当成了一种习惯，因为习惯让一个人在潜移默化、不知不觉中成为自己梦想的那个人。每个人一生中都会面临两种选择，一是改变环境去适应自己，二是改变自己去适应环境。既然负能量是潜在的，是我们无法忽视的，我们为何不积极地改变自己，正确引导各种负能量成为自己前进的正能量。当然，假如我们不能把负能量转化为正能量，也要想办法创造正能量，这样我们才能面对真实的自己。

比较内向的汉里因为忧郁症引发了胃溃疡。有一天晚上，汉里因为胃出血，被送到芝加哥西北大学医院附属医院进行急救，在医院，他的体重由175磅（1磅=0.4536千克）急剧降到了90磅。汉里的病情十分严重，以至于医生连头都不许他抬。而且，医生认为汉里的病已经无药可救，他只能靠吃苏打粉、半流质食物，每天早晚都需要护士拿着橡皮管插进胃里给他洗胃。

这样痛苦的日子持续了几个月，终于，汉里对自己说："安息吧，汉里，要是除了等死，没什么其他指望的话，还不如充分利用你余下的生命做点什么。你不是想在有生之年周游世界吗？那么如果你还有志在此，就趁现在去实现吧！"

当汉里告诉几位医生自己要去周游世界，洗胃的事情他一天两次自己解决的时候，医生都大吃一惊。他们警告汉里说："绝不可能，这简直是闻所未闻。如果你敢去环游地球，那只能葬身海底了。"汉里坚持回答："不，绝不会。我答应过我的家人，我要葬在尼布雷斯卡州老家的墓地里，所以我打算让我的棺材随我同行。"

于是，汉里真的去买了一口棺材拉上船，然后和轮船公司商定，假如他死了，就把遗体放在冷冻舱里，直到回到家乡。就这样，汉里踏上了多年前规划的环球旅程，心里无限感慨。汉里从洛杉矶上了亚当斯总统号向东方航行的时候，心胸开阔，感觉到病情已经开始好转，慢慢地，他停止了洗胃，再后来吃喜欢的食物，而那些都是之前医生不让吃的东西。在几个星期之后，汉里还是好好的，而且还抽上了雪茄，喝了几杯酒也没事。虽然，在旅行的过程中，他还在印度洋上碰到了季候风，在太平洋上遭遇了台风，但是他却在冒险中获得了极大的乐趣。

汉里和船员们在船上游戏、歌唱、认识朋友，秉烛夜谈。甚至，在中国和印度，汉里领悟到了家里的烦心事与在东方见到的贫穷与饥饿问题比起来，简直是天堂与地狱。在那里，汉里把烦恼都抛到脑后了，感觉人生从来没这样快乐过。等汉里回到美国后，他发现自己体重增加了90磅，他甚至忘记自己曾经是胃溃疡患者了。那一刻，汉里觉得自己一生从来没这样健康舒适过，从那以后他再也没生过病。

案例中，汉里通过旅行来释放内心的负能量。试想，一个被医生判死刑的人在轮船上，微风荡漾，看着一望无际的大海，那种生的欲望就会涌现出来，再加上汉里本身就是一个性格开朗的人，当心态放宽之后，内心的负能量就慢慢消失了，取而代之的是积极的正能量。

正能量的释放，可以唤醒人内心最强劲的生命力，使得他所看到的世界都是美好的，在这样美好的世界里，自然是求生的欲望更强烈一些。于是，在医学上称之为奇迹的事情就发生了，有时候并不是医生判你死刑就是不可改变的事实，只要你怀着活着的信念，就一定能战胜心中的负能量，从而有可能战胜病魔。

1. 通过正确途径释放负能量

那些因负面情绪积聚而成的负能量就好像一颗毒瘤，如果你任由其发展，它就会越长越大，甚至会影响我们的身心健康。对此，我们应该积极寻找正确的途径释放负能量，比如，转移注意力，让自己的生活变得忙碌起来，积极创造正能量，等等。

2. 负能量只有得到了合理的释放，才能转化为正能量

有些人对于心中存在的负能量选择逃避，他们以为逃避了就可以创造出正能量。其实，只要你没有对负能量进行合理的释放，它随时都在影响着正能量的创造，我们只有将潜在的负能量释放出去，才能间接转化为正能量。

内向者心理启示：

内向者若是背着负担走路，那么，再平坦的路也会让他感到身心疲惫，最终，他会因为不堪生活的压力而走向不归路。但是，如果我们能平复心境，试着把那些沉重的负担当成一种习惯，用轻松、淡然的心态去看待问题，心境便会变得澄明，所有的负能量便会缓解，负担也许会变成一种精神上的享受。内向者应该记住，当自己被负能量压得喘不过气来的时候，要学会通过正确的途径释放负能量。

抱怨的情绪不可有

内向者和外向者面对同一枝玫瑰，内向者说："花下有刺，真讨厌！"外向者却说："刺上有花，真好看！"内向者挑着毛病，盯着不放，所以，他的生活中充满了抱怨，他注定是不快乐的；而看到花的外向者，因为怀着一颗感恩的心，尽管刺扎手，但是，他却闻到了刺伤花朵的芬芳，所以，他能感受到幸福和快乐。内向者容易忽视身边美丽的事物，总是怀着满腹牢骚，这样不仅解决不了任何问题，反而会增加许多不必要的沮丧和烦恼，即使遇到了幸福，也有可能会变成祸。所以，内向者请放下心中的抱怨，长存一颗感恩的心，你会发现自己会更好运。

虽然麦克是一位偏内向的男生，但他每一天都过得非常快乐。他只是快餐店里的一名普通员工，每天的工作简单却又枯燥，需要不停地做许多相同的汉堡，虽然这份工作看起来没有什么新意，但是，麦克却感觉十分快乐。无论面对多么挑剔或尖酸刻薄的顾客，麦克从来都给予满怀善意的微笑，这么多年来一直如此。麦克那发自内心的真挚快乐，感染了许多人，同事有时候会忍不住问他："为什么你对这种毫无变化的工作感到快乐？到底是什么让你对这份工作充满了热情呢？"麦克回答道："每当我做好了一个汉堡，就想到一定会有人因为汉堡的美味而感到快乐，这样，我也就感到了自己作品带来的成功，这是一件多么美好的事情，因此，每天，我都感谢上天给了我这么好的一份工作。"

或许，正是麦克那种感恩的心理，使得那家快餐店的生意越来越好，名气也越来越大，最后，麦克的名字传到了老板的耳朵里。没过多久，麦克就荣升为快餐店的店长，对此，他更感激自己能拥有这份令人快乐的工作了。

内向者常常抱怨："幸福敲响了别人家的门，好运也被别人抢走了，只有我是最可怜的。”但是，当他抱怨的时候，自己是否意识到一切抱怨都是内心的负能量在作祟呢？负面情绪潜藏在心底，我们才会不自觉地发怒，抱怨生活的不公平。若是想赢得幸福，抓住好运，就要驱逐内心的负能量，所谓知足才能常乐，相反，越是不知足，越是苦恼，心中的负能量就会越积越多。学会知足，我们才不会因生活中的琐事而耿耿于怀；学会知足，才不会因生活中的烦恼而忧心忡忡。只有知足常乐，方能贴近幸福。

1. 远离抱怨

内向者喜欢抱怨，好似祥林嫂一样，见人就诉说自己儿子，逢人便哭诉自己的不幸，久而久之形成了一种习惯。他们常常把抱怨当作一种宣泄的方式，由于内心苦闷积压太深，没有办法得到排解，于是，他们选择向家人或朋友“宣泄”，开始无休止地抱怨。对这样的情况，心理专家警告：“抱怨是毒品，远离抱怨，快乐地活在当下。”有人这样说：“抱怨看起来像毒品，只能获得暂时的快感，却能要了你的命。”的确，抱怨就是毒品，抱怨多了，抱怨的时间久了，自然就会上瘾，而且，最关键的是，抱怨还会伤害到自己的朋友和家人。

2. 用感恩代替抱怨

习惯于抱怨的内向者，即使福到了，也会变成祸；而对于那些心怀感激的内向者，哪怕是祸来了，也会变成福。萧伯纳说：“一个以自我为中心的人，总是在抱怨世界不能顺他的心。”如果一个人的心灵总是被抱怨占据，那么，即使面对再好的东西，他也会从中挑出骨头来。所以，对于人生来说，抱怨永远是负能量，要想人生处处充满阳光，我们就应该以感恩代替抱怨，放弃抱怨，停止抱怨，以积极的心态去面对社会，面对这个世界。

内向者心理启示：

或许，生活中充满了太多的抱怨，内向者渐渐成为一个“怨妇”或“怨夫”，有可能是生活中的一丁点儿不如意，就点燃了内心那些莫名的怒火和怨气，在抱怨的过程中，脾气变得越来越暴躁，内心越来越不安，

心情越来越糟糕，整个人陷入了抱怨的恶性循环。往往是对一件小事的怨气会衍生到其他一些事情上，而对其他事情的抱怨又会导致更多的抱怨，自己的抱怨会招致家人和朋友的抱怨，而家人和朋友的抱怨又会招致自己更多的抱怨，如此恶性循环，最终，我们的生命在抱怨声中画上句号。

内向者学会打开心门，接纳自己

对内向者而言，产生负能量的原因很多，其中，有一个原因却是十分特别的，就是因为接纳不了自己。这样的原因听起来似乎有点令人啼笑皆非，因为自己而陷入负面情绪？如果一个内向者太自卑，看自己哪里都是缺点，那么，他内心的负能量是源源不断的，或许，每天的生活除了悲伤还是悲伤。子曰："不患人之不知己，而患人之不己知。"对于内向者来说，最担心的事情就是自己不够了解自己，更为关键的是，不懂得欣赏和肯定自己，因为有时候那些莫名其妙的负能量其实源于内心的自卑。他们习惯对自己挑剔，总是觉得这里不满意，那点也不如意，诸如，身高不够高，身材不够性感，脸蛋不漂亮，家庭条件不够好，等等，这一切都可以成为他们产生负面情绪的原因。所以，建议所有的内向者：把心门打开，学会肯定并欣赏自己，学会接纳自己。

琳达是一个内向的女孩子，她是一位电车车长的女儿，从小就喜欢唱歌和表演，梦想着自己长大后能够成为一名当红的好莱坞明星。然而，琳达长得并不算漂亮，她的嘴看起来很大，而且还有讨厌的龅牙。每次公开演唱，她都试图把上嘴唇拉下来盖住自己的牙齿。

有一次，她在新泽西州的一家夜总会演出，为了表演得更加完美，她在唱歌时努力拉下自己的上嘴唇来盖住那讨厌的龅牙，结果却令自己出尽洋相，这真是一次失败的演出。琳达看起来伤心极了，她觉得自己命运注定了失败，她真的打算放弃自己当初的梦想。但是，正在这时，同在夜总会听歌的一位客人却认为琳达很有天分，他告诉琳达："我跟你说，我一直在看你的演唱，我知道你想掩盖的是什么，你觉得你的牙齿长得很难看。"琳达低下了头，感到无地自容，然后，那个人继续说道："难道说长了龅牙就是罪大恶极吗？不要想去掩盖，张开你的嘴巴，观众看到你自己都不在乎，他们就会喜欢你的。再说，那些你想掩盖住的牙齿，说不定能给你带来好运呢。"琳达接受了男士的建议，努力让自己不再去注意牙齿。从那时候开始，琳达只要想到台下的观众，她就张大了嘴巴，热情地歌唱，使她成为好莱坞当红的明星。

赛德兹说："你应庆幸自己是世上独一无二的，应该将自己的禀赋发挥出来。"无论是龅牙一样的缺点，还是难以弥补的缺憾，它一样是生命组成的重要部分，在生命中占据着不可或缺的位置。如果我们总是看自己这里不顺眼，那里不顺眼，生命就会在对自己不断苛责的过程中枯萎了，以至于到最后，它都没来得及绽放那真切的美丽。

1.你永远比你想象中好

你永远比你想象中要好。有一个衣衫不整、蓬头垢面的女孩，她长得很美，不过，总是表现得满脸怨气。有人跟她聊天，她也显得心不在焉，聊天的人都沉默了。有一天，一位心理学家惊讶地告诉她："孩子，你难道不知道你是一个非常漂亮、非常好的姑娘吗？""您说什么？"姑娘有些不相信地看着对方，美丽的大眼睛里有泪，但更多的是惊喜。

原来，在生活中，她每天所面对的都是同学的嘲笑、母亲的责骂，在这样的过程中，她已经失去了自信，而自卑则成了她负能量的根源。事实上，每个人都不是完美的，可能在我们的身上有一些可爱的缺陷，但是，无论是缺点还是优点，那都是我们自己，我们首先应该接受并欣赏不完美的自己。

2.学会欣赏自己的美

有一个内向者的姑娘笑着说："我懂得我的外形和那些已经成名的女演员不一样，她们都相貌出众，五官端正，而我却不是这样，我的脸毛病很多，但这些毛病加在一起反而会更加有魅力，说实在的，我的脸确实与

众不同，但是，我为什么要和别人一样呢？”她的自我欣赏与肯定并没有令大家失望，后来，她被誉为世界上最具自然美的人。

内向者心理启示：

对于内向者而言，无论自己有着多么独特的缺点，都不要嫌弃它，我们需要以一种欣赏的眼光来看待，因为这个世界不需要大众化的美，而需要独特的美，在这一点上，每一个人都应该相信自己拥有一份与众不同的美，请学会欣赏与肯定自己，把心门打开，学会接纳自己。

学会掌控情绪，心灵才会健康

情绪是指人们对环境中某个客观事物的特种感触所持有的身心体验，是一种对人生成功活动具有显著影响的非智力潜能因素。对此，美国密歇根大学心理学家南迪·内森通过一项研究发现：一般人的一生平均有十分之三的时间处于情绪不佳的状态，而其中大部分为内向者。所以他们常常需要与那些消极的情绪作斗争。一般情况下，内向者容易受情绪的牵制，他们有或大或小的心理障碍，而这将会影响其心灵健康。所以，要想心灵健康，内向者应该努力突破心理障碍，控制好自己的情绪，这样才有可能成为成功者。

有一天，陆军部长斯坦顿来到林肯办公室，气呼呼地对林肯说：“一位少将用侮辱的话指责你偏袒一些人。”比较内向的林肯笑着建议：“你可以写一封内容尖刻的信回敬那个家伙。可以狠狠地骂他一顿。”斯坦顿立即写了一封措辞激烈的信，然后交给总统看，林肯高声叫好：“对了，对了，要的就是这个，好好训他一顿，写得真绝了，斯坦顿。”

但是，当斯坦顿把信叠好装进信封的时候，林肯却叫住他，问道：“你干什么？”斯坦顿有点摸不着头脑了，说道：“寄出去呀。”林肯大声说：“不要胡闹，这封信不能发，快把它扔到炉子里去，凡是生气时写的信，我都是这么处理的，这封信写得很好，写的时候你已经解了气了，现在感觉好多了吧？那么就请你把它烧掉，再写第二封信吧！”

约翰·米尔顿说：“一个人如果能够控制自己的激情、欲望和恐惧，那他就胜过了国王。”有时候，情绪不仅是心灵健康的庇护神，而且，它对我们决胜的关键时刻也异常重要。在现实生活中，面对不同的环境，不同的对手，内向者采用何种手段并不重要，而是控制好自己的情绪才是至关重要的。每个内向者都有自己的情绪，而情绪又是一种抓不住的东西，在很多时候，它令我们捉摸不定。但是，不管怎样，我们都应该努力控制好它，保持平静的状态，以此保持心灵健康。

性格内向的胡佛是一位著名的飞行员，他常常在航空展览中心做飞行表演。有一次，胡佛在圣地亚哥航空展览中心做表演，飞机将要飞回洛杉矶。正当飞机飞行于300米高空的时候，飞机的两个引擎却突然熄火了。幸运的是，胡佛的技术熟练，操纵着飞机安全着陆，虽然飞机受到了严重损坏，但是，没有任何人受伤。

飞机降落之后，胡佛开始检查飞机的燃料，结果在自己的预料之中，原来自己所驾驶的螺旋桨飞机，里面所装的居然是喷气机燃料而不是汽油。回到机场以后，胡佛要求见为自己保养飞机的机械师，那位年轻的机械师感到十分恐惧，因为他知道自己的一时过错差点儿酿成大祸。胡佛走了过去，年轻的机械师流下了眼泪，自己造成了昂贵飞机的损失，甚至，差点儿就使三个人失去了生命。胡佛心中异常愤怒，很想痛斥机械师一顿，但是，他很快压抑了自己的愤怒情绪，并没有责骂那位年轻的机械师，而是温和地说：“为了表示我相信你不会再犯错误，我要你明天再为我保养飞机。”说完，胡佛用手臂抱住了机械师的肩膀，而自己的心中从来没有这么平静过。

面对机械师所造成的严重错误，内向的胡佛虽然生气，但他及时控制了上升的情绪，因为他知道，如果自己任意发脾气，指责和挑剔机械师的过错，那很有可能将毁掉年轻机械师的一生，更何况即使自己发泄了情绪，获得了暂时的快感，但是，以后肯定会后悔当初的所作所为。最后，

胡佛内心的平静恰好证明了心灵的健康，而这都是控制情绪所产生的效果。

1.不被坏情绪左右

有时候，我们评价一个人的标准，只需要看一个人的涵养和行事的风格，就可以知道其是否能成为可塑之才，是否能成就一番事业。因此，如果内向者想成为一个成功的人，除了具备一定的常识和能力之外，全在于能否控制好情绪。如果能控制好情绪，就可以化阻力为助力，助你化险为夷；相反，若是不能掌控好情绪，便很容易激怒，甚至出现一些非理性的言行举止，而这将给自己带来一系列麻烦。所以，保持心灵健康，应努力控制自己的情绪，让自己成为情绪的真正主人。

2.情绪失控会导致一系列麻烦

在法庭上，律师拿出了一封信问洛克菲勒：“先生，你收到我寄给你的信了吗？你回信了吗？”洛克菲勒平静地回答：“收到了，没有回信。”这时，律师又拿出了二十几封信，逐一地询问洛克菲勒，而洛克菲勒都以相同的表情、相同的语调给予了回答：“收到了，没有回信。”终于，律师控制不住自己的情绪，暴跳如雷，不断咒骂。

结果，出乎人们的意料之外，法庭宣布洛克菲勒胜诉，因为律师因情绪失控而让自己乱了章法。从洛克菲勒的经历中可以看出，情绪对于一个人的重要性。在现实生活中，可能有许多人和事令我们感到愤怒或生气，这时，心中就会不断地滋生不良情绪，导致情绪很糟糕，进而影响了心灵健康。

内向者心理启示：

有时候，心理上的情绪失控会给内向者生活带来一些不必要的麻烦，甚至，会导致心灵不健康。所以，要想保持心灵健康，内向者就应该努力控制自己的情绪，争做情绪的主人。在成功的路上，其实，内向者最大的敌人并不是缺少机会，或是能力不够，而是缺乏对自己情绪的控制。生气的时候，不能克制心中愤怒的情绪，使身边的人望而却步；消沉的时候，过于放纵自己的萎靡，这样我们就白白浪费了许多稍纵即逝的机会。事实上，控制情绪是保持心灵健康的必备法宝。

内向者，悲观抑郁不属于你

两人一起洗手，刚开始的时候，端来了一盆清水，两个人都洗了手，但洗过之后水还是干净的，内向者说："水还是这么干净，怎么手上的赃物都洗不掉啊？"另一个人却说："水还是这么干净，原来我手一点都不脏啊！"几天过去了，两个人又一起洗手，洗完了发现盆里的清水变脏了，内向者说："水变得这么脏啊，我手怎么这么脏？"另一个人却说："水变得这么脏啊，瞧，我把手上的脏东西全部洗掉了！"同样的结果，不同的心态，那么就会有不同的感受。

小时候的里根非常乐观，然而，他的弟弟却是个内向的人。有一天，爸爸妈妈希望改变悲观的弟弟，于是，他们做了一些事情：送给里根一间堆满马粪的屋子，送给悲观的弟弟一间放蛮漂亮玩具的屋子。过了一会儿，爸爸妈妈走进了内向弟弟的屋子，发现弟弟正坐在角落里哭泣，而大多数的玩具都几乎没有动过，爸爸妈妈询问原因，弟弟哭着说了原因，原来，弟弟不小心弄坏了其中一个小玩具，害怕爸爸妈妈会骂自己，所以，他哭了起来。

爸爸妈妈牵着弟弟的手，来到了里根的屋子，打开门，发现里根正兴奋地用一把铲子挖着马粪。里根看到爸爸妈妈来了，高兴地叫道："爸爸，这里有这么多马粪，附近一定会有一匹漂亮的小马，我要把这些马粪清理干净，一会儿小马就来了。"

长大后的里根做过报童、好莱坞演员、州长，最后成为美国总统，他是第一位演员出身的美国总统。在这样一个成长过程中，正是里根乐观积极的性格才造就了他最后的成功，他得到了美国人民的喜爱和拥护。乐观成为里根成功路上的助推器，相反，悲观、抑郁则成为前进道路的障碍。

那些一味抱怨的内向者，他们所看到的总是事情的灰暗面，即使到了春天的花园里，他们所看到的也只会折断了的残枝，墙角的垃圾；而内心充满希望的乐观者看到的却是姹紫嫣红的鲜花，飞舞的蝴蝶，自然而然，在他们的眼里到处都是春天。

有两位年轻人到同一家公司求职，经理把第一位求职者叫到办公室，问道："你觉得你原来的公司怎么样？"求职者脸色满是阴郁，漫不经心地回答说："唉，那里糟透了，同事们尔虞我诈，钩心斗角，我们部门的经理十分蛮横，总是欺压我们，整个公司都显得死气沉沉，生活在那里，我感到十分压抑，所以，我想换个理想的地方。"经理微笑着说："我们这里恐怕不是你理想的乐土。"于是，那位满面愁容的年轻人走了出去。

第二个求职者被问了同样一个问题，他却笑着回答："我们那里挺好的，同事们待人很热情，互相帮助，经理也平易近人，关心我们，整个公司气氛十分融洽，我在那里工作得十分愉快。如果不是想发挥我的特长，我还真不想离开那里。"经理笑吟吟地说："恭喜你，你被录取了。"

我们的生活状态在很大程度上取决于我们对生活的态度，取决于我们看待问题的方式。每个人的人生都是从一张白纸开始的，以后所发生的事情都会渐渐在白纸上绘满轮廓：包括我们的经历，我们的遭遇，我们的挫折。乐观者会从中发现潜在的希望，描绘出亮丽的色彩；反之，悲观者总是在生活中寻找缺陷和漏洞，所看到的都是满目暗淡。

1.悲观会使烦恼越来越多

马克·吐温说："世界上最奇怪的事情是，小小的烦恼，只要一开头，就会渐渐地变成比原来厉害无数倍的烦恼。"对于那些习惯于活在抑郁、悲观生活里的内向者，一点小小的烦恼恰似一颗毒瘤，每天它都在不停地生长着，最终，毒瘤化脓，而他自己则被抑郁吞噬了。

2.调整心态，远离悲观情绪

悲观、抑郁被称为"心灵流感"，在现代社会，它成为一种普遍的情绪，但是，并没有引起人们足够的重视，有的内向者或许认为一点抑郁或悲观算不了什么，离真正的抑郁症还远着呢！但是，长时间的抑郁或悲观，会让他们感到失望，心智丧失，就好像长期生活在阴影里而无法自拔，对他们的生活带来严重的影响。因此，为了使生活变得丰富多彩，内向者应该远离悲观抑郁，积极调整自己的心态，走出抑郁、悲观的阴霾，重见灿烂的阳光。

内向者心理启示：

内向的林肯在患抑郁症期间说了一段感人肺腑的话：“现在我成了世界上最可怜的人，如果我个人的感觉能平均分配到世界上每个家庭中，那么，这个世界将不再会有一张笑脸，我不知道自己能否好起来，我现在这样真是很无奈，对我来说，或者死去，或者好起来，别无他路。”所幸的是，林肯终于战胜了抑郁症，成为美国著名的总统。对每个人来说，悲观、抑郁就是飘浮在天空中的乌云，它遮住了生活的阳光。因此，为了让我们的生活重见阳光，要远离悲观、抑郁，积极乐观向上地活着。

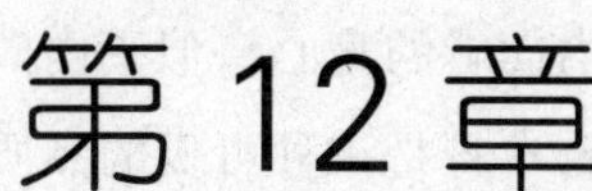

内向者远离消极的心理策略：避开性格劣势

对于一些外向者而言，工作中一些挫折或麻烦会被立即抛到云霄之外。但是内向者却容易被消极情绪左右，对自己的失误总是念念不忘，很久不能释怀。尽管内向者善于自我反省，但他们更不容易短时间从挫折感恢复过来。

内向者不必过分执着

在很多时候，内向者身上的过分执着并不是一个好品质。它就像是一个魔咒，一点点地禁锢着内向者的身心，似乎内向者不朝着之前的方向继续下去就对不起良心。执着本身是一种可贵的品质，但凡事都有一定的限度，“执着”也是一样，适当的执着会体现出内向者个人的魅力，同时也可以使问题变得更简单。但若是不顾一切的执着，太过分的执着则会不自觉地将自己的身心束缚，他们总是放不下，总是不愿意放弃，只是固执地朝着一个方向前进，不管前面是康庄大道，还是死胡同，甚至，这样的坚持是无谓的，如果内向者最终闯入的不过是死胡同，这样执着的后果也是可悲的。

虽然，对生活执着是一种坚定的信念；对工作执着，是一种精神寄托；对爱情执着，是一种人生的美丽。但若是该放弃时不放手，就会使自己不堪负重而活得很累，甚至有可能走向另一种悲惨的结局，同时也让内向者身心疲惫。

性格比较内向的王大爷年轻时是村里的干部，后来因为赶上计划生育，他被迫离职了，离职的时候，他快五十了，在那一瞬间，他觉得生活好像没有了希望，他一直不肯承认自己竟然变成了跟隔壁大婶一样的百姓，他觉得自己还是支部书记。当然，他将这种执着的心态放在心里，他经常会去政府与上级领导说话，说自己的苦闷，说自己的无所事事，说自己的孩子上学没学费，希望领导能帮助解决。领导无奈：“你现在已经离职了，不是干部了，这些事情你自己能解决的就自己解决，自己不能解决的，就找你们村里的干部。”王大爷固执地说：“我不相信他们，我只相信我自己当干部的能力。”王大爷每次都去政府闹，刚开始大家还看在他是老干部的份儿上跟他聊聊，但时间长了，大家都清楚了他的禀性，晓得

他很执着，就能躲就躲，能避开就避开。

在平时生活中，王大爷总是对自己被迫离职的事情耿耿于怀，十分执着，他在家里动不动就说："如果我现在还是村里的干部，那村里现在肯定不是这样子。"家里人都开始厌烦他的唠叨了，老伴没好气地说："你在执着什么？你现在已经是平民百姓了，就应该是百姓的样子，有什么放不下的，有什么解不开的心结？简直是自己折磨自己。"其实，王大爷确实陷入了一个怪圈，他越是执着于自己被迫离职的事情，他就越痛苦，想想之前的辉煌日子，想想现在平凡的自己，越想越不是滋味，整日无所事事，搞得自己身心疲惫。

王大爷所坚持的是内心的执着，而不是其他，因此他总是感觉过得很痛苦。如果他真的放下了内心过分的执着，以正常的心态回归到一个平民老头的身份，他会觉得生活依然充满着阳光。有些事情既然已经发生了，毫无回旋的余地了，那我们就要学会接受，而不是过于执着，过于执着只会让自己更加疲惫，不如放松身心，给自己一个舒适的心灵环境。

生活中，有的人活得像小河里的溪水，虽然平静无波，却有顽强的生命力和战斗力，它能够经受暴风骤雨的侵害，也可以坦然面对夏日骄阳的炙烤，它从来不在乎世界会有那么多的变化。一个人活着也是一样，人要有信念，但不能过于执着，不能与生命较真，不妨学会顺其自然，对生命中的意外和阻挠不必过于强求，也许，这样方能阻止自己生命的脚步过快地到达终点。

1.适时修葺自己的信念

人生需要有信念，这样生命才有前进的方向。但是，信念只有与自己合拍，才能更好地发挥出引航员的作用。对此，在人生的路途中，内向者要适时修葺自己的信念，让它与自己合拍，对于某些不切合实际的想法，我们不应太较真，太执着，而是学会放弃，适时找到自己的人生信念，这样生命才会更加绚丽灿烂。

2.与其走向死胡同，还不如拐弯走向另外一条大道

如果内向者希望与别人合作，且已经明确地表达意图，但对方却毫无

回应，在这种情况下，与其继续留下来攻坚，把时间花在啃掉这块硬骨头上，不如转身离去，把精力用来寻找新的目标。每个人做事都有自己的理由，放弃攻坚是对别人的尊重，也是一种明智的选择。

大量事实表明，第一次不成功的事情，以后成功的概率也是很小的，纠缠下去只会惹人厌烦，这样并没有太大的意思，与其把80%的精力耗在20%的希望上，不如以20%的精力去寻找新的目标，说不定还有80%的希望。

内向者心理启示：

人的一生就好像花开花落，周而复始，没有什么花是永远不凋谢的，对于上天的安排，我们应该顺其自然，千万不能过于执着，太较真是一种疼痛，一种心魔，它不断侵蚀我们内心简单的快乐，最后，我们只能满身疲惫地倒下。

别为琐碎事情而烦恼

有的内向者往往能勇敢地面对生活中的艰难险阻，却被小事情搞得灰头土脸，垂头丧气。其实，生活在这个世界，每天所遭遇的琐碎小事可以说不胜枚举，如果内向者总是斤斤计较，总是为那些眼前的小事烦恼，就会郁郁寡终。太过在意，犹如握得僵紧顽固的拳头，失去了松懈的自在和超脱。生命就是一种缘，是一种必然与偶然互为表里的机缘，有时候命运偏偏喜欢与人作对，你越是较真去追逐一种东西，它越是想方设法不让你如愿以偿。这时那些习惯于较真的内向者往往不能自拔，仿佛脑子里缠了一团毛线，越想越乱，他们陷在了自己挖的陷阱里；而那些乐观的外向者则明白知足常乐的道理，他们会顺其自然，而不会为眼前的事情所烦恼。

“二战”后，一位名叫罗伯特·摩尔的美国人在他的回忆录里写下了这样一件事：

那是1945年3月的一天，我和我的战友在太平洋的一艘潜水艇里执行任务。忽然，我们从雷达上发现一支日军舰队朝我们开来。几分钟后，6枚深水炸弹在我们潜水艇的四周炸开，把我们直压到海底280英尺的地方。尽管如此，疯狂的日军仍不肯罢休，他们不停地投下深水炸弹，整整持续了15个小时。在这个过程中，有十几枚炸弹就在离我们几十英尺左右的地方爆炸。倘若再近一点的话，我们的潜水艇一定会炸出一个洞来，我们也就永远葬身太平洋了。

当时，我和所有的战友一样，静躺在自己的床上，保持镇定。我甚至吓得不知如何呼吸了，脑子里仿佛蹿出一个魔鬼，它不停地对我说：这下死定，这下死定了。因为关闭了制冷系统，潜水艇内的温度大约达到40摄氏度，可是我却害怕得全身发冷，一阵阵冒虚汗。15个小时之后，攻击停止了，那艘布雷舰在用光了所有的炸弹后开走了。

我感觉这15个小时好像有15年那么漫长，过去的生活一一浮现在我眼前，那些曾经让我烦恼的事情更是清晰地浮现在我的脑海中——爸爸把那个不错的闹钟给了哥哥而没给我，我因此几天不跟爸爸说话；结婚后，我没钱买汽车，没钱给妻子买好衣服，我们经常为了芝麻大的小事而吵架。

这些在当时看来令人发愁的事情，在深水炸弹威胁我的生命时，都显得那么荒谬、渺小。当时，我就对自己发誓，如果我还有机会重见天日的话，我将永远不再计较那些眼前的小事了。

做人要潇洒点，不要总是为眼前的小事而烦恼，这如此简单浅显的道理，我们却始终不能明白。有些事情在我们经历时总也想不通，直到生命的尽头才恍然大悟，如果上帝不再给我们一次机会，那岂不是永远的遗憾。

1.眼前的事情总会成为过去

可能，内向者总为眼前的事情而发愁，可能是没钱买房子，可能是没钱买车，可能是没钱给自己和亲人买好看的衣服，但这些事情总会成为过去。正如“面包会有的，牛奶会有的”，一切总会好起来的，有这样良好的心态，何必还与自己较真呢？

2.换一种心态看问题

在这短暂的人生中，记住不要浪费时间去为眼前的事情而烦恼，虽然我们无法选择自己的老板、无法选择自己的出身、无法选择自己的机会，但内向者可以选择一种心态看待问题。凡事看得开，看得透，看得远，自己就能赢得一份好心情。

内向者心理启示：

在山坡上有棵大树，岁月不曾使它枯萎，闪电不曾将它击倒，狂风暴雨不曾把它动摇，但它最后却被一群小甲虫的持续咬噬毁掉了。这就好像在生活中，一些内向者不曾被大石头绊倒，却因小石头而摔了一跤。

抑制愤怒，让自己变得安静

2006年世界杯足球赛，在法国与意大利队的决赛中。在加赛的最后10分钟，由于受到对手挑衅，法国球星齐达内情绪失控，用身体冲撞对方球员，同时，给自己带来了一张红牌，给自己的足球生涯画上了句号，并导致了意大利的最后胜利。

在生活中，那些愤怒的情绪往往会挑拨起内向者心里的冲动，而冲动的结果令他们更加愤怒，如此这样，情绪会形成一种恶性循环，一发而不可收。事实上，只有远离冲动，抑制愤怒，内向者才能驶向开心的彼岸。有人这样生动地形容愤怒：人们在愤怒时就像是在喝酒一样，一旦喝下了第一杯，就会一杯接着一杯地喝下去，后来，越喝越醉。就这样，那些容易愤怒的内向者一旦陷入了愤怒的情绪里，就难以摆脱了。

心理学家认为：愤怒是一种最具破坏性的情绪，它给人带来的负面情绪可能远远超过我们的想象。无疑，愤怒的情绪将严重地影响内向者的生活，让生活失去了平和的美丽。对此，面对愤怒的情绪，内向者应该努力抑制，因为，只有平和才会让我们变得美丽。

台湾著名高僧有一句名言：“生气是拿别人的错误来惩罚自己。”每个人都有愤怒的生活，然而，当真正愤怒时该怎么办呢？最好的办法就是让愤怒的情绪停止下来，追求一种平和的美丽。

从前，有一个叫爱地巴的人住在西藏，他有一个很特别的习惯：每次生气或与别人争吵时，他都会以很快的速度跑回家，然后，绕着自己的房子和土地跑三圈，跑完以后，就坐在田边喘气。许多人对他这种习惯很不理解，每次好奇地问他这是为什么，爱地巴总是微笑着不语。

爱地巴是一个勤劳而精明的人，在自己的努力经营下，爱地巴的房子越来越大，土地也越来越广，但不管房子和土地有多大多广，一旦遇到了令自己生气或者与别人争论的事情，爱地巴依然会绕着自己的房子和土地跑三圈。

直到有一天，爱地巴老了，他的房子变得特别大，土地也变得特别广，不过，这并没有影响他那数十年不变的习惯。每当爱地巴生气时，他仍然会拄着拐杖艰难地绕着自己的房子和土地走三圈。好不容易走完了三圈，太阳已经下山了，而爱地巴则独自坐在田边，一边喘气，一边欣赏着自己的房子和土地。

这时，孙子在爱地巴身边恳求：“阿公！您可不可以告诉我？”爱地巴感到不解：“告诉你什么呢？”孙子挨着爱地巴坐了下来，说道：“请您告诉我，您一生气就绕着土地跑三圈的秘密？”爱地巴笑着说：“年轻的时候，只要一和别人吵架、争论、生气，就会绕着房子和土地跑三圈，一边跑一边想：房子这么小，土地这么小，哪有时间去和别人生气呢？一想到这里，我的气就消了，整个人变得平和起来，把所有的时间都用来努力工作。”孙子感到很不解：“阿公！可是，现在您已经年老了，房子也大了，土地也广了，您已经是最富有的人了，那为什么还要绕着房子和土地跑三圈呢？”爱地巴温和地说：“可是，我现在依然会生气，为了克制内心的愤怒情绪的蔓延，我在生气时还是绕着房子和土地跑三圈，边跑边想：自己的房子这么大了，土地这么多了，又何必要和别人计较呢？一想到这里，我的气也就消了。”

美国人与其他国家不同的特点在于，他们非常乐观，这种积极的情绪会不自觉地感染其他人。任何事情都不像你想象的那么糟糕，没有必要一直在心里耿耿于怀，你的生气与愤怒不过是你自己罢了。那么，如何抑制内心的愤怒而保持平和的情绪呢？林则徐习惯在堂上挂着“制怒”的字匾，这样，在自己就要愤怒时，看到这两个字就及时控制住了怒气。而对于内向者林肯来说，能够抑制愤怒情绪的最佳法宝就是幽默感。

在南北战争时期，有一次，一位军官急匆匆地迎面而来，没料到，在作战部大楼的走廊上却一头撞到了林肯的身上。当军官看清被撞的是总统先生的时候，立即赔不是，那位军官恭敬地说道：“一万个抱歉！”林肯诙谐地回答道：“一个就足够了。”接着，林肯补充道：“但愿全军的行动都能够如此迅速。”面对军官无意的过错，林肯没有生气，反而以幽默来化解军官的尴尬。

后来，在一次有关兵力问题的讨论中，有人问林肯：“南方军队在战场上有多少人？”林肯回答说：“有120万。”由于这个数字远远超过了南方军队的实际兵力，那些参与讨论的人脸上满是惊愕与疑虑，对林肯这样冒失地说出一个惊人的数字，感到有点不解和愤怒。接着，林肯解释说：“一点儿也不错，的确是120万，你们知道，我们的那些将军们每次作战失利之后，总是对我说寡不敌众，敌人的兵力至少是我们军队的3倍，虽然我不愿意相信他们，这样一来，南方的兵力无疑增加了3倍，现在我军在战场上有40万人，所以，南方军队是120万，这是毫无疑问的。”

当愤怒遇到了幽默感，那么，愤怒的情绪就会自然而然地消失。我们生活在这个世界，每天都会面对许多情绪，似乎情绪主宰了内向者的一切，有人说：“一切争吵都是从情绪开始，一切纷争都来源于情绪。”在众多情绪中，愤怒和生气往往会引起强烈的反应，甚至，有可能会产生连锁反应，最后导致更大“战争”爆发。

内向者心理启示：

心理学家告诉内向者：“叫停、想一想、再去做，这三个步骤，是避免陷入怒火的最好方法。”每天的生活就如同在高速路上行驶，当内向者

奋力向前时，不要忘记了刹车的功能，避免一不小心就撞了上去。当自己生气或愤怒时，记得反问自己："愤怒真的解决问题吗？"当思想开始转移到如何解决这件事情时，就唤醒了理性的力量，这样，愤怒的情绪就会平息，开始变成一种美丽的平和姿态。所以，面对易怒的情绪，内向者应该抑制，因为只有平和才会使我们变得更加美丽。

你可以缔造命运的辉煌

从我们降临到这个世界上，上天就给予了我们不同的礼物，有的人太幸运，他得到的是一个完美无缺的洋娃娃，而有的人则运气不怎么好，他所得到的是一个修补过的洋娃娃。对于前者而言，他前面走的路会相对平坦一些，而对于后者，他的每一步都需要付出很多才能达到自己的目标。对此，不管内向者是属于前者还是后者，只要相信自己，即便自己所拥有的只不过是一个修补过的洋娃娃，也一样能缔造出命运的辉煌。

杰克·韦尔奇出生在一个典型的美国中产阶级家庭，父亲在铁路公司工作，每天早出晚归，因而，培养孩子的任务就落在了母亲的身上。与其他母亲不太一样，她对韦尔奇的关心更注重提升他的能力和意志。母亲是一位十分权威的人，她总是让韦尔奇觉得自己什么都能干，教会韦尔奇独立学习。每当韦尔奇的行为有所不妥，母亲总是以正面而有建设性的意见唤醒他，促使韦尔奇重新振作，母亲虽然话不是很多，但总令韦尔奇心服口服。

母亲一直抱持着这样的理念：坦率的沟通、面对现实、主宰自己的命运。她将这三门功课教给了韦尔奇，使得韦尔奇终生受益。母亲告诉韦尔奇："要掌握自己的命运就必须相信自己能缔造出命运的辉煌。"韦尔奇到了成年以后还是略带口吃，但是母亲安慰韦尔奇："这算不了什么缺陷，只不过思维比开口快了一些。"正是母亲给予的这份自信，让口吃不再成为阻碍韦尔奇发展的绊脚石，而是成为韦尔奇骄傲的标志。美国全国广播公司新闻部总裁迈克尔对韦尔奇十分钦佩，甚至开玩笑说：“他真有力量，真有效率，我恨不得自己也口吃。”

韦尔奇凭借中学的优异成绩应该可以进美国最好的大学，但是，由于种种原因，他最后只进了州立大学。刚开始，韦尔奇感到十分沮丧，但进入大学以后，他的沮丧变成了幸运。他后来回忆这段经历，这样说道：“如果当时我选择了麻省理工大学，那我就会被昔日的伙伴们打压，永远没有出头的一天，然而，这所较小的州立大学，让我获得了许多自信，我非常相信一个人所经历的一切，都会成为成功的基石，包括母亲的支持，运动，上学，取得学位，虽然我天生口吃，但我相信我一样可以缔造出自己辉煌的命运。”韦尔奇的大学班主任威廉这样评价他：“是他的双眼，他总是表现得很自信，他痛恨失败，即使在足球比赛中也一样。”1981年，韦尔奇成为历史上最年轻的CEO，他是通用电气公司董事长。而自信成为通用电气的核心价值观之一，韦尔奇这样说：“我相信命运的辉煌可以靠自己来创造。”

戴高乐将军曾说：“眼睛所看到的地方，就是你会到达的地方，唯有伟大的人才能成就伟大的事，他们之所以伟大，就是因为他们决心要做出伟大的事。”生活中，像韦尔奇一样有口吃毛病的人很多，但像他一样成功的人却很少，为什么呢？因为大多数的口吃者都在为上天的不公平而抱怨，他们变得内向，但其实他们忘记了，即便自己是一位口吃者，但命运的辉煌完全是可以靠自己创造的，除了口吃，自己与其他人并无区别。

1.不去计较上天给予的不公平

或许，在命运之初，上天发给我们的并不是一手好牌。但是，如果我们能保持良好的心态，相信自己即便是一手烂牌，也可以打得漂亮，这在牌桌上叫牌品，在生活中叫信念。与其花时间去计较上天给予的不公平待遇，不如花心思打好自己手中的一副烂牌。

2.命运的辉煌需要靠自己努力

我们的命运都掌握在自己手中，如果我们想让命运绽放出如烟花般灿

烂的辉煌，那完全在于我们自己的努力，而不在于上天的恩赐。假如我们较真，那就较真自己是否努力过，是否拼搏过，只有真正地努力、拼搏之后，我们才能缔造出自己命运的辉煌。

内向者心理启示：

在生活中，所谓的强者是什么？真正的强者不是凭借着各种资源努力向上爬的人，而是缔造自己命运辉煌的人，他们虽然遭遇了生活的不公平待遇，但依然可以冲破重重阻碍，最终采摘成功的果实。

别总和自己较劲

内向者有太多的时间封闭自己，所以他们在大多数时候与自己较劲。在生活中，内向者要懂得善待自己，认同并欣赏自己，而不是总是与自己较劲。善待自己，其实是一种自我解脱，你能清楚地认识到自己的优点和缺点，会让你对生活有更深刻的认识，即便在任何情况下，心理也会保持相对的平和，对于自己的某些缺点能够坦然面对，这样才能活出大气的人生。然而，在现实生活中，有的内向者总是不能够善待自己，他们总是纠结于自己身上的某些缺点，总觉得自己不够完美，结果，在这种不断暗示的心理状态下，他就真的变得自卑起来，而且往往会自寻烦恼，甚至因过于与自己较劲而造成难以挽回的悲剧。所以，在生活中，内向者要学会善待自己，不要与自己较劲，要学会欣赏自己。

内向的波波拉是位女教师，她一直很不满意自己的长相，好像哪儿看起来都不顺眼，在经过一番心理挣扎之后，她决定去整容。整形医师仔细打量了她的五官，认为她长得并不难看，关键问题在于波波拉内心的失衡，她把自己估计得太低。在波波拉的强烈坚持下，整形医师还是为他动了手术，不过只是稍微改善了她的五官，这比她自己所要求的要少很多。

手术之后，波波拉很不高兴，她一边打量镜子中的自己，一边埋怨：

“你并没有对我的脸孔作太大的改变。”整形医师解释说：“你的脸孔本来就只需要稍作改善，问题是你使用脸孔的方式错了，你把它当作一个面具，用来遮掩你的真实感觉。”波波拉低下头：“我已经尽自己最大的努力了。”医师没有说话，只是默默地看着她，波波拉沉默了许久，说道：“每天我到学校去的时候，就像戴了张面具，尽量表现出自己最好的一面，我认为自己不够好，我把所有的感情全部隐藏起来，只留下我认为正确的一部分。但是，令我难过的是，在我三年的教学生涯中，孩子们总是嘲笑我。”

整形医师微笑着说：“孩子们嘲笑你，是因为他们已经看出你一直在演戏，他们了解你已经自我失衡。其实，作为一名教师，并不一定要使自己表现得十分完美，偶尔也可以表现得愚蠢一点，这样孩子们就会尊重你了。记住，你就是你，不需要改变自己的容貌，而是改变自己的心态，学会善待自己，不要总是跟自己较劲。”波波拉接受了医师的建议，从此以后，她再也不去在意自己的容貌，而是完全地接纳自己，最后，她成为孩子们最喜欢的老师。

自己看自己不顺眼，自己找气生，这都是自己跟自己较劲的表现。这时内向者需要给自己的心灵寻找出路，从内心深处来接纳自己，让自己与心灵融为一体，这才是真正的善待自己。有时候，自己与自己较劲的根源并不在于外在条件，或者自己身上的某些缺点，而是源于内心的阴霾，他们总是羡慕别人就是好的，总是觉得自己哪里都不对劲，于是，烦恼就产生了。长此以往，最终导致自我毁灭。

一群研究生曾向心理学家请教：你怎么解释“烦恼都是自己找来的”呢？心理学家微笑着不说话，一会儿，他从房间里拿出了二十多个水杯摆在茶几上，杯子各式各样，有的是玻璃杯，有的是塑料杯，有的是瓷杯，有的是纸杯，有的杯子看起来很高贵，有的杯子看起来很粗陋。

心理学家开始说话了：“你们都是我的学生，我就不把你们当客人看待了，你们要是渴了，就自己倒水喝吧。”这天正值天气闷热，大家便纷纷拿了自己中意的杯子倒水喝，当学生们都拿起了杯子，心理学家继续

说：“大家有没有发现，你们挑走的杯子都是比较好看、比较别致的，像这些塑料杯和纸杯，就没有人拿走。其实，这就是人之常情，谁都希望手里拿着的是一只好看的杯子，但是，我们需要的是水，而不是水杯，所以说，杯子的好坏，并不影响水的质量。”接着，心理学家解释道：“想一想，如果我们总是有意或无意地把选杯子的心思用在了那些琐碎的事情上，甚至用在攀比上，那么，烦恼自然而然就来了。”

世界歌王迈克尔·杰克逊因心脏病突发去世，根据其经纪人披露：杰克逊的死是一幕心理悲剧。杰克逊认为自己长相不好，皮肤黝黑，因而心理失衡，多次通过漂白全身和整容来平衡自己，然而，这更使他承受了心灵与肉体的双重打击，自己跟自己较劲，最后导致了悲剧的发生。

内向者心理启示：

生活中，许多内向者的烦恼、郁闷都是自找的，本来没有烦恼，或者说原本就不是烦恼，但由于内心对自己的苛责，不自觉地把一切事情都当作烦恼。所以，善待自己，宽容自我，抛弃心中的烦恼，不要自己跟自己较劲。

过度的自我反省只会陷入自责的怪圈

内向者善于自我反省，不过他们常常为此陷入自责的怪圈。生活中，对于自己对未来错误的估计，不要自责，也不要后悔，因为谁也无法预知未来。很多时候，当我们做好了充分的准备，却无法预料有意外的情况发生，在这种情况下，事情难免会出现一些纰漏或错误，甚至会使整件事情变得更加糟糕。面对这样的场面，那些对自己严格要求的人会比较自责，后悔自己当初所作出的判断，以及作出的决定，他们的时间和精力都耗费在后悔与自责上。至于那些造成事情的既成状态，他们竟然毫不理会。

在这里，我们只想说，当事情已经成为既定的状态，后悔与自责都是没用的，因为没有一个人能预料到自己的未来，我们所能做的就是想办法解决问题，致力于将糟糕的情况降到最低限度。后悔与自责无异于自己跟自己斗气，这对事情的进展是毫无帮助的。

内向的老陈一家六口居住在一个七八十平方米的小房子里，上有两位老人，下有两个小孩，虽然比起那些在街上流浪的人好得多，但老陈对自己的现状还是不满意。个性偏执的他总是在后悔、自责，责怪自己当初为什么不咬牙买下大一点的房子。

原来，早在两年之前，老陈夫妻因起早贪黑做点小生意攒了一笔钱，当时，他们很容易就可以购买大一点的房子。就连妻子都在盘算着买房子需要多少钱，装修需要多少钱。但老陈自以为眼光很独到，他觉得房子的价格还会稍微降一点，这样自己就可以多存一点钱。可没想到，就在打消不买房子念头的两个月之后，房价直线上升，老陈天天关注新闻报道，看到自己之前看过的房子现在竟然卖到了天价，顿时，他肠子都悔青了，自己真是失算啊！如果当初买下来，那自己现在不也从中赚了一笔钱？老陈越想越怄气，后悔、自责、悲伤，各种情绪涌上心头，竟然病倒在床上，躺了三天三夜。

让老陈更怄气的事情还在后面，房价不但不降，反而一直飙升，本来老陈的积蓄可以买一套好一点的房子。但按照现在的房价算下来，自己连郊区的房子都望尘莫及了，更别说昂贵的装修费了。老陈天天跟自己怄气，“如果当初我能买下房子，该多好啊，现在我们一家已经住进大房子了，可怜我现在这点钱，干什么都无指望了……”很是自责，更是后悔自己当初的决定，就这样，老陈在这种悔恨交加的情绪中日渐苍老。

对于房价的陡然上升，这是老陈根本预料不到的事情，而对于房价上涨之后对自己积蓄的影响，这也是情理之中的事情。但老陈总是觉得是自己当初错误的决定，才造成了现在一家人还是拥挤在小房子里，而手头的积蓄也难以再买到好一点的房子了。越是这样想，他越是怄气，就这样，在后悔与自责的情绪中，他慢慢苍老了，而他们一家人还是居住在拥挤的房子里，一点都没改变。

1.再多的悔恨已经没用

对于因错误估计产生的意外情况，我们已经没有办法挽回了，再多的悔恨和自责都没有用。我们所能做的就是如何将糟糕的情况变得稍微好一点，降低预料之外的情况给事情带来的破坏性，这样对我们自己才会有所帮助。花时间与自己斗气，不断地自责和后悔，这都是极其愚蠢的行为。在生活中，如果我们对未来作了错误的估计，不要后悔，不要自责，因为未来是谁也预料不到的。

2.越后悔越痛苦

因为你所后悔的事情已经发生了，这个世界是没有后悔药的，你越是后悔，其实越是置自己于痛苦的深渊中。自责更是一种自我折磨的行为，无限制地责备自己，好像自己真的成为世界上最大的罪人，越是自责，越是痛苦。但是，结果呢？后悔与自责都不能将时光追回来，更何况那些对未来的估计本来就是一种猜测，我们谁也预料不到未来会怎样，会发生什么。

内向者心理启示：

后悔与自责是一条无限恶性循环的链子，内向者对未来的设计与打算有了失误的估计，因此而后悔，后悔之后又是自责，然后再拖延，恶性循环下去，如果内向者永远解不开心结，那他的余生都将在后悔与自责中度过。不论是后悔还是自责，那都是自己跟自己置气，自己跟自己过不去，是愚蠢的作为。

第13章

内向者自我激励的心理策略

作为一个内向者，要善于激励自己，即培养自己的自信心。一个缺乏自信心的内向者，他看不到自己的力量，看不到自己的优点与长处，在追逐目标的过程中，他失去了克服困难的信心和勇气，最终，他们只能与成功失之交臂。每一个内向者心里都隐藏着一股无穷的力量，他们所需要做的就是挖掘出这些潜在的力量。

摆脱心理设限，释放自我

内向者很容易为自己的心里设限，结果无法突破自我。实际上，每个人都可以成为展翅翱翔的雄鹰，重要的是，你不要在心理给自己设限，在心理给自己制造失败。内向者非常智慧，不过，他们发现每个人都像自己一样好时却感觉很糟糕。当他的内心被束缚，无法释放真实的自己时，那么，不自信就产生了。现实生活中，内向者常常会模糊自己真实的内心，习惯于在心理给自己设限，产生一种挫败感，导致最后他们还没有翱翔于蓝天就落地了。如果内向者习惯了自我设限，那么，他们的心就会失去向上生长的动力，只能在被束缚的范围里挣扎，无助。所以，不管内向者遭遇了什么挫折，都不要随意地否定自己，否定自己就意味着扼杀自己的潜力和欲望。

在美国纽约街头，有一位卖气球的小贩，每当自己生意不怎么好的时候，他就会使用这样的方法：向天空放飞几只气球。这样一来，就会吸引一些围观的小朋友来玩耍，自己的生意又会好起来，那些被气球吸引过来的小朋友都争着买他的色彩漂亮的气球。

有一天，当他向空中放飞了几只气球后，他发现在一大群围观的孩子中间，有一个孤独的黑人小孩，他用一种疑惑的眼神看着天空。小贩很奇怪，他在看什么呢？顺着黑人孩子的眼光看去，发现空中正飘着一只黑色的气球。这只黑色气球是否代表着他自己呢？

小贩走上前去，用手轻轻地抚摸黑人孩子的头，微笑着说：“孩子，黑色气球能不能飞上天，在于它心中有没有想飞的那一口气，如果这口气够足，那它一定能飞上天空。”

台湾著名美学大师蒋勋曾写道：“每个人完成自我，才是心灵的自由状态；每一个人按照自己想要的样子完成自己，那就是美，完全不必有

相对性。天地之下可以无所不美，因为每个人都发现自己存在的特殊性。大自然中，从来不会有一朵花去模仿另一朵花；每一朵花对自己存在的状态非常有自信。”即便内向者遭遇了挫折，也不要轻易给自己心理设限，而是鼓起勇气来面对自己，挑战命运，接纳不完美的自己。其实，无论是身体的缺陷还是生活中的困难与挫折，这都不是心理设限的借口，更不是自暴自弃的理由。内向者要敢于突破内心的束缚，释放自己最真实的内心。

1.别轻易说“我做不到”

缺乏自信的内向者面对挫折与困难的时候，心底都会传出这样的声音：我做不到的。自己束缚了内心，最终，他真的没有做到。齐克果曾经说：“一旦一个人自我设限，并且一直认定自己就是个什么样的人时，他就是在否定自己，甚至他不会自我挑战，只想任由自己一直如此下去，而这终将导致自我毁灭。”其实，“我做不到”是一种逃避的心态，在还没有开始之前，他就先被打倒了，如果内向者始终以这样的逃避心态生活，那么，将会为自己留下许多难以弥补的遗憾。因此，内向者应该突破内心的束缚，当心开始恐惧的时候，我们应该大声对自己说：“你一定能做到的。”不断地暗示自己，释放出真实的内心，以此获得最后的成功。

2.不要给自己心理设限

有人这样种南瓜：当南瓜只有拇指大的时候，就把它装在罐子里，一旦它渐渐长大，就把会罐子内的空间占满，等到没有多余的空间了，南瓜则会停止成长，就一直维持在罐子里的那种形状了。内向者的心就如同南瓜一样，当它习惯了自我设限，在被束缚的范围里就不能自由生长，它会逐渐失去向上生长的动力，只能在原地徘徊。

3.不要总去关注别人

有一天，十分聪明的纳斯鲁丁跑来找奥修，激动地说：“快来帮帮我！”奥修问：“发生了什么事？”纳斯鲁丁说：“我感觉糟糕透了，我突然变得不自信了，天啊！我该怎么办？”奥修说：“你一直是很自信的人呀，发生了什么事让你如此不自信呢？”纳斯鲁丁很沮丧地说：“我发

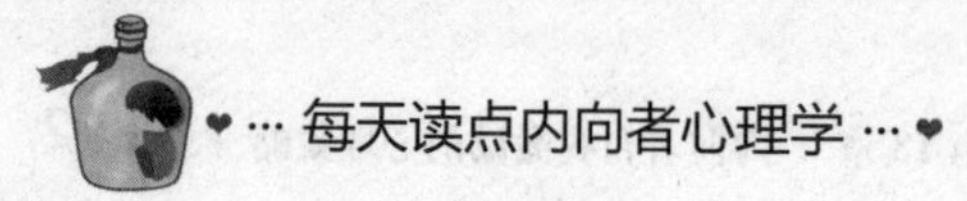

现每个人都像我一样好！”

内向者心理启示：

其实，内向者的束缚是源于内心的不确定或者不自信，当他们能够坚定告诉自己“一定能行”，从内心深处建立起强大的自信，这种不确定或者不自信的束缚就会消失，而释放出真实的自我。所以，在人生前进的路上，内向者不要忘记告诉自己“你一定能行的”！

激励自己，摆脱自卑心理

一位来自城里的记者询问在夜间忙碌的农民：“为什么要在夜间翻地呢？”农民回答说：“在夜间翻地，野草的生长率会降到2%，但若是让野草照到一缕阳光，它们便会快速增长，生长率高达70%呢！”听到这样的回答，记者当时惊呆了，他并不是因为快速生长的野草会影响农作物，而是被野草的生命之美所感动。野草，本来是多少不起眼的小生命啊！但是，因为那一缕阳光的生命力，怀抱自信，带领着野草冲破黑暗，沐浴阳光。就连野草这样卑微的生命都对自己充满了信心，何况我们还生活着，拥有生命，为什么要自卑呢？即便是性格内向的人，也不要羞于自卑，而是要勇敢地相信自己。

有一天，一个高傲而内向的武士，前来拜访禅宗大师。他本是一个出色且颇具威名的武士。但是，当他看到外表俊朗的大师，竟不由得自卑起来。他很不解，对大师道出了心中的疑惑：“为什么我会感到自卑？仅仅在一分钟以前，我还是信心满满的。但是，当我刚跨进你的院子，便突然变得自卑起来。以前，我从来没有过这种感觉，我曾无数次面对死亡，但从没感到恐惧，为什么现在我感觉有些惊恐了呢？”

大师对他说：“请你耐心地等一下，等这里所有的人都离开后，我会告诉你答案。”前来拜访大师的人越来越多，络绎不绝，武士焦急地等待

着。到了晚上，武士急不可待地说：“现在，你可以回答我了吧？”大师说：“到外面来吧。”

院子里，明月挂在天空中，发出皎洁的光辉。大师说：“看看这些树，那棵树高耸云端，而它旁边的一棵树却还不及它的一半高。但是，它们已经在这里很多年了，从来没发生什么问题。一棵这么高，一棵这么矮，为什么我却从未听到抱怨呢？”

武士领悟了，他回答说：“因为它们不会比较。”大师回答说：“那么你就不需要问我了，你已经知道答案了。”

其实，很多时候，自卑是源于内向者内心的比较，越比较越觉得自己处处不如人，结果，内心就越来越自卑。正所谓“天生我材必有用”，上天从来都是公平的，它会眷顾每一个人。在它为你关上一扇门的同时总会为你打开一扇窗户，如果内向者总是怀着自卑之心，又怎能得到上天的眷顾呢？自信是一个人跨越成功门槛的动力，丢掉内心的自卑，提升自信，这样内向者向前的脚步将会变得更加轻盈。

俄国著名戏剧家斯坦尼夫斯基，有一次在排练一出话剧的时候，女主角突然有事不能演出了。斯坦尼夫斯基实在找不到人，只好叫他的大姐担任这个角色。大姐以前只是一个服装道具管理员，现在突然要出演主角，内心很自卑胆怯，结果，演得很差，引起了斯坦尼夫斯基的不满。

有一次，在排练节目的时候，他突然停下来，说：“这场戏是全剧的关键：如果女主角仍然演得这样差劲儿，整出戏就不能再往下排了！”顿时，全场都安静了下来，大姐很久都没说话，突然，她抬起头来，说：“排练！”一扫内心的自卑、羞怯，演得非常自信，非常真实。斯坦尼夫斯基高兴地说：“我们又新增了一位表演艺术家。”

拿破仑说：“只要有信心，你就能移动一座山。只要坚信自己会成功，你就能成功。”可是，在生活中，拥有信心的人并不多。自信本身并不神奇，也不神秘，但是，如果内向者相信自己确实能够做到，自然就会信心百倍。

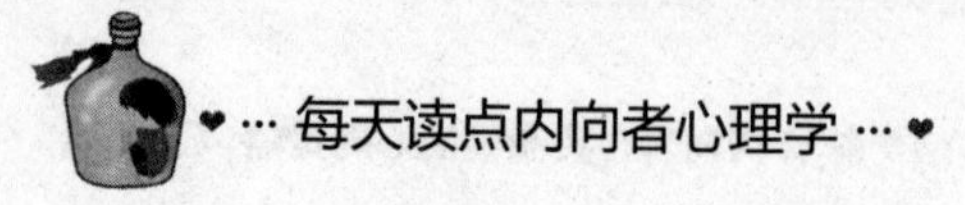

1.自信是一种人格魅力

读过《简·爱》这本书的人都会被那个自信的女孩所吸引，在书中，家财万贯、性格孤僻的庄园主罗杰斯特为什么会爱上地位低下而又其貌不扬的家庭女教师呢？答案其实很简单，因为简·爱自信、自尊，富有人格的魅力。正是这种自信的气质与魅力，使她获得了罗杰斯特由衷的敬佩和深深的爱恋。有人在研究当代世界名人的成长经历之后发现，这些名人对自我都有一种积极的认识和评价，表现出相当的自信。坚定的自信心，不仅使人在事业上不断进取，达到既定目标，而且，使人在性格上重塑自我，增添人格魅力。

2.过度自卑会影响一个人的生活和工作

自卑是一种因过度自我否定而产生的自惭形秽的情绪体验，其实，在生活中，几乎每个人都有自卑心理，只是程度不同而已。适度的自卑能够激励人们发奋努力，获得成功，但是，过度的自卑，则会影响一个人的心理、行为乃至事业成就。

3.认识自我价值

自卑是一种不良的自我评价，表现为否定、排斥或压抑自己，悲观失望、自我封闭、意志消沉。内向者摆脱自卑心理，需要强化自我认同，提高自我效能感，也就是自己对自己能力的认同。内向者错误自我评价经常产生于错误的比较放松，要求内向者上进的同时做好自我能力的分析，避免选择不恰当的比较对象而让自尊心受到严重创伤。内向者在与他人横向比较时也需要纵向比较，认识到自己的进步和优点。

内向者心理启示：

那些对自己缺乏信心的内向者过度关注自己的生理缺陷和能力的不足，导致其心理承受能力十分脆弱，经不起较强的刺激。他们很容易对他人产生猜疑、嫉妒心理，行为总是畏首畏尾、瞻前顾后。或许他们本可以成为优秀人才，但是，因为他们看不到自己的特长，心理自卑不敢发挥自己的优势，最终只能碌碌无为。自卑，就好似一个陷阱，阻碍内向者继续前进。因此，内向者要敢于摒弃自卑，让自信的阳光洒满心房。

内向者的成功取决于他的信心

这个世界上大多数优秀者都诞生在内向者之中，为什么？因为这些内向者对自己充满了绝对的自信。在《圣经》中有这样一句话：“你的成功取决于你的信心。”事实上，自信往往能产生奇迹，相信自己的人，总是充满着极大的热情和力量。简单地说，那些在信心庇护下的人能从束缚、妨碍缺乏信心的许多担忧和焦虑中解脱出来。自信的人有行动的自由，他的能力也能自由发挥，在这种自由下能取得一定的成就是必然的。试想，一个内向者的思想若是受到了担忧、焦虑、恐惧或无把握感的束缚和妨碍，他的大脑就不可能有效地指挥自己去完成某些事情。

信心是一块伟大的基石，在内向者作出努力的所有方面，信心往往能创造奇迹。信心使内向者的力量倍增，更使内向者的才能增加数倍，如果没有信心，内向者将一事无成。即使一个有卓越能力的内向者，一旦他对自己或对自己的才能失去信心，那他就会迅速地失去力量，变得不堪一击。

著名数学家高斯是一位内向者，不过他的成功之路就在于相信自己一定能行。

1796年的一天，在德国哥廷根大学，19岁的高斯吃完了晚饭，就开始做导师单独布置给自己的每天例行三道数学题。高斯很快就把前两道题做完了，这时，他看到了第三道题：要求只用圆规和一把没有刻度的直尺，画出一个正17边形。高斯感到非常吃力，时间很快就过去了，这道题还是没有一点进展，高斯绞尽脑汁，他很快发现自己学过的所有数学知识似乎都不能解答这道题。不过，这反而激起了高斯的斗志，他下决心：我一定要把它做出来！他拿起了圆规和直尺，一边思考一边在纸上画着，尝试着用一些常规的思路去找出答案。

天快亮了，高斯长舒了一口气，他终于解答出这道难题。见到导师，高斯有点内疚："您给我布置的第三道题，我竟然做了整整一个通宵，我辜负了您对我的栽培……"导师接过了作业，当即惊呆了，他用颤抖的声音对高斯说："这是你自己做出来的吗？"高斯有点疑惑："是我做的，但是，我花了整整一个通宵。"导师激动地说："你知不知道，你解开了一道两千多年历史的数学题，阿基米德没有解决，牛顿没有解决，你竟然一个晚上就做出来了，你才是真正的天才！"原来，导师误把这道难题交给了高斯，每次高斯回忆起这一幕时，总是说："如果有人告诉我，这是一道两千多年历史的数学难题，我可能永远也没有信心将它解出来。"

生活处处充满奇迹，只要内向者相信就一定能实现。信心使你坚信自己一定能成功，信心能开启守卫生命真正源泉的大门，正是借助于信心，才能发掘伟大的内在力量。在很多时候，人生是辉煌还是平庸，是伟大还是渺小，都将与你的信心成正比。

1.不要总觉得自己很差

内向者总认为自己很差，从而容易陷入自卑的情绪之中，尤其是内向者不能像外向者那般哗众取宠。所以他们感觉自己被人们忽略了，他们在沟通、做事和行动方面感觉自己比不上别人。所以，内向者要转变观念，不要总是觉得自己很差，要善于看到自己优秀的一面。

2.不要在意别人的看法

虽然内向者了解自己的内心所想，不过并不了解别人心里的想法，总是感觉自己与他人有距离感，所以他们对外面社会发生的事情漠不关心，而且觉得自己与社会有了偏差因而感到很不安，当然，他们太在意别人的看法，结果使自己失去信心。

3.客观看待自己

当内向者缺乏衡量自己是否正确的明确标准时，趋向通过与他人比较以确定自己正确与否。不过由于整个社会是与外向者站在一起的，一切的事情都是以外向者作为参照物的，这些模范人物和价值标准好像与自己是完全相反的，内向者觉得什么都不行，结果容易陷入悲观情绪中，使自己失去信心。

内向者心理启示：

现实生活中的许多内向者不相信自己，他们甚至不知道信心为何物，在他们看来，这个世界并没有什么奇迹。其实，这都源于他们对自己缺乏信心。要知道，信心能使我们站得高，看得远，能使我们站在高山之巅，眺望远方看到充满希望的大地。

勇敢挑战不可能的事情

为什么内向者比外向者看起来更显得自卑？因为相比而言，内向者对一些东西更容易选择逃避，那些看起来不可能完成的任务，他们选择了放弃，而只是喜欢沉浸在自己的精神世界里，与外界社会完全脱离了。不过，假如内向者希望赢得成功，使自己变得更加自信，甚至达到自己期望的高度，那就需要勇敢挑战那些不可能完成的任务。一个人的思想决定一个人的命运，内向者缺乏向不可能完成任务挑战的勇气，就只能画地为牢，最终将自己无限的潜能化为有限的成就而无法晋升。如果内向者想让自己的业绩更上一层楼，想攀登更高的山峰，那就鼓起勇气去挑战那些不可能完成的任务。

杰克逊向人们讲述了自己经历的一件事情：

现在，有许多休闲活动开始转为惊险刺激，而我选择了跳伞训练来挑战自己的胆识。在一次例行的业余跳伞训练中，我们由教练引导，背着降落伞登上了运输机，准备进行高空跳伞。突然，不知道是哪个学员惊叫了一声，大家顺眼望去，竟然发现了一位盲人，他带着自己的导盲犬，正随着大家一起登机。令人惊讶的是，和大家一样，这位盲人和导盲犬的背上也有一具降落伞。

飞机起飞之后，所有参加这次跳伞训练的学员们都围着这位盲人，大家七嘴八舌地问他：“为什么会参加这一次跳伞训练？”一名学员好奇地问道："你根本看不见东西，怎么能跳伞呢？"盲人回答得很轻松："那有什么困难的？等飞机到了预定的高度，开始跳伞的警告指令响起，我只要抱着我的导盲犬，跟着你们一起排队往外跳，不就行了吗？"另一名学员接着问道："那……你是怎么知道在什么时候可以拉开降落伞呢？"盲人笑着回答："那更简单，教练不是教过？跳出去以后，从一数到五，我就自然会把导盲犬和我自己身上的降落伞拉开，只要我不是结巴，我就不会有生命危险啊！"杰克逊也忍不住问道："可是……落地的时候呢？跳伞最危险的地方，就是在落地的那一刻，那你又该怎么办呢？"盲人满是信心地回答："这还不容易，只要等到我的导盲犬吓得乱叫的时候，同时，手中的绳索变得很轻的时候，我就已经做好落地的标准动作了，这样不就安全了？"

讲完故事以后，杰克逊这样说道："很多时候，阻碍我们去做某件事情的是自己内向的性格，只要鼓起勇气，相信自己，那么，人生就是美好的。"你是否能成功，关键在于是否相信自己的判断，是否具有适当冒险与采取行动的勇气。如果自己总是以胆怯的样子来面对每一件事，那么，当你犹豫的时候，你已经失去了最好的机会。

1.遇到困难不要退缩

大多数内向者遇到困难退缩，并非无法战胜困难，而是缺乏战胜困难的勇气。他们不相信自己能够战胜困难，所以在尚未尝试时就打退堂鼓。其实，内向者如果在遭遇困难之后都选择迎难而上，那成功肯定属于他。

2.勇于挑战一切不可能完成的任务

一位内向者看着台上滔滔不绝的演讲者，总会感叹：他讲得多好啊，我肯定不行，我上台双腿就哆嗦，站也站不稳……而且我还会忘记自己应该讲什么内容……如果台下有人发出质疑之声，我肯定会选择逃跑。这些都是他在尚未开始挑战时幻想出来的，是不切合实际的。内向者所需要做的就是打消这些消极想法，勇于去做一次公开讲话的活动，这样才会让自己变得自信起来。

内向者心理启示：

比尔·盖茨说："所谓机会，就是去尝试新的、没做过的事。可惜在

微软神话下，许多人要做的，仅仅是去重复微软的一切。这些不敢创新、不敢冒险的人，用不了多久就会丧失竞争力，又哪来成功的机会呢？”微软只会青睐那些敢于冒险、相信自己判断的人，而内向者身上最缺乏的就是这种精神。当不自信变成一种习惯的时候，那么胆怯的内向者就诞生了，因此，克服自己胆怯而自卑的心理，就必须学会相信自己，不仅如此，内向者还应该勇于挑战自我，这样才能塑造充满勇气的自信人生！

相信自己，一切皆有可能

世界酒店大王希尔顿用200美元创业起家，有人问他成功的秘诀，他说：“信心。”而美国前总统里根在接受*SUCCESS*杂志采访时说：“创业者若抱着无比的信心，就可以缔造一个美好的未来。”而对于内向者而言，信心是成功的助燃剂，对自己多一份信心，成功就可以多十分。在生活中，一些内向者对自己缺乏自信，当他们去做一件事情的时候，总是担忧地说：“我觉得这件事不可能做到。”其实，他们在质疑这件事难度的同时无疑是在否定自己的能力。当一件事情还没有开始的时候，就先否定了自己，到最后，那些本可以成功的事情就真的变成了不可能。信心是一切成功的保证，只要你相信自己，那么，就没有什么不可能。

1900年，著名教授普朗克和儿子在花园里散步，他看起来神情沮丧，遗憾地对儿子说：“孩子，十分遗憾，今天有个发现，它和牛顿的发现同样重要。”原来，他提出了量子力学假设以及普朗克公式，但是，由于他一直很崇拜并虔诚地奉为权威的牛顿理论，而自己的发现将打破这一完美理论，他有些怀疑自己的判断，最终他宣布取消自己的假设。不久之后，25岁的爱因斯坦大胆假设，他赞赏普朗克假设并向纵深处引申，提出了光量子理论，奠定了量子力学的基础。随后，爱因斯坦又突破了牛顿绝对时空理论，创立了震惊世界的相对论，并一举成名。

不自信常常会使内向者失去成功的机会，或者让内向者放慢前进的脚步。由于普朗克对自己缺乏自信，使整个物理理论停滞了几十年。所以，任何时候，都要相信自己，不要怀疑自己，而是努力、勇敢地证明自己，这样内向者才有可能站在成功的顶峰。

从前，有一个美国青年，他个子很矮，内心很自卑，30岁的他依然一事无成，整天坐在公园里唉声叹气。一天，好朋友找到他，兴高采烈地对他说："我告诉你一个好消息！"他不相信，没好气地说道："我哪有什么好消息。"朋友高兴地说："真的是好消息，我看到一份杂志，里面有一篇文章，讲的是拿破仑有一个私生子流落到美国，这个私生子又生了一个儿子，他的全部特点跟你一样：个子矮矮的，讲的是一口带有法国口音的英语……"他半信半疑："真的是这样吗？"但是，他不愿意相信这是事实，可是，当他拿起那本杂志琢磨了半天，他终于相信了自己就是拿破仑的孙子。

这一发现让他完全改变了自己的内心，以前，他总是觉得自己个子矮小，非常自卑，现在，他开始欣赏自己的这一特点，他心想：矮个子有什么不好？我爷爷就是靠这个形象指挥千军万马的；以前，他觉得自己的英语讲得不好，像个乡巴佬一样，但是，现在，他却为自己拥有带法国口音的英语而自豪。

他变得无比自信，每当遇到困难的时候，他就对自己说："在拿破仑的字典里是没有'难'字的。"就这样，他一直相信自己就是拿破仑的孙子，他克服了一个又一个困难，三年之后他成为一家大公司的董事长。后来，他请人去调查自己的身世，发现自己其实并不是拿破仑的孙子，但是，他却这样说："现在我是不是拿破仑的孙子，已经不重要了，重要的是我找到了一个成功的秘诀：人生不能没有自信。"

当这位自卑的青年受到某种刺激的时候，也激发了他的自信心，于是，他开始重新振作，并开始努力实现自己的人生目标。艺术大师徐悲鸿曾说："人不可有自负，但不可无自信。"如果这位美国青年在得知朋友带给他的消息后还是那样自卑，或许，他到现仍旧一事无成。

1.彬彬有礼

内向者要善于对别人施之以礼，别人自然对你以礼相待，即所谓的将心比心，这有助于缓解内向者精神的紧张。有时，内向者不经意的一声“谢谢”“一个微笑”都会令别人记住你。同时，别人对待你的态度在某种程度上反映了你的自我形象。

2.相信自己

内向者的自信并非狂妄自大，也并非自以为是，而是学会信任自己。假如你不依靠自己，又能依靠谁呢？假如你只是想着你自己，那自己又算什么人呢？如果只是想别人将事情做好，或等待别人将事情做好，那就容易使自己处于被动地位，自己也可能会失败。所以，不管做什么事情，内向者都要相信自己，依靠自己，不要将希望寄托在别人身上，否则就会失去机会，从而变得精神紧张。

内向者心理启示：

在生活中，有许多身有残疾或者处于逆境中的人，他们之所以能取得他人难以想象、难以达到的成就，正是因为他们有一股强大的精神动力——自信心。一个自信心很强的人，他会相信自己的力量，无论什么样的困难与挫折都不能阻挡他前进的步伐，从而赢得成功。相反，一个缺乏自信的内向者，他看不到自己的力量，看不到自己的优点与长处，在追逐成功的过程中，他失去了克服困难的信心和勇气，最终，他只能面对失败，与成功失之交臂。所以，内向者需要有自信心，永远不放弃，坚定地走下去，那就没有什么不可能。

别质疑自己，勇敢证明自己

心理学家建议内向者：面对任何问题都要持怀疑态度、好奇的态度进行思考。当然，对问题的怀疑将意味着内向者需要证明自己的想法是正确的，这时候怀疑的是问题本身，而不应该是自己。意识到问题的存在是思维的起点，没有问题的思维是肤浅，敢于质疑，常常是成功的导火线。然而，对某些内向者来说，面对一些既成的事实，即使他们发现了一些问题，他们所能怀疑的是自己，而不是问题本身。所以，不要怀疑自己，而是要大胆证明自己，要善于并敢于否定前人，不要一味地盲目地迷信权威。在某些问题上，如果自己真的发现了端倪，内向者所需要的做的并不是怀疑自己，而是努力证明自己，当然，这需要绝对的自信与勇气。

克里斯托莱伊恩是英国一位年轻的建筑设计师，幸运的他被邀请参加了温泽市政府大厅的设计，克里斯托莱伊恩没有运用工程力学，而是根据自己的经验，巧妙地设计了只用一根柱子就支撑了大厅天顶的预案。一年过去了，当市政府请权威人士来验收工程的时候，却对克里斯托莱伊恩设计的一根支柱提出了异议，他们认为用一根柱子支撑天花板太危险了，要求克里斯托莱伊恩再多增加几根柱子。克里斯托莱伊恩十分自信地说："只要用一根柱子便足以保证大厅的稳固。"他完全相信自己的计算和经验，拒绝了工程验收专家的建议。不过，克里斯托莱伊恩的固执惹恼了市政府官员，他差点因此而被送上法庭。在这种情况下，克里斯托莱伊恩只好在大厅周围增加了4根柱子，不过，这4根柱子全部没有挨着天花板，之间相隔了2毫米。

300年过去了，温泽市的市政官员换了一批又一批，但是，市政府大厅依然坚固如初，一直到20世纪后期，当市政府准备修缮大厅的时候，才发现了这个秘密。当时，消息一传出，轰动了全世界，各国著名的建筑师都慕名而来，欣赏这几根神奇的柱子，他们看到了在大厅中央圆柱顶端写着一行字："自信和真理只需要一根支柱。"而克里斯托莱伊恩这位伟大的设计师，他只留下了这样一句话："我很自信，至少100年后，当你们面对这根柱子的时候，只能哑口无言，甚至瞠目结舌，我要说明的是，你们看到的不是什么奇迹，而是我对自信的一点坚持。"

即使自己的设计遭到了质疑，克里斯托莱伊恩依然坚信自己的判断是正确的，他从来不怀疑自己设计的正确性，而且，努力、大胆地证明了自

己。时间是不会偏颇一个人的，正是时间证明了克里斯托莱伊恩的自信与真理。有的人其实已经触碰了真理，但是，他却因此而怀疑自己，最终，他错过了成功的机会。

1.质疑，会让自己失去机会

对自己的怀疑，常常会让内向者失去成功的机会，或是让他们放慢前进的脚步。所以，任何时候，切莫怀疑自己，而是努力、勇敢地证明自己，这样我们才有可能站在成功的顶峰。

2.即便是真理，也要大胆怀疑

伽利略是意大利伟大的科学家，当时，研究科学的人都信奉亚里士多德的见解，如果有人怀疑亚里士多德，人们就会对他进行责备："你是什么意思？难道要违背人类的真理吗？"亚里士多德曾说："两个铁球，一个10磅重，一个1磅重，它们同时从高处落下来，10磅重的一定先着地，速度是1磅重的10倍。"而伽利略对这句话却表示怀疑，他心想：如果这句话是正确的，那么将这两个铁球拴在一起，那么落得慢的就会拖住落得快的，那么落下的速度就应该比较慢，如果把两个铁球看成一个整体，那落下的速度应该比原来10磅重的铁球快。

伽利略相信自己的判断，他开始做实验，希望通过实验来证明自己。果然，实验的结果证明了亚里士多德的结论是错误的，而自己的判断是正确的。如果伽利略怀疑自己，不敢相信自己，那么也许科学的脚步会慢许多。

内向者心理启示：

如果内向者总是不断地怀疑自己，这是缺乏自信的人所表现出来的特点。缺乏自信的内向者，他们不敢，甚至畏惧相信自己的想法和判断；缺乏自信的内向者，他们想办法证明自己是错误的，而不会证明自己是正确的，因为他们内心畏惧出错。怀疑自己，只会成为成功之路的障碍，只会使自己放慢前进的步伐，所以，对自己多一份自信，相信自己，千万不要怀疑自己，同时，内向者应该鼓起勇气去证明自己。

内向者感知外界的心理策略

内向者太过于关注自我世界，与整个世界隔绝开来，他们常常觉得没办法理解他人的行为和话语。所以，对于内向者而言，需要深谙感知能力，不仅了解自己的心理，更要了解身边的人在想什么以及他们需要什么。

听懂音色里隐藏的性格

内向者是最善于倾听的人，所以，要积极发挥自己听的能力。即便是倾听，也可以听出他人的性格以及情绪。比如音色，音色是声音的特性，一般而言，音调的高低取决于发声体振动的频率，响度的大小取决于发声体振动的振幅，但对于不同的人来说，其音色是不同的。其实，音色的不同取决于不同的泛音，不同的人发出的声音，除了一个基音外，还有许多不同频率的泛音伴随，而恰恰是这些泛音决定了其不同的音色，使我们能分辨出不同人发出的声音。

熟悉声乐的人应该明白，声和音是两个不同的概念。音是声的余波、余韵，两者之间相差不远，但它们之间还是存在着细微的差别。在平时生活中，大部分人说话，只不过是声响散布在空气中而已，没有音可言。当然，如果说话的时候，虽然嘴巴张得很大，但声未出而气先发，那就表示对方有着深厚的内在素养。事实上，内向者应该明白，一个人的喜怒哀乐是可以通过音色表现出来的，即使对方很想掩饰自己或者控制自己，但其内在情绪还是会不由自主地泄露出来。所以，内向者通过音色来识别一个人的性格及内心世界是比较可行的方法。

在西晋的时候，王湛的父亲去世了，他居丧三年，丧期满了，就居住在父亲的坟墓旁边。侄子王济来祭扫祖坟，从来不去看望叔父王湛，两人偶然碰到了一起，也是寒暄几句就作罢。

有一次，王济试探性地问了叔父最近的事情，王湛回答时音调适当，音色温顺流畅。王济听了，大吃一惊，在他看来，叔父之前不过是胆小怕事、缺乏主见、意志软弱之人，由于王湛的品性不佳，王济从来不把他当叔父看待，没想到，现在变得如此稳重。自从这次与他交谈后，心生敬畏之意。自己虽然才华出众，但在叔父面前，却是自愧不如。王济不禁感

叹："家里有名士，这么多年却不知道！"

以前，晋武帝每次见到王济，都会拿王湛开玩笑，问他："你家里那位傻子叔父死了没有？"每到这时，王济总是无言以对。自从与叔父畅谈之后，王济对叔父有了新的认识，等到晋武帝再那样问起的时候，王济便回答说："臣的叔父并不傻。"接着，王济便如实讲出了王湛的优点。晋武帝问道："可以和谁相比呢？"王济回答说："在山涛之下，魏舒之上。"由于王济的推荐，王湛的名气逐渐大了起来，他28岁时就走上了仕途，被天下人所知。

心理学家认为，说话速度较慢、音色温顺平和的人，他们对于权力都看得很淡，过着与世无争的生活，比较容易与人相处。不过，由于个性比较软弱，胆小怕事，对于外界的人和事都采取逃避的态度。不过，这样的人有着丰厚的内在素养，若是有人在旁边提携一把，他会成为一个大有作为的人物，比如王湛。

内向者可以通过下面几种常见的音色，来判断对方属于哪种性格。

1.音色深沉

这样的人大多才华出众，语气凝重，言辞隽永。对于生活中的人和事，他们能够理解得深刻而准确，对自己和他人很负责任，值得信赖。或许是因为不擅长处理复杂的人际关系，他们往往不能得到重用，自己的才华也无处施展。

2.音色铿锵有力

这样的人是非分明，对于任何事情都需要坚持原则，给人的感觉就是原则性太强，而不懂得变通，常常因为一件小事情，而让人没有商量的余地。不过，从另一方面来说，他们常常因为公正而受到人们的尊敬。通常，他们在评价别人的时候，不会因主观原因而产生偏见，即使与对方存在私人恩怨也可做到公正无私。

3.音色柔和

这样的人待人宽厚，性格大度，做事懂得变通。他们不会轻易与人发生争执，在他们看来，无谓的争辩只会伤了彼此间的和气。他们藏起了自己的锋芒，在交际中展现八面玲珑的一面，擅长处理人际关系。

4.音色激烈

这样的人有着较强的好奇心，有较为独特的思维能力，敢于向传统挑战，敢于向那些所谓的“权威”挑战。他们有着丰富的想象力，经常会想出一些奇思妙计。在语言表达上，他们显得与众不同，比较有吸引力。不过，由于其敏感的性格，不能冷静地思考，难以被人所理解。

5.音色尖锐

这样的人言辞比较犀利，喜欢与他人争辩，在与他人争执过程中，一旦抓住了对方的语言漏洞就会毫不留情地反击，以致对方哑口无言。他们看问题比较准确，不过，由于语言极具攻击性，因此，他们总是忽略事情的整体一面，而使自己常常陷入抬杠的境地。

内向者心理启示：

简单地说，每一个人即使说着相同的话，也存在着不同的音色，因此，内向者可以根据这些音色去分辨对方。心理学家认为：“音色是性格的密码。”在生活中，我们常说，谁的嗓子音色很美，或音色沙哑、独具个性，有时候，我们还会评论小提琴家“音色丰富多变”，等等。其实，这些独具个性的音色，恰恰是内向者摸清对方性格的钥匙。

善于听懂对方的“弦外之音”

在倾听过程中，内向者如何听出一个人的“弦外之音”？对此，曾国藩说：“辨声之法，必辨喜怒哀乐。”一个人的七情六欲，喜怒哀乐都可以从声音中听出来。所谓“话由心生”，心境不同，发出的“声”也会有很大的不同。在人际交往中，内向者可能时常会遭遇这样尴尬的场面：对方明明是一张笑脸，却转眼变成了黑脸。究其缘由，就在于内向者没能适时听出对方的“弦外之音”。有时候，语言的交流相当于一场没有硝烟的战争，彼此都

是心照不宣，但为了保持一种良好的风度，却又不敢直接表露出来。于是，那些看似平静的言辞之中，往往隐藏着刺儿。如果你稍有不慎，就会被对方的“弦外之音”所伤害，使自己处于一种被动的境地。所以，与人交往，内向者要留意对方的声音，学会听懂对方的“弦外之音”。

当吕不韦命令人编撰好了《吕氏春秋》，他召集了包括李斯在内的很多人举行了一次盛大的聚会。在一片笑容之海中，吕不韦面带笑容，慷慨言道：“东方六国，兵强不如我秦，法治不如我秦，民富不如我秦，而素以文化轻视我秦，讥笑我秦为弃礼义而上首功之国。本相自执政以来，无日不深引为恨。今《吕氏春秋》编成，驰传诸侯，广布天下，看东方六国还有何话说。”字字掷地有声，百官齐齐喝彩。

之后，吕不韦召士人出来答谢，吕不韦也坦然承认，这些士人是《吕氏春秋》的真正作者。李斯发现那些士人精神饱满，神情倨傲，浑不以满殿的高官贵爵为意。在他们身上，似乎有着直挺的脊梁，血性的张狂。当时的《吕氏春秋》中记载：“当理不避其难，临患忘利，遗生行义，视死如归。”“国君不得而友，天子不得而臣。大者定天下，其次定一国。”“义不臣乎天子，不友乎诸侯，得意则不惭为人君，不得意则不肯为人臣。”

李斯看着那些强悍的将士，聪明的他猜出了吕不韦的“弦外之音”：“哪怕有一天我吕不韦失去了天下，但是只要有这些英勇的将士，谁也别想轻视我。如果你想和我作对，还是需要好好考虑再作打算吧。”于是，李斯当即陷入了沉默，不再言语。在这里，吕不韦虽然是笑容满面，声音也很正常，但从那平稳的语调中，却透露出一种胁迫的力量。

1.“温柔”的反击

当女记者对丘吉尔说：“如果我是您的妻子，我会在您的咖啡里下毒药的。”丘吉尔温柔地看着她说：“如果我是你的丈夫，我就会毫不犹豫地把它喝下去！”在这里，丘吉尔的声音里一点儿也没表现出生气的情绪，反而温柔地告诉对方自己心中所想。

有时候，在与他人的语言交流中，如果内向者在言语上触碰了对方的伤痛，这时，对方还是以平静而温柔的声音回答我们，内向者就应该留意了，对方话里是否藏有“利剑”。当然，并不是指所有温柔、平静的声音里都藏有弦外之音，话中是否还有别的意思，这需要内向者根据语言交流的进程来猜测。

2.犀利的语调

有的人本身不善于隐藏自己的情绪，一旦被话语击中，他会毫不犹豫地进行反击。这时，对方心中愤怒的情绪已经反映在其犀利的语调中了。如果面对的是言辞犀利的对手，内向者不妨采用一些方法进行回击。

当然，这也需要掌握一些语言上的技巧，或者是话里有话地答复对方，或者是自嘲的方式来使自己摆脱困境。你在措辞的时候，一定要注意即便是回击也要不着痕迹，不要伤害到对方，在对方面前，内向者应该保持一个对手应有的胸怀和气度。

内向者心理启示：

《南史·范晔传》：“吾于音乐，听功不及自挥，但所精非雅声为可恨，然至于一绝处，亦复何异邪。其中体趣，言之不可尽。弦外之意，虚响之音，不知所从而来。”通常情况下，那些隐藏的“弦外之音”是不会轻易地被发现的，它只是在话里间接地透露出来，而不是清晰地表达出来，它有可能隐藏在语调里，有可能隐藏在音色里。这就需要内向者在与对方进行语言交流时，仔细揣摩“弦外之音”，才能清楚对方想表达的真实意图是什么。

隐藏在语调中的真实情绪

内向者或许不清楚，即便语调里也隐藏着潜在的真实情绪。语调是指人们在说话的时候所体现的约定俗成的表示态度情绪的语气，比如诚意、尖酸刻薄等。在日常交际中，大部分的沟通都是凭借有声语言来

达到交流的目的，而语言表达则只在于语音。有声语言借助语音的细微变化、语调语气以及停顿等一系列表达形式，使自己的言语表达更加准确、清晰自然，同时，还具备抑扬顿挫的音乐感，就像一个技艺高超的琴师，弹奏出悦耳动听的音乐，体现出语言的音律美与和谐美。更为重要的是，内向者可以通过倾听语调来了解对方的内心意图，摸清对方的性格。每一句话都有着不容置疑的语气，包含着众多的情绪，但这似乎需要用不同的语调来表达，而恰恰是这些不同的语调出卖了对方真实的内心。

有一次，张先生的朋友告诉他，他认识一家建筑公司的经理，这家建筑公司实力雄厚，生意做得非常大。于是，张先生请他的朋友写了一封介绍信，他带着信去拜访那位年轻的经理。谁知，朋友的这位熟人并不买张先生的账，他瞥了一眼张先生带来的介绍信，说道："你是想跟我要保险订单吧？我可没兴趣，还是请你回去吧！"张先生带着诚恳的语调说："田先生，你还没有看看我的计划书呢！"

"我一个月前刚刚在另外一家保险公司投保，你看我还有必要再浪费时间来看你那份计划书吗？"年轻的经理断然拒绝的态度并没有把张先生吓走，他从对方的语调中听出对方是一个性情中人，此类人的弱点就是容易被打动，只要自己表现出足够的诚意，一定可以打动对方。他鼓起勇气，大胆问道："田先生，我们都是年龄差不多的生意人，你能告诉我你为什么这样成功吗？"年轻经理有点不耐烦地说："你想知道什么？""你最开始是怎样投身于建筑行业的呢？"张先生很有诚意的语调和发自内心的求知渴望，让这位年轻的经理感觉到张先生内心的诚意，他的心被打动了。

张先生从经理的语调中听出对方原来是一个性情中人，而此种类型人的最大缺点就是很容易被打动，尤其是在谈到自己过去经历的时候。于是，张先生找准了机会，表现出了自己莫大的诚意，以此得到了经理的认可。

人们在不同情绪情感的状态下语调也会发生相应的变化，有可能文字本身是完全相同的，但表现出来的情绪情感可能千差万别。比如，一个人在悲哀时语调低沉，高兴时语调高昂，温柔时语调平和，恼怒时语调生硬，愤怒时语调粗暴。而且，同一句话，由于说话时所使用的语调不同，表现出来的含义可能完全不同。不同语调所表现出来的含义，比言语本身还要多，这可以帮助我们更准确地领会对方的内心意图。

内向者可以根据几种常见的语调，解析语调背后的含义。

1.平稳的语调

平稳的语调有一种胁迫力，这样的人做事比较沉稳，他们知道自己想要的是什么，该拒绝的是什么。通常情况下，他们是领导中的佼佼者，他们总能知道如何让下属服从自己。带着平稳语调的劝说，不仅不会令下属感到恐惧，而且会更好地促使下属认真思考如何解决问题，这样一来，他们的目的就达到了。如果你的上司或长辈以如此的语调跟你说话，那表示他将在某方面想说服你。

2.低沉的语调

在生活中，有的人的声音并不富有磁性，但他们却喜欢用低沉的语调来说话，似乎这样才能显示自己沉稳的一面。这样的人善于掩饰自己的情绪，即使他心中很生气，但他依然可以保持正常的语调讲话。在交际中，他们一般都扮演着厉害的角色，擅长处理人际关系，无论是在工作中还是生活中，都能够游刃有余地为人处世。

3.尖锐的语调

尖锐的语调很刺耳，同样地，其本人也难以得到人们的欣赏与认同。这样的语调大多出现在女性身上，一旦她们遭遇了某种不公平的待遇，或者受辱，便会发出尖锐的语调。这样的人大多富于想象力，不过，过于幼稚而成熟不足，做事情常常是跟着感觉走，以至于经常遭遇失败。

内向者心理启示：

有研究数据表明，语调的表情达意超过了具体的口头用语。当内向者在与他人进行面对面的交流时，信息的表达与传递通过肢体、音调以及具体用语的大致比例分别为：肢体语言占55%，语音语调占38%，具体用语仅占7%。而如果我们与对方通过电话交流，语调所占的比例还将增

加，将达到70%。在生活中，如果内向者想了解一个人，即使无法进行面对面的交流，但只要认真倾听对方的语调，自然可以了解对方内心的真实情绪。

情绪密码，解析对方的真实意图

在日常沟通过程中，内向者在倾听对方言语时可以观察一下对方的面部表情，解析对方的真实意图。法国生理学家科瑞尔曾说："我们会见到许多陌生的面孔，这些面孔反映出了人们的心理状态，而且随着年龄的增长，反映得将越来越清楚，脸就像一台展示我们的感情、欲望、希冀等一切内心活动的显示器。"每个人都有自己特别的一张脸，在这张脸中隐藏着各种各样的表情，即使对方所表现的是最自然的神态，但也可以窥探出其内心的几分真性情。细微表情是情绪的外部表现，这是由躯体神经系统支配的骨骼肌运动，是感情活动的外显行为，它所反映的是一个人的心理。我们可以说，表情是无声的语言，人们在与人相处的时候，即使想掩饰自己内心的想法，但还是会下意识地从细微表情中表达出自己的情绪。因此，在与人接触的时候，内向者需要仔细观察对方的神态，从细微表情中把握对方真正的想法。

梁惠王雄心勃勃，广纳天下贤才。有大臣多次向他推荐了淳于髡，因此，梁惠王频频召见了那位颇具才干的淳于髡，而且，每一次都屏退左右与他倾心交谈。但召见了两次，淳于髡都沉默不语，使得梁惠王很尴尬。

事后，梁惠王责问大臣："你说淳于髡有管仲、晏婴的才能，我怎么没看出来，他只是沉默不语，我看你是言过其实。"大臣以此话问淳于髡，淳于髡只是笑了笑，回答说："确实如此，前两次我都沉默不语，但我不是故意的，而是另有原因。我也很想和梁惠王倾心交谈，但第一次，梁惠王脸上有驱驰之色，想着驱驰奔跑一类的娱乐之事，所以我就没说

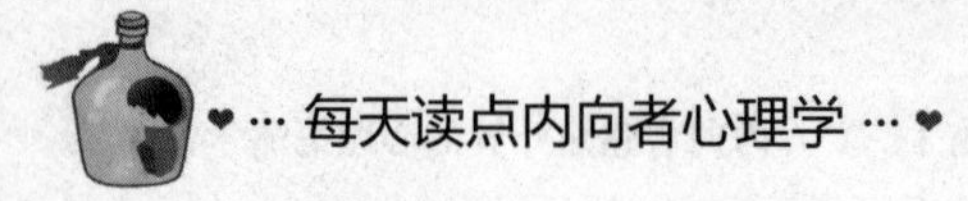

话；第二次，我见他脸上有享乐之色，是想着声色一类的娱乐之事，所以我也没有说话。”

大臣将此话告诉了梁惠王，梁惠王回忆了当时的情景，果然如淳于髡所言。这时，梁惠王不禁佩服淳于髡的识人之能，也终于相信了大臣所言，开始重用淳于髡。

在这个典故中，淳于髡正是利用了梁惠王流露出来的细微表情，洞悉了其内心的真实想法，也因此赢得了梁惠王的尊重和信赖。由此可见，观其脸必先观其表情，在与人交往的过程中，不要错过对方脸上闪烁的细微表情，抓住它，你才有可能看清其真实性情。

一个人神态的外显通常被认为是“自然流露”，意思是指有所见或有所感而发，出自内心的自然本真，显示出的神态举止自然而然，但其中也隐藏了不少真性情，内向者本来心思就缜密，若仔细观察，必会窥探出不少秘密。比如，项羽和叔叔项梁看见秦始皇游览会稽郡渡浙江的时候，项羽脱口而出：“彼可取而代也。”吓得叔叔项梁急忙捂住他的嘴，这表明项羽心直口快，而汉高祖刘邦在见到秦始皇的时候，则说的是“大丈夫当如是也”，两人截然不同的神态，表明了两人不同的心性。

那么，内向者如何从那些看起来很自然的表情中捕捉他人心中的真实想法呢?

1.面无表情者

有的人自作聪明地认为“面无表情”就是最自然的神态，其实不然。在日常交际中，许多人会“面无表情”地谈话、交流，轻易不肯说出自己的想法。其实，他们真实的内心不外乎三种想法：一是敢怒不敢言；二是漠不关心；三是根本没有放在心里。当然，也有可能结果恰好相反，只是对方不愿意让你看出来而已。

2.皮笑肉不笑

在生活中，有许多人经常会以虚假的笑容来迷惑他人，尤其是那些奸诈的小人，他们不愿意表露自己真实的想法，常常以皮笑肉不笑的笑容示人。其实，这时他们内心的想法恰恰是与脸部表情相反的，可能是很愤

怒，也可能只是想敷衍你，可能只是想亲近你，但其内心一点儿想亲近你的意思都没有。

3.洞悉对手急躁、不耐烦的表情

人们在生活中学会了许多方法来掩饰自己的内心，当然，他们也知道在什么样的情况下来掩饰什么样的表情。比如，在商业会谈的时候，有的人总是显得急躁、不耐烦，眉毛时常跳动，这时，他们有可能没有诚心跟你合作，只是想趁早了事，还有一种可能就是他们只是想早点结束生意而去参加公司的晚会。

内向者心理启示：

在所有的生物中，人的表情是最丰富、也是最复杂的。据统计，人们的脸部能做出的表情多达25万种，恰恰是如此丰富的表情使得人们之间的交往变得复杂而细腻。在生活中，如果内向者仔细观察，常常发现人们脸上的表情与其内心的情绪恰好相反，这是为什么呢？其实，这是人们在潜意识里不愿意让对方看出自己心理的变化，他们会用看上去比较自然的表情来阻止自己内心情绪的外泄，以此来隐瞒自己的真性情。那么，内向者是不是就不能窥破对方的真实心理呢？当然不是，狄德罗在《绘画论》中说道："一个人，他心灵的每一个活动都表现在他的脸上，刻画得很清晰、很明显。"

观察对方小动作，解密其真实心理

在日常工作中，内向者在与他人相处过程中，总是感到对方真实心理隐藏得很深。这时不妨仔细观察对方的小动作，解密其真实心理。现代心理学的研究证明：一个人不经意间表现出来的小动作能够反映出一个人的内心，或者对别人所保持的态度以及意见。内向者会发现，几乎每个人都有其特别的小动作，而这些不经意间表现出来的小动作恰好能直接反映其内心。心理学家认为，每一个人的小动作都隐藏其内心的真实想法。在很多时候，一个人的肢体语言和他们内心想要说的话并不一样，这就是所谓的小动作。比如，在公司会议室，身边的同事看起来很认真地在听，但是，在办公桌的下面，他的手指却在不停地反复地敲击着。这样的小动作表示这个学生实际上与他的表面是相反的，他一点也没有将心思放在开会上，心不知道飞到哪里去了。因此，在工作中，如果内向者能够观察他人的小动作，那么就可以看出其内心真实的想法。

小白是一个话很多的人，经常抓住机会就与同事大侃起来，也不管对方愿不愿意听。对此，坐在他旁边的小李可就遭殃了，每次小白都会转过身来，兴致勃勃地说些自己碰到的趣事，小李虽说表面不好拒绝，但他总是不安地用笔杆敲打桌面，以此表达自己的意思。小白却是一个马大哈，他不明白小李为什么喜欢敲桌子，还是自顾自地说话。

有一次，小白碰到了学心理学的朋友。在聊到小动作的时候，小白突然想到了小李，他问道："当一个人总是用笔杆敲打桌面的时候，他心里在想些什么呢？"朋友回答说："这样的小动作，大多表示他对你所讲的话已经感到厌烦了。""啊？"小白恍然大悟，后来，在办公室里，他收敛了自己的个性，不再经常缠着小李说话了。

小白通过向自己学心理学的朋友询问，发现同事做出的小动作是想告诉自己：我对你所讲的话并不感兴趣。在内向者身边，每个人都有那么几个常见的小动作，完全可以通过观察对方的一些小动作来发现他们对自己的意见。另外，通过一些心理实验表明，如果你与一个你很讨厌的人在一起，只会出现两种相对的反应：一是太随便，根本不在乎对方的想法；二是太拘谨，看起来无所适从，甚至，不知道该把手放在哪里。而他们表现出来的不同反应，正好可以揣测出他人的真实内心。

1.习惯用手拢头发的人

有的人喜欢用指尖拢头发、轻搔面部，或是把食指放在嘴唇上。这一类的人性格比较开朗、乐观，虽然在面对生活或工作中的困难时也会流露出失望、沮丧的情绪，但是他们能在最短时间内调整好自己的心态，坦然

面对这一切，并致力于寻找解决问题的办法。

如果内向者发现有人在你面前做出这样的小动作，那就表明他对你的谈话没有多大的兴趣，显得有点左顾右盼，漫不经心。他们或许正在思考自己的问题，并且认为你是在打扰他，但他们会碍于情面而不表露出来。

2.喜欢用嘴咬住一些物品的人

有的人喜欢用嘴咬眼镜腿、笔杆或者其他一些物品。这一类型的人喜欢我行我素，不喜欢受人管制。他们做出这样的动作，是想掩饰自己恶劣的情绪，不想让别人知道。在这种情况下，内向者千万不要上前搭话，以免加重其恶劣的情绪。但有时候，这样的小动作也无法克制他那种内心的不满情绪，他们的情绪有可能会进一步恶化，有可能在突然之间爆发出来。

3.习惯用手抚摸下巴的人

有的人习惯用手抚摸下巴或者抓着下巴。做出这种小动作的人大多比较世故圆滑，有较深的城府。他们这样不断地抚摸下巴只是想使自己镇静下来，克制自己内心的不满情绪，以免自己在冲动之下做出什么举动来，同时，他们也在思考下一步的对策。

4.喜欢两手互相摩擦的人

有的人习惯两手不停地摩擦。这一类型的人对自己充满了信心，喜欢挑战自我，并且在成功的路上敢于承担一定的风险。一旦他们决定去做某件事情的时候，就会一直坚持下去，而不会轻易改变主意和行动方向，所以他们在某些时候显得比较固执。而他们通常做出这种小动作，表明烦躁不安、心情郁闷。

5.喜欢咬牙切齿

有的人在烦躁不安的时候喜欢咬牙切齿，这一类型的人情绪变化无常，显得很不稳定。他们的心胸不是很宽广，喜欢意气用事，就连理智也无法把握感情。

当内向者在职场上和同事相处的时候，能够通过对方的一些小动作透析出其心里的真实想法，进而有效地识破对方的心理，那么内向者在与他相处的时候，就会轻松很多，显得轻松自如，游刃有余。

内向者心理启示：

每个人都有心情不好的时候，特别是由于别人造成的情况，他会表现得更突出，从而表现出烦躁不安。这些情绪除了通过面部表情及口头语言表现出来以外，还通过一些小动作显现出来。

谨慎隐藏在声气里的心理暗示

在日常交流中，内向者要认真倾听，谨慎那些隐藏在声气里的心理暗示。人的声音包含各种要素，而声调是很重要的要素之一，说话的声调即是声和气的综合。通常情况下，那些说话声气比较洪亮的人，具有某种权威性，达到控制场面的目的；反之，那些声气比较弱小的人，由于其声气太轻太小，以至于内向者需要更加集中注意力才能听清楚。那么，影响声气的因素有哪些呢?

如果内向者在说话时采用鼻子产生共鸣，那么，如泣如诉的声音会给人一种傲慢的感觉；反之，若是采用胸腔来产生共鸣，则使声气变得强而有力。此外，说话速度也会影响一个人的声气，一般而言，说话速度太快的人，个性比较暴躁，语序混乱，给人的印象比较粗鲁；说话速度太慢的人，个性沉稳，做事深思熟虑。总的来说，一个人的声气会暗示他的心理状态，无论是在生活中还是工作中，内向者都可以从声气中识人，从对方的声气中辨别出对方此时此刻的情绪及性格特征。

孔子去齐国途中，听到一阵十分悲哀的哭声，于是对弟子说："这个哭声虽然很悲伤，但不是悼念死人的哀声。"随后，孔子下了车，问起他的名字，他说他叫丘吾子。孔子又问："这里不是悲哀的地方，你为什么哭得这么悲伤呢?"丘吾子长叹一声，回答说："我一生有三大过错，现在年老了才深深觉悟到，但追悔莫及，因此痛苦。"

孔子不明就里，便一再追问，丘吾子才说："我年少时爱好学习，周

游天下，等回来时我的父母都死了，作为儿子竟不能为父母养老送终，这是第一过失；我做齐国臣子多年，齐君现在奢侈骄横，我多次劝谏都不被采纳，这是第二过失；我生平交友无数，不料到后来都绝交了，这是我第三大过失。树欲静而风不止，子欲养而亲不待。去而不回的，是时间；不能见到的，是父母。我是个大失败者，还有什么脸面活在这个世上？”说完，丘吾子便投水而死。

一个人到了因悲伤而自杀的地步，我们可以想象他所处的情境是如何的悲惨。而孔子正是从其“唉声叹气”的声气中识别出丘吾子的哭声不是为了悼念死者，而是另有其他原因，这里不难发现孔子的识人之能。

那么，内向者就不同的声气，如何来辨别其言语里的暗示语呢？

1.轻声细气说话的人

在与人交谈时，这种声气可以有效缩短人与人之间的感情距离，加深彼此之间的关系。这主要是因为，轻声细气说话的人常常给人一种谦恭、谨慎与文雅的印象，这无疑容易引起对方的好感。而且有时候，它还能避免一些因为语言不当而引起的麻烦。当然，如果用它来公开坚持意见、反驳别人或者维护正义和尊严，则是不恰当的。

2.和声细气说话的人

“和声细气”这种声和气，就像是涓涓细流，轻松自然，和蔼亲切，不紧不慢，能给对方一种舒适、友好、温馨的感觉。人们以“和声细气”的声气说话，常常是请求、询问、安慰、陈述意见的时候。

另外，和声细气地说话，可以展现出男性的文雅和女性的阴柔之美。如果是“和声细气”说话的男人，他必定是厚道、宽容的；而如果是“和声细气”说话的女人，她肯定是温柔、善良、善解人意的。

3.高声大气说话的人

人们用“高声大气”的声气来强调某件事情，或者是表达自己内心的激动情绪。“高声大气”通常用来表示极度的兴奋或者激情澎湃的情绪，同时也能表现出说话者的性格，一般来说，这样说话的人大多富于激情，十分粗犷豪放。

比如《三国演义》中的张飞，他说话就是高声大气的类型，尤其是在长板桥之战中，曹操带领大军追赶赵云。张飞骑着马站立桥头，怒目圆睁，厉声大喝："我乃燕人张翼德也，谁敢与我决一死战！"声音如雷，吓退了曹军。

内向者心理启示：

心理学家认为经常唉声叹气的人心理承受能力比较弱，他们对自己缺乏信心，对自己想做的事情缺乏勇气。一旦遭遇了挫折，内心便会充满沮丧的情绪，整个人变得颓废不堪，如果这时没有人开导他，他会变得一蹶不振。所以，在日常沟通过程中，内向者需要谨慎那些隐藏在话语声气里的暗示语，以至于及时地作出反应，最终促成和谐的谈判。

内向者与人沟通的心理策略

其实，内向者并非缺乏沟通的能力，而是缺乏沟通的策略。比如在沟通中，如果内向者不发问，或对方说话你没有愿意听的兴趣，那沟通就无法顺利进行；若内向者和对方说话双方没有接近点，或者要你说给他听，这些都会妨碍沟通。

与陌生人交流，开场白很重要

内向者在与陌生人交流时，希望自己能给对方留下良好的第一印象，而产生的印象将在对方头脑中形成并占据着主导地位的效应。与人沟通需要精彩的开场白，出语不凡的开头，能激发听者的兴趣和求知欲，产生巨大的吸引力，从而仅仅抓住对方的心，让对方非听下去不可。另外，精巧的开场白，可以画龙点睛地勾勒出沟通话题的主旨，能自然顺畅地引领下文，将对方带进声情并茂的讲话情景中，造成有利于接受说话内容的心理定式。

一位监考老师在监考开始时说："同学们，考试就要开始了。大家都是久经沙场的老战将，对考场纪律、考试规则可以倒背如流，我就不再重述了。我作为一名监考者，既是一名服务员，又是一名裁判员。我将给大家提供最佳的服务，只要你举起一只手，必定回报：'我来了'，不敢有丝毫的怠慢；但裁判员的身份又要求我是公正的，望我们互相关照，并原谅我的公正和严厉。最后祝大家考出优异的成绩。"

这段开场白说得非常美妙，犹如和煦的春风，使学生紧张恐惧的心情平静下来，从而进入最佳的考试状态；又沟通了监考教师和学生的心，二者之间对立的情绪烟消云散，使学生树立起自觉遵守纪律的主人翁意识。

抗战期间，著名的作家张恨水在成都中央大学的即席讲话中说道："今天，我这个鸳鸯蝴蝶派的作家到大学来演讲，感到很荣幸。我取名'恨水'不是什么情场失意，而是因为我喜欢南唐后主李煜的一首词《乌夜啼》中的'恨水'二字，我就用它做了笔名。"

这种开场白把自己的文学流派、性格、爱好，毫不隐瞒地介绍出来，给人留下一种真诚、坦率的印象。

在实际的沟通过程中，内向者如何选择精彩而吸引对方的开场白呢？你可以采用下面几种方式。

1.顺手拈来式

顺手拈来式，就是接过别人的话头，顺势发表讲话。这样的说话可以连接前一位发言者的言语，也可以顺势发表自己的见解。但是需要找到前面发言者和自己所讲话题的契合点，才能巧妙地使用。

2.自我贬抑式

自我贬低式的开场白，也可以使气氛更轻松活跃。开场白虽然采用了自我贬损，但效果正相反，不但表现了内向者的坦率幽默、机智随和，而且备受听众的欢迎。

3.自我介绍式

即开场白自我介绍，内向者可以介绍自己的姓名、身份、职业、经历、爱好或表明自己的立场观点。这种开场白形式给人一种诚挚、坦率的感觉。

4.开门见山

就是一开始就用高度凝练的语言把基本的目的和主题告诉听众，引起他们想听下文的欲望，然后在主题部分加以详细的说明和阐述。这是一种提纲挈领式的手法，立即进入正题，不迂回，不啰唆，不要任何多余的赘言。

内向者心理启示：

内向者需谨记：在沟通过程中，一个好的开场白是很重要的，假如没有一个好的开头，想在整个沟通过程中始终处于轻松、巧妙的状态是很不容易的。一个拥有说话经验和说话学识的外向者，他们都很重视沟通的开场白。其实，原因很简单，开场白是说话者向听众出示的第一个同时也是最重要的信号，能不能抓住对方的注意力，引发他们听的兴趣以及积极性就取决于这最初发出的信息。

利用“同理心”，消除陌生感

内向者在平时交流过程中，如果在言语中多说“我们”，显现同理心，让对方觉得自己与他是站在同一立场的，这样可以有效地消除陌生感。同理心是指在人际交往中，能够体会对方的情绪和想法，理解对方的立场和感受，并站在对方的角度思考和处理问题的能力。换句话说，同理心就是站在对方立场思考的一种方式。在既定发生的事情中，把自己当成对方，想象自己是由于何种心理导致了这样的结果，最后触发了整件事情。在整个心理过程中，需要内向者先接纳这种心理，也就接纳了对方的这种心理，最后谅解了这种行为和事情的发生，这与古人所说的“己所不欲，勿施于人”如出一辙。在人与人之间的沟通过程中，“同理心”始终扮演着重要的角色。

保险员李小姐一进门便开门见山说明来意：“李先生，我这次是特地来请您和太太及孩子投人寿保险的。”可是，王先生却异常反感地说：“保险是骗人的勾当！”李小姐并没有生气，微笑着问道：“噢，这还是第一次听说，您能给我说说吗？”王先生说：“假如我和太太投保三千元，这三千元现在可买一部兼容电脑，二十年后再领回的三千元，恐怕连电视机都买不到了。”小姐又好奇地问：“这是为什么呢？”王先生很快地回答：“一旦通货膨胀，物价上涨，即会造成货币贬值，钱就不经花了。”通过这样的问话，小姐对王先生内心的忧虑已基本了解。

李小姐首先维护李先生的立场：“您的见解有一定的道理。假如物价急剧上涨二十年，三千元不要说黑白电视机都买不了，怕只够买两棵葱了。” 李先生听到这里，心里很高兴，但接着精明的李小姐又给他解释了这几年物价改革的必要性及影响当前物价的各因素，进一步分析我国政府绝不允许旧社会那样的通货膨胀的事情发生的道理，并指出以王先生的才

能和实力，收入可望大幅度增加。说也奇怪，经李小姐这么一说，王先生开始面带笑容，相谈甚欢，当然，李小姐最终获得了成功。

李小姐成功的秘诀就在于利用同理心说话，站在对方的立场来思考，设身处地，洞悉对方的心理需求，再进行引导，影响对方心理，最终说服了王先生。由此可见，假如内向者可以灵活地运用同理心说话，站在对方的角度思考问题，与对方实现内心的对话，最终就会使沟通走向成功。

卡耐基租用了某旅馆大礼堂讲课。一天，他突然接到通知，租金要提高3倍。卡耐基前去与经理交涉。他说："我接到通知，有点震惊，不过这不怪你。如果我是你，我也会这么做。因为你是旅馆的经理，你的职责是使旅馆尽可能赢利。"紧接着，卡耐基为他算了一笔账，将礼堂用于办舞会、晚会，当然会获大利。"但你撵走了我，也等于撵走了成千上万有文化的中层管理人员，而他们光顾贵旅社，是你花再多的钱也买不到的活广告。那么，哪样更有利呢？"经理被他说服了。

同是内向者的卡耐基所使用的口才心理策略"如果我是你，我也会这么做"，其实就是"同理心"。当他站在经理的角度时，经理心中已经降低了防备心理，然后，卡耐基抓住了经理的兴奋点，使经理心甘情愿地把情感的天平倾向了自己这边。

那么，在现实生活中，内向者如何利用同理心说话，与对方惺惺相惜呢？

1."你的话有一定的道理……"

当对方表露出与自己全然不同的想法时，你应该以同理心说话"你的话有一定的道理……"并通过语言分析强化对方想法的正确性，站在对方的角度，再进行积极引导，通过同理心产生的作用影响其心理，达到操控其心理的目的。

2."如果我是你，我也会这样做。"

汽车大王福特说："假如有什么成功秘诀的话，就是设身处地替别人着想，了解别人的态度和观点。"于是，当对方说出了自己的决定时，我们应该强调对方这种做法的合情合理性，了解对方现在的心理矛盾，以感

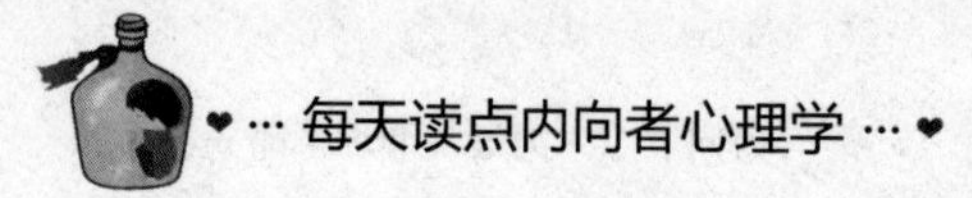

同身受影响其心理，再巧妙地说服对方。

3.“咱们都是一家人……”

当你仔细观察对方身上所具备的特征之后，你会发现在你们之间其实也有许多相同点，而我们需要的就是传递出“咱们都是一家人……”这样的信息，通过同理心来影响对方。比如，“张先生，我也姓张，咱们五百年前可是一家人啊”“王姐，您也是东北人啊，真是太巧了，我也是东北的”。

4.“同是天涯沦落人。”

相同的经历会有相同的感受，相同的感受自然会惺惺相惜，我们要巧妙地利用同理心说话，比如，“你以前在广东工作过？我早些年也在广州工作过”“李姐，咱们做女人真的是不容易啊，既要照顾家庭，又要照顾孩子，生活压力真大啊”，以此来影响其心理，达到说服对方的目的。

内向者心理启示：

利用同理心说话，就是内向者站在对方的角度，同情、理解、关怀对方，接受对方的内在需求，并感同身受地予以满足。利用同理心说话，内向者可以从对方言语的细微处体察对方的心理需求，从而通过语言表达出“惺惺相惜”的感觉，最终成功说服对方。

适时美言几句，增进彼此好感

内向者在沟通中要学会赞美他人，以此增进彼此好感。美国历史上第一个年薪过百万的管理人员叫史考伯，他是美国钢铁公司总经理。记者曾问他：“你的老板为什么愿意一年付你超过100万的薪金，你到底有什么本事？”史考伯回答：“我对钢铁懂得并不多，我的最大本事是我能使员工鼓舞起来。而鼓舞员工的最好方法，就是表现真诚的赞赏和鼓励。”

简而言之，史考伯年薪过百万就是因为他善于赞美他人。每一个人都渴望自己受到别人的赞美，希望自己的价值得到认可，这主要是源于其自尊心和虚荣心。而赞美是一种说话的艺术，合乎人们的心理，精准的赞美言辞会使人感到开心和快乐。在日常交际中，渴望获得赞美的人不计其数，因此，赞美的言辞不可或缺。事实上，内向者可以通过赞美的言辞来影响他人心理，满足了其自尊心和虚荣心，最终赢得对方的好感与信任。

一次，曾国藩用完饭后与几位幕僚闲谈，评论当今英雄。他说："彭玉麟、李鸿章都是大才，为我所不及。我可自许者，只是生平不好谀耳。"一个幕僚说："各有所长：彭公威猛，人不敢欺；李公精敏，人刁能欺。"说到这里，他说不下去了。曾国藩问："你们以为我怎么样?"众人皆低头沉思。忽然走出一个管抄写的后生，插话道："曾帅仁德，人不忍欺。"众人听后皆拍掌称是。曾国藩十分得意地兑："不敢当，不敢当。"后生告退后，曾国藩问道："此是何人?"幕僚告诉他："此人是扬州人，入过学，办事还谨慎。"曾国藩听后说："此人有大才，不可埋没。"不久，曾国藩升任两江总督，就派这位后生去扬州任盐运使。

那位后生不过是一句话，就得到了曾国藩的赏识，同时也改变了自己的命运，这真可以说是"一言定升迁"。究其原因，就在于那位后生说出了对曾国藩的赞美之词"曾帅仁德，人不忍欺"，大大地满足了曾国藩的自尊心，而后生也赢得了曾国藩的信任与好感。

生活中是不能缺少赞美之词的，有了赞美就有了愉悦的心情，才能与他人建立和谐友好的人际关系。内向者不仅要学会赞美，更要不吝于赞美，每个人都有闪光点，当内向者发现了对方的优点时，就要大方开口赞美，不能吝于赞美。

清朝时，一名叫彭玉麟的官员，有一次路过一条狭窄的小巷，一个女子正在用竹竿晾晒衣服，一不小心竹竿掉下，正好打在彭玉麟的头上。他勃然大怒，指着女子大骂起来。那女子一看，正是官员彭玉麟，冷汗不禁冒了出来。但她猛然间急中生智，便正色地说："你这副腔调，像行武的人，所以这样蛮横无理。你可知彭官员在我们此地？他清廉正直，假使我去告诉他老人家，怕要砍了你的脑袋呢！"彭玉麟一听这女子夸赞自己，不禁喜气上升，而且又意识到自己的失态，马上心平气和地走了。

女子那番赞美并不是当面"夸赞"，但却胜过了当面赞美，几句话就说得彭玉麟心里美滋滋的。原来自己在民间有这么好的名声美誉，实在不应该为这些小事情而生气。于是，彭玉麟经过一番思索，只好转怒微笑，心平气和地走了，而那位女子也是巧用赞美之词化解了自己的困境，足以见得赞美言辞的影响力。

那么，在日常生活中，内向者如何巧妙地赞美他人呢？

1.赞美对方不为人知的优点

即使再差的人，在其身上也有那么一两处不为人知的优点，这时候内向者可以巧妙地利用。比如，"你的这件礼服真漂亮""你的发型真好看""你这身打扮真有气质"，这样的赞美会使对方感到高兴的。

2.赞美要具体而微

在日常交际中，内向者要善于以自己的敏感发现对方的细微之处，并不失时机地予以赞美，这时候赞美言辞用得越具体越有效果，比如，"认识你这么久了，还不知道你的厨艺那么棒"。

3.赞美要有新意

赞美的言辞不能千篇一律，要有新意，一般而言，一些突出个性、有特点的赞美会收到更好的效果。比如，爱因斯坦这样赞美比利时王后："您演奏得太好了！说真的，您完全可以不要王后这个职业。"

内向者心理启示：

内向者卡耐基曾说："当我们想改变别人时，为什么不用赞美来代替责备呢？纵然部属只有一点点进步，我们也应该赞美他。因为，那才能激励别人不断地改进自己。"赞美，不仅满足了对方的心理需求，而且还能够增强对方的自信心，促使对方不断地取得进步。

首因效应：留下难忘的第一印象

内向者初次与陌生人会面，需要有效发挥首因效应，给对方留下难忘的第一印象，这对于后来的沟通是很有必要的。首因效应是指内向者在与对方交往中留下的第一印象，而首次产生的印象将在对方头脑中形成并占据着主导地位的效应。通常来说，人们在第一次与某物或某人接触时都会留下深刻印象，人们在对他人的认知过程中，通过"第一印象"最先输入的信息对以后的认知产生影响的作用。经过研究表明，第一印象作用最强，持续时间也长，这比后来得到的信心对于事物或人的整个印象产生的作用更强。由于首因效应所带来的强大作用，在现实生活中，内向者应该学会修饰自己，努力留下良好的第一印象。

两人初次见面的时候，通常是通过对他人的衣着、谈吐、风度等方面作出评价。虽然，初次见面留下的印象给人在整个形象中占有举足轻重的地位，但它却是继续交往的根据。简单地说，能够给他人留下良好印象，往往决定着内向者是否能被他人记住。一旦初次印象建立起来，对后面获得信息的理解和组织有强烈的定向作用，由于人们具有保持认知平衡与情感平衡的心理作用，他们更倾向于使后来获得的信息的意义与已经建立起来的观念保持一致，而人们对于后来获得的信息的理解，往往是根据第一印象来完成的。

雪后初晴的一天，作家盖达尔正在公园里兴致勃勃地堆雪人。忽然，在他身后响起了"咯吱咯吱"的踏步声，他回头一看，一位年轻姑娘正向他走来。姑娘彬彬有礼地向他伸出右手说："我认识您，您是作家盖达尔，我读过您的全部著作。"盖达尔听了微笑着，十分幽默地说了一句："我也认识你，你或许是七年级或十年级的学生，我也读过你全部的书，代数、物理、三角。"这时候，姑娘笑着作了自我介绍，从此，他们相识并成了好朋友。

在人际交往中，人们往往注意外表、服饰的“首因效应”。其实，“首因效应”带来的影响并不仅仅局限于外表、服饰等，还表现在见面时所说的第一句话，而且，该效应带有比较鲜明的情绪色彩，很容易影响对方的心理。所以，当内向者说好了第一句话之后，奠定了整个谈话的基调，话题才会源源不断而来。

1.说好第一句话

第一句话表达了内向者的情绪与感情，你所想传递给对方的信息全在第一句话里，是好抑或是坏，都将有效地影响对方的心理。说好第一句话，往往能达到意想不到的效果。心理学家认为，第一印象主要是一个人的性别、年龄、衣着、姿势、面部表情等“外部特征”。但同时，一个人的谈吐却在一定程度上反映出这个人的内在素养和其他个性特征。

第一句话要以赞扬为基调，尽量谈论对方颇为得意的方面，比如，“您可真有气质”“听说您的书法很大气，今天见你算是知道什么叫‘人如其字’”，等等。当然，这样的赞赏并不是毫无诚意的恭维或拍马屁，而是发自肺腑的语言，这样才能激起对方的自豪和信任感。

2.外表装饰

虽然，一个人的相貌是自己无法决定的，但服饰却完全取决于自己。俗话说：“三分长相，七分打扮。”内向者的服饰装扮需要保持整洁、得体、自然。另外，还需要注意细节修饰，有的人穿名牌衬衫，但从不熨烫，有的人脚穿名牌皮鞋，但从不擦干净，这些都会让内向者的完美形象大打折扣。

3.行为举止

一个人的动作常常使他的气质、性格表达得淋漓尽致，粗俗的行为总是令人生厌的，这就要求内向者注意自己的行为举止，待人接物时面带微笑，注意分寸和距离，尤其是与异性交往时，举止不可轻浮，避免产生不必要的误会。

内向者心理启示：

内向者需要记住，与人交往的主要目的是赢得他人的好感，而要想达

到这个目的就应该给他人留下良好的第一印象。当然，除了对自己装扮、语言、表情以及动作的约束来影响和改变他人对自己的印象，更为关键的是，要充满自信，如此，你才能以自信、从容的姿态出现在人们面前，也才能被人们所记住。

自我暴露，拉近彼此距离

有些内向者想表现得聪明一些，似乎只有这样才能凸显自己的价值。事实上，自己若表现得太聪明，处处给人一种了不起的印象，最后会成为他人争相排挤的对象，而那些看起来傻头傻脑，说话做事都笨笨的，却成为人们喜欢的对象，这是为什么呢？内向者想要融入这个圈子，就应该懂得藏锋，利用自己内向的性格，藏起自己的优势，适当暴露自己的一些缺点，以此来消除他人的心理戒备，这样才能赢得对方的认可。

学校组织开新学期教研会议时，头发花白的李老师就发牢骚了：“为什么老是安排我们老教师上普通班，年轻的老师上尖子班？你们是看不起我们吗？既然看不起就直接叫我们下岗算了，还留我们干吗？”坐在旁边的年轻老师沉默了，小王老师作为主任组织了这次会议，他也低下头，默默地听着。李老师继续倚老卖老：“你们这些年轻人、小毛头，别看不起我们这些老家伙！别以为你们文凭高，什么重点大学研究生的！我们在讲台上吐的口水都比你们多！二十年前，我们都站在讲台上教书了！说说看，二十年前你们在干什么？”“二十年前我只读小学。”小王老师只能这么回答。

等李老师牢骚发完了，小王老师才说：“这是上头领导安排的，我也只能这么做，不过以后在工作中有什么疑问，我们肯定会请教和遵循前辈们意见的。”就这样散会了，后来，小王老师在那些老教师面前，就像个什么都不懂的小学生一样，故意暴露出自己的一些缺点，处处向老教师请教。而且无论做什么都维护老教师的意见。对于他们的发言语犀利的牢骚，小王老师从不反唇相讥。久而久之，老教师们也就没什么意见了。

再后来，小王老师被调到更好的学校了。教研组的老教师们居然舍不得他走，李老师还很歉意地说以前的牢骚很对不起他。新上任的主任恰巧也是个年轻的老师，见此就询问如何处理与资历深老同事的关系。小王老师就说："不要表现得太优秀，凡事装得笨一点，那你就会受欢迎了。"

从上面这个案例中，我们不难看出小王老师的智慧，也许，在众多资历深的老同事面前，小王老师不过是个小人物。他明白，自己的工作要想做好，就必须打动这些老同事的心。于是，他扮演了一个不起眼的小人物，在老同事面前适当暴露出"愚笨"的缺点，以此打消了同事心中的顾虑，以诚恳的态度赢得了同事的尊重，从而与之建立了和谐的人际关系。

1.收敛锋芒

当今社会，竞争日益激烈，每个人的智力也得到了空前的解放和开发。在交际场合中，人们争先恐后地表现自己，梦想着出人头地、做出一番大事业。其实，如果你显山露水，争着炫耀自己，使出全身解数会成为人们妒羡的对象，当你的虚荣心不断膨胀的时候，你离失败也越来越近了，这就是锋芒毕露的下场。因此，内向者不要过于展露自己的锋芒，而是懂得藏其锋芒，表现得愚笨一点，或者，适时暴露出自己的缺点，这样你才能真正地融入交际场合，有效打动他人心。

2.大智若愚

在日常生活中，即使内向者真的才智出众，也要给人一种"愚笨"的印象，不要炫耀自己，取大舍小。因为厚积薄发才得以宁静而致远，山间小溪虽然看似貌不惊人，最后却能纳入大海。在人面前不要显露自己的真正实力，不夸耀自己，抬高自己，在他人面前扮演一个小人物，不抱怨，专心做好自己，在不显山不露水中获得成功。

内向者心理启示：

实际上，对于内向者而言，藏锋占据有利的条件，因为内向者本身就是不善言辞的。如果你处处表现得很优秀，锋芒毕露，人们自然会感觉

到你带来的威胁感，无形之中，你就成了他讨厌的人了。所以，在交际场合，不宜表现得太过优秀，即使你有天大的本领，也要懂得收敛；相反，为了打消人们心中的顾虑，不妨适当暴露自己的一些缺点，让对方放松对你的警惕，从而对你打开心扉。

以真诚态度，打开对方的话匣子

尽管内向者不善言辞，不过他的每一次沟通都是真诚友好的。在人际交往中，沟通是无可避免的，这其中的沟通问题同样是无可避免的。坦率、真诚是人际关系中的重要元素，同时，也是促进沟通渠道畅通的有效保证。在任何时候，真诚都是最受用的沟通方式。真诚是沟通的基础，无论对于说话者还是听话者来说，都至关重要。说话的魅力，并不在于说得多么流畅，多么滔滔不绝，而在于是否善于表达真诚。语言的魅力源于真诚，与人交往，贵在真诚的态度。

当公司还是一个小工厂的时候，王姐作为公司的领导，她总是亲自出门推销产品。而每次碰到砍价比较厉害的对手时，她总是以真诚的态度说："我的工厂只是一家小作坊，这大热天的，工人们在炽热的铁板上加工制作产品，汗流浃背，他们该是多辛苦啊，但是，一想到客户，他们依旧努力工作，好不容易制造出了这些产品。为了对得起这些辛苦的工人，我们还是按照正常的利润计算方法，你看如何？"

听了这样真诚的话，客户开怀大笑，说："许多来找我推销产品的人在讨价还价的时候，总是说出种种不同的理由，但是你说的很不一样，句句都在情理之中。我也能理解，你和你手下的工人都不容易，好吧，我就按你开出的价格买下来好了。"

王姐的成功，在于其真诚的说话态度，她的话语中充满了情感，描述了工人工作的辛苦、创业的艰辛。从表面上看，语言本身并无矫饰，异常淳朴，但是，正是语言的真诚、自然，唤起了他人内心深切的同情。恰恰是王姐通过语言表达出来的真诚，换来了对方真诚的合作。在生活中，人与人之间应该以真诚相待，不管是朋友还是老板，当内向者袒露了自己的真诚，相应地，你也将收获对方给予的真诚。

北宋词人晏殊以态度真诚著称，就在晏殊14岁的时候，有一次参加殿试，宋真宗出了一道题。晏殊看到了试题之后，说："陛下，十天以前我已经做过这个题目了，就请陛下另外再出一个题目吧！"宋真宗见晏殊如此真诚，对他十分信任，并赐予了"同进士出身"。

在晏殊任职期间，他经常在家里与朋友们闭门读书，而其他大小官员都出去吃喝玩乐了。有一次，宋真宗点名要晏殊担任辅佐太子，对此，许多大臣都很疑惑，怎么会点一个"同进士出身"的人呢？宋真宗说："近来大小官员经常出门吃喝玩乐，唯有晏殊与朋友们每天在家读书、书写文章，如此自我谨慎，难道不是最合适的人选吗？"晏殊听了，笑了，他向宋真宗谢恩，然后解释道："其实我也是一个喜欢游玩的人，但因家里贫穷无法出去，如果我有钱，也早就溜出去玩了。"宋真宗听了，十分赞叹晏殊说话的真诚，对他也就更加信任了。

美国总统林肯曾说："一滴蜂蜜要比一加仑胆汁更吸引更多的苍蝇。人也是如此，如果你想赢得人心，首先就要让他相信你是他最真诚的朋友。那样，就会像一滴蜂蜜吸引住他的心，也就是一条坦然大道，通往他的理性彼岸。"用真诚的态度打动人心，这本来就是最佳的沟通方式。

1.真诚的态度

曾经打败过拿破仑的库图佐夫，在给叶卡捷琳娜公主的信中说："您问我靠什么魅力凝聚着社交界如云的朋友，我的回答是'真实、真情和真诚'。"对内向者而言，真诚的态度，是交际成功的第一乐章，态度真诚，如此才能打动人心。

2.将真诚注入话语里

白居易曾说："动人心者莫先乎于情。"隐藏在话语里的至真至诚往往能使"快者掀髯，愤者扼腕，悲者掩泣，羡者色飞"。把话说得漂亮，

并不在于华丽辞藻的堆砌，而是话语里蕴含的真意、诚意。内向者说话如果只求外表漂亮，而缺乏其中的真诚，那么，它所开出的只能是无果之花，或许，这能欺骗别人的耳朵，但却无法欺骗别人的心。

内向者心理启示：

在沟通过程中，内向者首先应该想到的是如何把自己的真诚融入语言中，如何把自己的心意传达给他人，因为只有对方感受到你的真诚的时候，他才会打开心门，接受我们表达的看法，而彼此之间才会有继续交流的机会。毕竟，只有把话说得真诚，话才会动人，也才会打动人心。

听懂对方心理，把话说到对方的心坎上

沟通是双方通过语言或非语言来交流思想感情的过程，因此，在沟通过程中，内向者不仅需要说话，也需要适当的聆听。是否能够通过语言来影响其心理，就取决于内向者是否悉心聆听。良好的聆听会为你捕捉到许多有效的信息，而这些信息将取决于你是否能够成功地操控他人心理。说话是一个传递信息的过程，把话说到位，不仅关系到是否准确表达自己的思想，而且还在于自己的思想是否被对方所接受并产生共鸣。换句话说，把话说好，关键在于把话说到对方心坎上，以此实现成功的沟通。那么，如何把话说到对方心坎上呢？这就需要内向者将心比心，善于通过聆听来洞悉对方的心理需求，再利用语言将自己的思想传递给对方，满足其心理需求。

有一天，车上的乘客很多，而这时又上来一位抱小孩的妇女。电车售票员小丽像往常一样对乘客们说：“哪位同志给这位抱小孩的女同志让个座。”但她连喊了两次，却无人响应。小丽并没有着急，而是缓缓地站了起来，用期待的眼神看了看靠窗口的几位小伙子，提高了嗓音：“抱小孩的那位女同志，请您往里走，靠窗坐的几位小伙子都想给您让座，可就是没有看见您。”话音刚落，“呼啦”一声，几位小伙子都不约而同地站了

起来让座。这位女同志坐下以后，光顾喘气定神，忘记对让座的小伙子道谢，小伙子面露不悦的神色。小丽看在眼里，心中明白，她忙中偷闲，逗着小孩子说：“小朋友，叔叔给你让了座，你还不谢谢叔叔。”一语提醒那位妇女，连忙鼓励孩子说：“快谢谢叔叔，快谢谢叔叔。”那小伙子听到“谢谢叔叔”时，连声说：“不客气。”

小丽不过说了最简单的几句话，却产生了这么大的魔力，秘诀就在于她能够通过察言观色聆听出他人的心理需求，这里的聆听并不只是单纯地“听对方的言语”，还需要“聆听”对方的非语言暗示。小丽通过“聆听”对方的非语言暗示，了解到对方的心理需求，恰到好处地说出几句话，句句都在对方心坎上。

19世纪，在奥地利的维也纳，妇女们喜欢戴一种高高耸起的帽子。她们进剧场看戏也不愿将帽子脱下，以致后排的观众视线被挡住。这些后排的观众纷纷去找剧场经理提意见，于是，经理就上台请在座的女观众脱帽，然而说了半天妇女们也不予理睬。最后经理又补充了一句话：“那么，这样吧，年纪大一点儿的女士可以照顾，不必脱帽。”此话一出，全剧场的女士竟齐刷刷地把帽子脱了下来。

虽然，妇女们并没有发表任何意见，但她们的行为却透露出这样的信息“戴着高高耸起的帽子是为了使自己变得年轻美丽”，剧场经理“聆听”出了她们的心理需求，针对其心理，说出这样的话“年纪大一点儿的女士可以照顾，不必脱帽”，暗示出“如果你觉得自己年纪比较大，那就别脱帽”，一句话说到了妇女们的心坎上，她们纷纷脱下了自己的帽子，因为谁也不想承认自己年纪大。

1.表示理解

有时候，即使内向者不认同对方的做法，也需要表示出理解“您说的很有道理，我非常理解您”“谢谢您，如果我站在您的位置，也会有与您一样的想法”。话说到了对方心坎上，他会不自觉地受你影响。

2.维护对方的自尊心

美国著名的哲学家詹姆斯曾经说过：“人类天性的至深本质就是渴求

为人所重视。”当对方的表述有些偏颇的时候，内向者需要维护对方的自尊心，尽量以委婉的表达方式传递这样的信息：“您说得非常有道理，但我相信，每个企业，毕竟都有它存在的理由。”

3.具体而新颖的赞美

每个人都渴望别人的赞美与认同，当内向者察觉出对方有这方面的心理需求时，需要给予具体而新颖的赞美之词，比如，“您的声音真的非常好听”“听您说话，我就知道您是这方面的专家”“跟您谈话我觉得自己增长了不少见识，谢谢您了”。这些恰到好处的赞美会触动对方内心，继而赢得对方的信任，最终达到影响对方心理的目的。

内向者心理启示：

在沟通过程中，内向者需要积极地聆听，让对方尽可能多地传递出有效信息，以听出对方的兴趣点，这样内向者才有机会把话说到对方心坎上，从而影响其心理，最终实现顺利沟通。

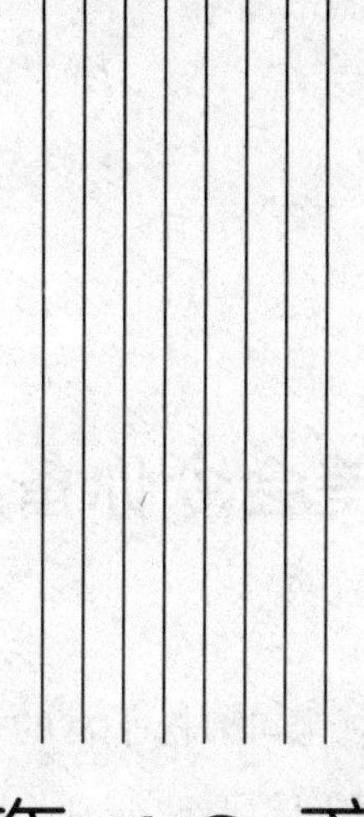

第16章

内向者也能吸引别人的心理策略

内向者就是那个躲在角落里沉默不语的家伙？假如内向者总是这样定义自己，那你真的会成为那个角落里孤独的内向者。事实上，内向者只要深谙一些交际策略，以其自身魅力是一样可以成功吸引别人的注意力的。

学会赞美会令你备受关注

内向者并不知道，生活中几句稀松平常的赞美往往会带来不可思议的结果。卡耐基曾说过：“当我们想要改变别人时，为什么不用赞美来代替责备呢？纵然部属只有一点点进步，我们也应该赞美他，因为只有这样，才能激励别人不断地改进自己。”赞美他人，绝对算得上是一件好事。当然，内向者在赞美别人的时候，需要审时度势，还需要掌握一些方法，否则，即使你是真诚的，也会将好事变成坏事。不同的人在赞美别人的时候，会使用不同的方法：有的人喜欢采纳直接的赞美方式，“你真是太漂亮了”；有的人喜欢使用比较意外的方式，“今天的菜格外美味，你的厨艺越来越好了”；还有的人喜欢私下别人赞美他人，等到这话传到当事人的耳朵时，没想到效果出奇地好。

小王在与同事聊天的时候，随意说了几句上司的好话：“张经理这个人真不错，处事比较公正，我来公司一年多了，他在各当面对我的帮助都挺大的，能够有这样的上司，真是我的幸运。”没过多久，这几句话就传到张经理的耳朵里，令张经理心中既欣慰又感动，就连那位同事在向经理传达这几句话的时候，都忍不住夸赞一番：“小王这人真不错，心胸开阔，难得啊！”

年底分发奖金的时候，小王觉得自己这一年表现很不错，想争取一下。因此，他敲开了张经理的门，张经理满脸热情：“小王，有什么事吗？”小王有些不好意思：“张经理，又来麻烦你，真是不好意思，那个年底奖金的时候，我想争取一下，你看我合格不？”张经理笑了起来：“这事啊，好说，我老早就觉得你小伙子不错，放心，这件事我一定放在心里。”

有时候，在背后说人家的好话，赞美几句的功效比当面说似乎更有效

果，小王那看似随意的几句话却是有意策划的，这样，自己在张经理心中的形象一下子就提高了，成功地吸引了张经理的注意力。其实，背后赞美他人比当面恭维的效果要好得多，如果当面赞美，有可能会被认为这是拍马屁，同时，对方脸上也会挂不住，会觉得赞美不够真诚。那么，趁着对方不在场的时候，赞美几句，总有一天，这话会传到对方耳朵里，心里自然是美滋滋的，这样一来，打动人心的目的就达到了。

1.出人意料的赞美

赞美来得比较突然，也会令人惊喜。比如，丈夫下班回家后，见妻子已经摆好了饭菜，不妨称赞妻子几句，妻子本来看似理所应当的行为，却受到了丈夫的赞美，作为妻子来说，心情是愉悦的。而且，在生活中，如果你赞美的内容出乎意料，也会打动对方的。

2.直接的赞美方法

在生活中，常见的赞美方法就是直接赞美，比如，下属与上司、老师对学生、长辈对晚辈等，这样直接的赞美方法比较及时、直接，能够很好地鼓舞他人。如果内向者发现了对方身上有什么特点，不妨直接告诉他“你最近工作业绩不错，快破了上个月的销售记录了，继续努力”。

3.夸张的赞美方法

夸张的赞美方法又称为激情的赞美方法，拿破仑曾这样赞美他的妻子：“从来没有哪个女人像你这样受到如此忠贞、如此火热、如此情意缠绵的爱。”在这里，赞美可以使你获得爱情，同时，还可以缓和矛盾。那些无法掩饰的赞美之情，使得另一半十分受用和满足。

4.间接的赞美方法

有直接的赞美方法，就有间接的赞美方法。在日常生活中，如果内向者想赞美一个人，不便当面说出或没有适当的机会向他说出的时候，你可以在他的朋友或家人面前，适当地赞美一番，而且，这样赞美收到的效果将会更好。比如，当着下属的面赞美另一位员工“我觉得小王挺不错的，工作很认真，踏实能干，我很欣赏他”，等这些话传到员工耳朵时，他肯定会加倍努力工作来表达内心的感激。

内向者心理启示：

如何才能使赞美发挥出应有的效果，如何才能通过赞美来打动他人，这需要内向者在赞美他人时讲究一定的方法，方法对了，赞美的效果就出来了，那时你还会担心吸引不了人吗?

小缺点，会让更多人亲近你

内向者不愿意在人前暴露自己的小缺点或小错误，他们总想展示最完美的自己。殊不知，这正是不受人欢迎的因素。每个人都有自己的弱点，在对手眼里，这是可以击破的缺口；但在其他人眼里，这却是一种坦诚的方式。心理学家建议内向者，适时暴露自己的缺点，会让你受到更多人的亲近。适时暴露自己的缺点，不仅仅是在朋友面前，在陌生人面前，在同事面前，内向者都可以这样做，让人觉得自己只不过是一个普通人，没有威胁性，这样你才会受到更多人的亲近。

乐乐今天和朋友去逛街，虽然她个头有163cm，这在南方也不算矮了，但可“恨”的是那位朋友个头比自己还要高。乐乐为了不让人们觉得自己比她矮，硬是穿了一双高跟鞋，刚开始的时候，还没有什么。但是，一个小时以后，乐乐觉得自己的脚已经吃不消了，越来越痛，腿也开始疼起来了。

乐乐朋友好像察觉到了她的痛苦，把她引到了一个鞋店，笑着跟她说：“我看你还是买双休闲鞋吧，这样穿起来就没有那么痛苦了，像你这样的个子其实不必穿高跟鞋的。”乐乐一脸苦笑，朋友笑着说：“该不会是和我比高吧？”乐乐不好意思地低下了头，朋友拉着乐乐坐了下来：“咱们是这么多年的朋友，我又不会因为比你高那么一点点而看扁了你，你呀，在我心中，是永远不可替代的好姐妹。”乐乐心情很激动，她后悔自己不该穿高跟鞋来逛街了，不过，她却不后悔有这样一位朋友，因为，

朋友才是自己的财富。

从乐乐的事例中可以看出，不要害怕自己的弱点。如果你仅仅是为了自己的弱点而刻意去逃避，或者为了自己的弱点刻意去隐藏，这样到最后受累的是自己，受伤害的也是自己，因为你总是在担心自己的弱点会被朋友发现，这样的掩盖是痛苦的。而你的弱点还是弱点，这一点不会改变，那么，你就没有必要隐藏真实的自己，让自己的弱点大胆地暴露出来，有时候，弱点也许会变成优点。

小李研究生刚刚毕业就来到了这所中学，当时，在这所偏远的中学里，小李是唯一的高学历，大多数同事都是年纪一大把的“老古董”。虽然他们有多年的教学经验，但真正的学历并不高。小李刚开始不以为然，觉得自己应该表现得更优秀一点，这样，才会受到学校领导的重视。

在学校待了一段时间，小李认识到了那一群“老古董”的力量。由于小李自视清高，以及所展现出来的“完美教学”模式，使得他在学校受到了排挤。不仅仅是“老古董”同事，甚至连学校的领导也觉得小李太难以亲近了。小李感到很难过，没想到，优秀的自己也会受到如此的待遇。于是，他决定藏起自己的才华，在教学上，不时露出一些小缺点，时而向老同事请教，他还常常谦虚地说：“我一个刚毕业的学生，什么都不懂，还需要你们多多指教呢。”这样一转变，小李一下子就成了学校最受欢迎的老师，那些老同事也不再为难他，而是想办法亲近他。

每个人都有弱点、强项，这是均衡的，内向者没有必要在他人面前故意掩盖。当你大胆地暴露出自己的缺点，并没有让别人瞧不起你，而是看见了一个真实的你，这并不是一件坏事。或许，你的真诚可以换来一份难得的友谊，获得他人的认可。有的内向者不敢向朋友表现自己的弱点，认为那是一件难为情的事情，事实上，当你大胆地暴露出自己的缺点时也战胜了内心的胆怯，这对于你来说，也是一个良好的开始。

1.呈现最真实的自己

在交际场合中，如果内向者总是想方设法地掩盖自己的缺点，不敢袒露真实的自己，那么，你下意识的行为会逐渐地影响你与他人之间的关系。因为你给别人的感觉，就是不够真实。人与人之间的交往是建立在真实的基础之上的，这样的真实就包括显示真实的自我。

2.有缺点的人更容易被亲近

每个人都有自己的缺点，这是很正常的，在恰当的时候，需要暴露自己的缺点，让对方觉得“原来他跟我一样，也是有缺点的人”，这样一想，他自然会愿意亲近你。在现实生活中，内向者总想树立一个“完美”的形象，他所展现出来的全部是优点，没有缺点，自以为如此的形象可以使更多的人亲近自己，结果却出人意料，所谓“高处不胜寒”，或许，你表现出来的“完美”形象会成为你交往的障碍，更多的人，他们只愿意与一个再普通不过的人做朋友，而不愿与一个没有缺点的“圣人”做朋友。

内向者心理启示：

据说，刺猬背上的刺可以保护自己，但柔软的腹部却是致命的弱点，如果它的天敌知道了它的弱点，它的寿命就会进入倒计时……有时候，我们也会自然地把内向者比作刺猬，披着伪装的外衣，小心翼翼地保护着自己，以免自己的弱点暴露，带来一些伤害。其实，内向者跟刺猬一样，都是害怕受伤的动物，竭力保护着那些致命的弱点，不敢暴露出来，在人前显示出自己最好的一面。然而，当内向者坦然暴露自己的小缺点，展现自己的真诚时，更多人会愿意亲近你。

言语暗示，增加彼此的亲密度

如果内向者不善于言辞，那不妨使用言语暗示，以此增加彼此的亲密度。在生活中，内向者不妨对身边的同事或朋友这样说：“小李，咱们一起去吃饭吧”“亲爱的，这个周末有空吗？一起逛街，怎么样？”“哥儿们，喝酒去啊”等，不一样的称呼、亲昵的语气暗示出彼此关系的亲密度。当两个好朋友置身于陌生人群中的时候，不用特别地介绍，大家都会

知道这两个人的亲密关系。这是为什么呢？其实，大家往往是从称呼和说话语气中看出端倪的。

1858年，林肯在竞选美国上议院议员的时候，在伊利诺斯州南部进行演说。那时蓄养黑奴的恶霸们平时对废奴主义者就非常仇恨，但在演讲中，林肯说：“南伊利诺州的同乡们，肯特基的同乡们，听说在场的人群中有些人要和我作对，我实在不明白为什么要这样做，因为我也是一个和你们一样爽直的平民，那我为什么不能和你们一样有着发表意见的权利呢？好朋友，我并不是来干涉你们的人，我也是你们中间的一人，我生于肯特基州，长于伊利诺州，正和你们一样是从艰苦的环境中挣扎出来的，我认识南伊利诺州的人和肯特基州的人，也想认识密苏里的人，因为我是他们中的一个……”

在演讲中，内向的林肯亲切地称呼那些反对自己的人为“南伊利诺州的同乡们，肯特基的同乡们”，并且，他在演讲过程中不断地提到“我”“我们”，使听众形成一种“认同感”，这样一种言语暗示形成了强大的影响力，最后让那些敌对怒视也变成了喝彩声。由此可见，亲切的称呼无形之间会成为一种心理暗示“咱们关系不一般”“我们就是自己人”，有效地影响对方心理，以此增加彼此的亲密度。而平淡的称呼则会产生相反的效果。

小娜、美美、阿伟是大学同学，彼此关系都很要好。大学毕业后，三人却发现了横亘在他们之间的一个秘密，原来小娜和美美都喜欢阿伟。大学时为了维持彼此的友谊，大家都没有说破，临毕业了，小娜和美美相继对阿伟表白了。可是，也许是上天的安排，大学最后一学期实习的时候，小娜和阿伟被分到了一组，美美被安排去了广州的一家公司。

实习半年结束之后，三人都回到了学校，再次聚会，大家都发觉少了点什么，却又多了些什么。美美还是一如既往地叫他们“小娜、阿伟”，可她发现小娜称呼变了味道：“伟子，你发现没有？美美好像瘦了很多”，以前小娜也是叫“阿伟”的。而且，阿伟的称呼也有了变化、“娜娜，这个你多吃点，多长点肉才好看”，语气之间有说不出的亲密。美美明白了，早在她去广州的时候，阿伟和小娜的关系就变了，而自己成了那个比较“生分”的人。

阿伟和小娜彼此之间的称呼暗示了他们现在关系的亲密度，特有的称呼、亲密的语气，无一不显示出他们就是一对恋人，这样的称呼与语气是有别于朋友之间的。虽然，阿伟和小娜并没有直接说出彼此的关系，但却通过语言向美美暗示“我们现在是恋人”。在现实生活中，有的女孩习惯于在人前故意用亲昵的语气称呼男朋友，实际上就是向他人暗示“这个男人与我关系很亲密”。

1.通过称呼暗示亲密度

每天都会遇到各种不同的人，面对不同的人，内向者应该使用不同的称呼。比如，面对上司，内向者应该冠以职称“王董事长”，当然，如果你与他私交比较好，私下里称呼也可以亲昵一点；面对同事，亲切地称呼“小李，能把文件递给我吗”、“老张，等等我，咱们一起出去”，这样可以与之建立和谐的人际关系；面对初次见面的陌生人，可以称呼“凡先生，您好”，客气礼貌的称呼，暗示“关系一般”。

2.通过语气增加亲密度

当内向者想请求同事或朋友帮忙的时候，不妨使用亲昵的语气，如“莹莹，我知道全公司你的打字速度是最快的，所以，这次拜托你了”、“亲爱的，这次的事情就麻烦你了，改天到我家来玩吧”，亲昵的语气暗示了彼此之间的亲密度，他能不帮忙吗？

3.少说“我”“你”，多说“我们”

在与对方的交谈中，内向者要少说“我”“你”，多说“我们”，强化彼此的亲密度，让对方获得一种认同感，继而达到影响对方心理的目的。比如，“看来，我们都有一样的青春”，通过几句亲切的话语，就好像走进了对方的心理，让他们觉得可信，从而愿意听取你的建议。

内向者心理启示：

一般情况下，对于那些关系亲密的朋友，人们会冠以别样的昵称或者直呼其名，语气也会显得格外亲昵；对于那些关系一般的朋友，人们会直

接称呼其名字，甚至还冠以职称，语气显得很平淡。因此，内向者在社会交际中需要用好称呼与语气，以此来暗示彼此的亲密度。

关键时刻帮他一把，赢得朋友心

如何吸引对方的注意力？内向者需要明白，假如在帮助困难之时帮他一把，对方定会对你感激不尽。在现实生活中，人们经常会碰到朋友有难的情况，有的人唯恐而避之，担心殃及自己，早就躲得远远的；有的人则表现得十分仗义，主动提出帮忙，倾力相助。于是，前者的朋友越来越少，而后者的朋友却越来越多。其实，朋友之间是相互的，今天你帮了他，明天反过来，他也会帮助你。在生活中，每个人都不能保证自己将顺顺利利地过一生，在生命的旅途中，内向者或多或少都会遇到一些困难。你当初怎么对朋友的，朋友也将一并还在你身上，甚至，会加倍地偿还给你。

小军与张亮是一对好朋友，小军从事导演工作已经十几年了，但是，近些年总是走下坡路。前不久，小军踌躇满志地策划了一部新戏，投入了大部分资金作为启动资金，那个作品就像是自己的孩子一样，积聚了他无数的心血。可是，谁也没有想到，从创作、一手筹备、策划，眼看着就要开拍了，可是，投资方却突然撤资了。剧组所有工作陷入了困境，小军整日沉浸在痛苦中，原来因为自己执意从事导演工作，前几年已经欠下了千万的账款，这次好不容易找到了肯投资的公司，准备打个漂亮的翻身仗，却没有想到不知投资方从哪里了解到自己的经济状况，而选择了撤资，这对他简直是毁灭性的打击。

朋友张亮不知道从哪个朋友嘴里听到了这个信息，马上放下手上的工作，开车来到小军家，一进门就说："我来给你的新戏投资。""什么？"小军满脸惊讶，张亮不懂得演艺事业，以前还经常开玩笑说："那玩意儿挣不了什么大钱。”现在，竟然愿意投资，张亮笑了，说道：“我是不懂表演，甚至，直到这一刻，我也不是喜欢它的，但是，你是我的朋友，好哥儿们。你现在遇到了困难，我不能袖手旁观，相信你的眼光，我马上就将资金转过来。”听了这话，小军心里暖暖的，由于资金的及时到位，小军的作品被如愿搬上了大屏幕，并取得了巨大的成功。在庆功宴上，小军举起酒杯向张亮敬酒：“你是我这辈子的恩人，我是不会忘记你的。”张亮颔首微笑，并没有说话。

人生不如意十之八九，在这个世界上，凡事不可能顺顺当当、安安乐乐，总会出现一些挫折与困难。这相对于每个人来说也是一样的，在你每天的生活中会发生一些不愉快的事情，这是极其正常的，没有什么值得去抱怨。有时候，内向者身边的朋友会遭遇困难，那也是情理之中的事情。朋友落难了，千万不要落井下石，这是不仁不义的小人行为，也是极端恶劣的行为。不管朋友是否向你求助，内向者都应该主动伸出援手，关键时刻拉他一把，帮助朋友脱离困境。

1.与其被求助，不如主动帮忙

朋友有了困难，有的内向者虽有心帮忙，但总觉得朋友还没开口，不如就等着他来向自己求助，有的内向者甚至觉得只有朋友开口求助了，自己才会帮忙，似乎其中考虑到自己的面子问题。其实，对待朋友，与其被求助，不如主动帮忙，前者是“勉强”，后者才是真正出于内心的。真正的朋友，不会想到朋友开口向自己求助，而是主动放话：“若是有什么需要帮助的，你尽管开口好了，能帮的我一定帮忙。”如此，让朋友感到自己的一片真心，他定会对你充满感激。

2.倾力相助

朋友有难，应该倾力相助，而不是有所保留。虽然，凡事想到自己，这是人之常情，但是，若你总是为自己私利着想，即使在朋友有困难的时候，也想到有所保留，那就显得对不住朋友了。毕竟，朋友情境已经迫在眉睫，而自己所能帮的就只有这些了，有时候，哪怕我们倾力相助，也不一定能帮上忙，我们所付出的是那份弥足珍贵的心意。因此，朋友有难

了，内向者应该倾力相助，一旦被朋友知道你并没有竭尽全力，日后他对你多少会有些抱怨。

内向者心理启示：

朋友有难，内向者不要觉得不好意思提供帮助，而应该鼎力相助，如此才能使彼此间的友谊越来越深厚，也才能打动朋友的心。如果朋友之间仅仅是建立在“同享福，不能共患难”的基础上，那么，这样的朋友也不会长久的。与朋友之间的感情，需要内向者努力经营，面对朋友的困难，内向者应该主动伸出援助之手，帮助朋友渡过难关，如此，才能赢得朋友的信任。

舍得吃亏，让对方占便宜

在日常生活中，有许多人喜欢占小便宜，反而吃了看不见的大亏，这就是“捡了芝麻，丢了西瓜”。只不过为了点点芝麻，就把大西瓜丢了，简直得不偿失。内向者应该明白，就在我们身边，有很多这样的陷阱，他们就是看准了人们喜欢占小便宜的特点，所以，等着大家去上当受骗。而那些喜欢占小便宜的人，浑然不知道前面有个大陷阱，乐滋滋地跑向前去，却为了一点好处就吃了大亏。也许每一个人的潜意识里都有占小便宜的心理，但那些有智慧的人却懂得“小不忍则乱大谋”，他们懂得适时地放弃。所以，内向者需要将眼光放长远，不要着眼于眼前的蝇头小利，你让对方占了小便宜，却收获了对方对你的信任与感激。

老王到菜市场买菜，和卖主讨价还价，卖主不同意，两个人争执了起来。经过一番争执，卖主终于同意优惠一点，当老王选好了菜，正要付钱的时候，卖主还是按原价收钱。老王心里很不满，又见卖主少找给了自己1.2元，心里更是生气，在那里一个劲儿地嚷嚷。卖主见状，知道这是个难缠的主儿，一摊手：“愿买就买，不买拉倒。”老王一听火冒三丈：“我还不买了呢！你怎么着？”说完，就把菜往地上一扔，准备要走，卖主见状连忙追上去，让老王捡起来。老王硬是不捡，卖主一急就踩了老王一脚，谁知这个老王却不服输，拿起旁边的一个秤砣就向卖主的头部打去。这一下手还得了，卖主当场就晕倒了，被送进了医院。老王本来想占点儿便宜，不愿吃1.2元的小亏，没想到自己却吃了赔偿人家医疗费、医药费，还得照顾病人的大亏。他坐在医院外面的椅子上，悔不该当初贪那小便宜而酿成了大错。

老王开始不愿意吃1.2元的小亏，最后却吃了大亏。没有必要去做一只爱占便宜的“便宜虫”，并不意味着你没有这些小便宜就没法活了，恰恰相反，这些小便宜对于绝大多数人来说甚至是可有可无的。

美孚公司闻名于全世界，当时为了占据中国这个极具潜力的市场，总公司决定在上海开设油灯厂。当时的中国还比较落后，绝大多数的中国人还不懂如何使用煤油灯。美孚公司的负责人在上海花了很长时间，也使出了许多招数，却没有收到预期的效果。后来，公司想出了一个决策：只要购买两斤煤油，还可以奉送刻有“请用美孚油”字样的煤油灯一盏。这个决策一出来，很快取得了良好的效果。喜欢贪图便宜的中国人认为，两斤油本来不贵，还可以白捡一盏价格不菲的油灯，于是，购买煤油的人越来越多。只是短短一年中，美孚公司就“赔”掉了80多万盏煤油灯，这对于公司来说是个不小的损失。但是，正是这80多万盏白送出去的煤油灯，起到了广告的作用，成了美孚公司取之不竭的财源。就这样，美孚公司迅速占领了中国市场，而且盛销几十年，获利无穷。

美孚公司甘愿吃眼前亏，不惜赔出去80多万盏煤油灯，这在消费者眼里却是“打着灯笼找不着的好事”，于是纷纷购买煤油，谁知，自己无形中却给公司做了一个活广告。所以，美孚公司放弃了眼前的利益而获得了长远的利益，小利变大利，利滚利，利翻利，先前看似赔本的“油灯”，最终却收获了高额的利润。这是一种商业中的计谋，也是内向者需要的智慧。

1.不要贪图小便宜

孔子说：“君子喻于义，小人喻于利。”君子走的永远是一条坦坦荡荡的道路，而小人因为贪图小便宜，往往会在一己私欲之下容易走上邪

路。有的人在官场上行走，却抵不住各种诱惑，从吃顿饭、收一瓶酒等小便宜开始，逐渐走向了一条不归路，沦落为腐败分子，他们就是贪小便宜吃大亏的典型例子。天下并没有完全免费的午餐，内向者自以为占了小便宜，总有一天会为自己的行为埋单，你会为那小便宜付出高昂的代价，甚至是生命的代价。

2.好汉要吃眼前亏

人们常说："好汉不吃眼前亏。"他们总认为自己有自尊和颜面，绝不能在他人面前吃亏，不能失去眼前的点点利益。其实，这样的理解是错误的，真正的好汉一定有着锐利的眼光，他所关注的是长远的根本利益所在，而不会计较眼前的利益变化，他们宁愿舍小利而保大局。

内向者心理启示：

人生也是一样的，当内向者认为吃亏是一种损失时，其实，之后就会为你谋取更多的长远利益。古人说：吃亏是福。吃亏从表面上说是一种损失，但从长远看来，却是一种福气。当所有人都在竭力争取的时候，你选择了吃眼前亏，不仅为自己树立了良好的信誉，还会让他人对你产生莫大的好感。

制造戏剧性话题，吸引对方注意

在社交场合中，内向者想脱颖而出，必然需要制造一些戏剧性的话题，以吸引对方注意，让对方记住自己。在日常生活中，内向者只会小声说"你好，我是某某"，如此地打招呼，等到下次见面的时候，你有可能已经被别人遗忘在某个角落了，甚至，压根儿就忘记了你这个人。在交际中有这样一句话："忘记别人可能会尴尬，但不被人记住才是最可悲的。"这句话听上去比较矫情，但却是事实。

台湾著名节目主持人凌峰曾作过这样一番精彩的自我介绍："在下凌

峰，我和文章不太一样，虽然我们都得过金钟奖和最佳男歌星称号，但我是以长得难看而出名的，一般说来，女观众对我的印象不太良好，她们认为我是人比黄花瘦，脸皮比炭球黑。”自嘲而又幽默的介绍方式，令大家耳目一新，自然会给人们留下深刻的印象。

凌峰的这一番自我介绍确实精彩，自然能够让所有的观众记住他，在这里戏剧话题就是风趣幽默。这是因为在精彩介绍背后，那是非比寻常的信心满满。很少有人会拿自己不出众的长相自嘲，但凌峰就有这样的自信，他自信观众喜欢自己并不是因为长相，而是自己的演技。仅因为这份自信，记住他的人越来越多。

王先生讲述了自己的一次经历：“在一次非正式的聚会中，我遇到了两位初出茅庐的大学毕业生，一位男生这样介绍自己：‘您好，我叫某某，今年刚毕业。’我当时呆住了，头一次听人这样介绍自己，只好接话说：‘是吗？那加油啊，祝你早日找到满意的工作。’不过，另外一个女生的自我介绍比较特别一些，给我的印象也比较深刻，她开口就说：‘你好，听说你是一位作家。’我急忙回答说：‘哪里算作家，就是随便写写。’那位女生回答说：‘我也是，不过，我更喜欢画画，我是一名美术学院的学生。’这样，我和她至少有两个话题聊，写文章和画画，当我们聊得比较开心的时候，她自然就谈到了找工作的事情，而我也乐意为她引荐在美术馆和画廊工作的朋友。”

虽然，这位女生的自我介绍不算特别，但是却制造了与王先生契合的戏剧话题，有了聊天的内容，再顺势聊到自己的工作。对于王先生这样跻身于作家的行列，所认识的圈子大多是艺术类，自然少不了画画，那么，女生的工作也有了着落，这估计算是人际交往中的智慧吧。而前一位男生的介绍就简单多了：“您好，我叫某某，今年刚毕业”，言语普通，缺乏戏剧性效果。

在日常交际中，内向者可以通过哪些途径来让别人记住自己呢？

1.以眼神突出自信

在与人接触的时候，一个人是否有自信，那就应该看其眼神。当然，

自信的眼神应该是正视对方，面带微笑，目光炯炯，但却不咄咄逼人。如果内向者以自信的眼神对视他人，那么，你必然会从人群中脱颖而出，而对方自然会把你归为“自信、从容”这一类人。

2.仪态突出优雅

在人际交往中，优雅的行为举止很容易让你显得出类拔萃。如果你拥有良好的修养，那么，你无须说话，只需要用行动就能给人们留下较为深刻的印象。在与陌生人打交道的时候，需要不疾不徐，落落大方，如此，你自然就能被别人记住了。

3.以语言突出幽默风趣

如果内向者是一个幽默风趣的人，那在与人相处的时候，就应该保持最自然的状态，巧妙地将幽默、风趣融入言语中。这样，只需要短短几分钟的接触，你幽默风趣的个性就展露无遗，对方就会记住你了。

4.以行动突出热情

如果内向者天生就是一个热情的人，那完全没有必要隐藏自己的优点。当你初次与陌生人打交道的时候，你可以主动与对方握手，面带微笑介绍自己。如果对方正处于困境中，需要帮助，那你更需要热情地施以援手。这样，对方就很容易记住你，并且认为你是一个热情友好的人。

内向者心理启示：

现代心理学表明，好奇是人类行为的基本动机之一。美国杰克逊州立大学刘安彦教授说：“探索与好奇，似乎是一般人的天性，对于神秘奥妙的事物，往往是大家所熟悉关心的注目对象。”那些与众不同的话题或风趣幽默的开场白，往往可以引起人们的注意，内向者可以利用人人皆有的好奇心来引起对方的注意。

第17章

内向者获得对方信任的心理策略

许多人总是想，成功属于那些擅长展现自我、上得了台面的人，但是成功未必只能这样高调。对于内向者而言，只要懂得善于利用内向的潜能，便可化阻力为助力，获得成功，比如内向者要善于以自己的谋略去获取对方的信任。

设身处地地为对方着想，赢取信任

在日常生活中，内向者经常为了赢得对方的信任、争取对方的理解和支持而煞费苦心。不过，很多时候苦口婆心的劝说并不能达到预期效果，甚至还会适得其反。在这个时候，内向者就要考虑在沟通方式上是否出现了问题，沟通本身就是一项思想交流活动，它是一个由情感交流到思想转化的过程。一旦内向者设身处地地为对方着想，那彼此之间心理距离就更近了一步，自然可以成功赢得对方的信任。

有一个青年教师的舅妈犯病了，他想把舅妈接到城里进行治疗。

这天晚上，他早早地下班，回到家里做了一锅红枣饭。妻子回到家，看到之后，高兴地吃了起来。并问他："这么甜的枣市场上是买不到的，你是从哪里弄来的呀？"丈夫回答说是乡下的舅妈托人捎来的。

妻子听了十分感动，说："舅妈对咱们实在是太好了，年年给咱们送枣来！"丈夫说："是啊，舅妈真是把我当成亲儿子来养了，我从小就失去了父母，是舅妈含辛茹苦把我拉扯大的，如果没有舅妈，我哪能有今天啊！"妻子说："有这样的舅妈，真是咱们的福气，我们一定要好好地孝顺他老人家。"

在这个时候，丈夫停顿了一下，叹了口气说："我听捎枣的人说，舅妈的关节炎又犯了，我想……"

"那还等什么呀，赶紧接来吧，去医院好好看看，别再让他老人家受苦了。"丈夫的话还没有说完，妻子就把他想说的话给说出来了。

这位青年教师原意是想把舅妈接到城里来看病，但是又怕妻子不同意。于是，他先通过吃红枣饭，忆旧情，让妻子的心里对舅妈产生和他一样的感激之情，在情感和思想上达成初步的共识"要好好孝敬舅妈"，之后说出舅妈的病情，从而让妻子说出接舅妈的话。这种说服形式，自然圆

满，比那种直接性的表达要高明得多。

有一次，某个机关接到了上级分配的植树任务。机关里的几十名人员都主动地承担了一些工作。但是，有几位“老神仙”却有一种“八风吹不动，稳坐安如山”的架势，主任在政治上对他们进行了多番的动员，可是，他们依然不愿意领受这些任务，反而和主任打起了哈哈，说什么“年老无力，别给单位添麻烦啦”“政治表现的机会还是让给年轻人吧”等，令主任十分难堪。

下班之后，主任把这几位“老神仙”叫到了办公室，客气地请他们坐下。说道：“其实对这次的植树任务我也是不愿意接受的，但是上面有命令，又不能不听。如果和上面对着干的话，不仅咱们单位不能评奖评优，甚至连年底的奖金都要给我们打折扣。我现在是在请你们帮一下忙，如果没有你们几个的参与，这次的任务就完不成，咱们的年底奖金也就泡汤了。”几位“老神仙”听到这件事和年底的奖金挂钩的时候，就再也强硬不起来了，纷纷表示：“之人，你放心吧，这次我们绝不会拖单位后腿的！”“我们一定尽心尽力完成这项任务，绝不能因为我们而影响单位的形象。”说完之后，就各自回去领取了属于自己的任务。

在沟通过程中，每个人都会觉得自己是有“理”的，但是，如果这个“理”无法获得别人的认同，也就失去了任何作用。假如内向者在沟通中总是设身处地地为别人着想，那对方自然会心甘情愿地听从你的意见，按照你的想法去做事。

1.就是站在对方的角度看问题

假如内向者在与对方交流时用比较生硬的方式，或者是自视高人一等，用指点迷津般的口气对别人进行指指点点，那么就永远不可能取得说服的效果，反而会加剧双方的矛盾，让对方对你产生厌恶和排斥的情绪。在说服的过程中，如果你能设身处地为地他人着想，因势利导地解开对方思想的扭结，那么你离成功也就越来越近了。

2.表达一些常识性的观点，获得对方的认同

尽管每个人的性格、爱好、习惯、修养等各方面是各不相同的，但是

在一些大方向的认知上都存在着相同之处。特别是在常识性的事物前更是如此：比如，工作量太大会导致疲惫，喝酒太多会给身体带来疾病等。内向者需要做的，就是以这些常识性的事物为媒介，进行个人表达，获得对方的认同，在达成共识的基础之上进行更进一步的说服，最终取得想要的结果。

内向者心理启示：

内向者要想成功赢得对方信任并非易事，毕竟每一个人都有自我意识，不可能无缘无故地在思想上受到别人的支配。为了能够有效地和别人在思想上达成共识，在行动中达成一致，那么内向者不妨设身处地地为对方着想，从而顺利地赢得对方的信任。

妙用移情效应，让对方知道你是可信的

在日常沟通中，内向者要善于激发移情效应，让对方知道你是可信的。在心理学中，“移情”指的是情感的转移，除了将感情迁移到与情感对象相关的人、事、物上，还可以迁移到不相关的对象上，比如，在沟通过程中，内向者会让一个人容易对他人产生移情，将生活中的一些情感转移到对方身上。不仅仅如此，平日内向者所说的“伤春悲秋、纵情山水”等也是移情的一种，这样很容易把情感转移到自然物体上。在日常沟通中，内向者要善于寻找“情”，巧妙激发移情效应，产生情感共鸣，让对方知道你是可信的。

小王是一个推销员，经常天南海北地跑。有一次，他出差却杭州，到了那边已经是晚上了，他不得不找一间旅馆住了下来。由于是在车站附近找的旅馆，条件比较差，只有两个人住一间了，但天性乐观的小王觉得这没有什么，哼着歌就进了房间。进了房间放下自己的旅行包，却看见房内已经有一位客人了，他正躺在床上看报纸。

小王收拾完自己的东西，也坐到了床上，他觉得比较闷，就主动向那位客人打招呼：“请问师傅来多久了？”那位客人头也不抬，冷漠地回答：“刚到。”小王并没有放弃想交流的欲望，他继续问：“听口音您不是本地人吧？”“噢，山东枣庄人。”那位客人抬起头来，警觉地看了小王一眼。“啊，枣庄是个好地方！读小学的时候，我就在《铁道游击队》的连环画上知道了。两年前去了一趟枣庄，还在那边玩了两天呢，很不错，真是个好地方。”听了这话，那位枣庄人精神为之一振，马上起床放下报纸，先是递烟，又与小王互赠名片。两人越聊越高兴，晚上相约一起进餐。就在当天晚上，双方就谈成了互惠互利的一笔生意。

在这里，小王所使用的就是“移情”策略，谁都会对自己的家乡有一种特别的情结。当小王无意中发现对方的家乡是某个地方，适时提出这个地名，就会赢得对方的好感，彼此之间的交流也会如同一条山涧的小溪，哗哗地向前流，即便路途中有阻碍，但因“移情”带来的作用，也会将那些阻碍一一扫开，绝不断流。

1.找准对方心中的“情”

移情效应发挥的基础在于内向者需要找准对方心中的“情”，当小王尝试着与客人打招呼的时候，对方还是一副冷漠的表情，但当小王一提到“枣庄”是个好地方的时候，那位客人表情融化了，他对人的态度也随之来个一百八十度大转弯。究其根源，就在于小王用了“移情效应”，迷惑了对方的心智。试想，如果小王谈起“我这次在杭州是出差，顺便推销我们公司的产品，希望你能对此感兴趣”，那么，估计他这笔生意就做不成了，反而会惹得客人十分生气。

2.移情效应可以给对方留下好印象

在人际交往中，移情是一种投其所好的行为，以对方所喜欢的人或物作为媒介，让对方把这些人或物的情感转移到自己身上，从而建立双方的良好关系。比如，内向者想获得对方的好感，知晓对方很喜欢某个品牌的衣服，你就去买这个品牌的衣服穿，而且无意中让对方发现自己的这个行为，自然就能给对方留下一个良好印象。

内向者心理启示：

在现代社会中，几乎随处可见“移情”，比如，利用名人做广告，就是希望引起移情效应，这样的行为是希望把公众对名人的情感迁移到自己的产品或自己组织的知名度上。比如，内向者喜欢某个明星，就会不自觉地关心其代言的商品，对其代言的产品也会有一种好感，会在这样的情感引导下购买产品，这就是典型的移情。

以坦诚赢得对方信任

在日常交际中，假如内向者不知如何赢得对方信任，那不妨说点自己的小秘密，这亦是一个赢得对方信任的最佳途径。在生活中，每个人都会有一些秘密，而这些秘密只会属于自己，或者只会说给那些最亲近的人听。在平日里，内向者都是小心翼翼地保护着自己的秘密，以免秘密暴露出来，给自己带来一些伤害。与此同时，如果内向者将这些秘密告诉某人，那表示某人是被自己所信任的。事实上，在日常交际中，内向者完全可以利用这样的心理，将此方法作为沟通的途径之一。每个人都有自己的秘密，在对手眼里，这是可以击破的缺口；不过在其他人眼里，这却是一种坦诚的方式。当内向者说出自己的秘密，就会让对方感到自己是被信任的，自然也就会对我们产生好感，其心门也如约被打开。

乐乐看上去心情很不好，眉头紧蹙，似乎发生了什么事情。朋友小媚是一个善于关心朋友的人，她看见乐乐这副样子，很是心疼，前几日耳闻她正在跟男朋友闹矛盾，难道分手了？

中午吃饭的时候，小媚关切地问道：“乐乐，怎么了？”乐乐抹了抹眼角不小心掉下的泪水，匆忙地回答说：“我没事，沙子吹进眼睛里了。”小媚知道乐乐心中难受，自己前两个月才从失恋的阴影中走出来，

现在是自己开导朋友的时候了。

为了能让乐乐对自己袒露内心的痛楚和纠结，小娟跟乐乐说起了自己的事情：“在两个月以前，我比你更痛苦，我都想去自杀了。三年多的感情说没就没了，一下子心里空荡荡的，我删除了所有与他有关的东西，但却删不掉内心的记忆，那段时间，我最害怕的就是失眠。为了不让自己失眠，我每天晚上喝酒，为的只是让自己安然入睡。一个月过去了，我发现自己还活着，真的，虽然我瘦了很大一圈，但我确实还活着，我觉得应该为自己做点什么了，再也不要这样颓废了。于是，我换了新工作，换了新环境，换了新发型，整个人清爽多了，我觉得其实单身也不错。前两天，在大街上碰到了前男友，我竟然没什么感觉，只是恍悟之间有点难受。你跟你男朋友还好吗？有什么伤心的事情，说出来就好了。”

听了小娟的话，乐乐再也忍不住了，大哭了起来，把头靠在小娟的肩膀上，哭着说道：“姐姐，我跟男朋友分手了……”

其实，这个沟通策略就好像“交换秘密”一样。内向者为了赢得对方的信任，会不惜说出自己的秘密，这样一来，对方即使有什么疑惑也会烟消云散，因为他觉得自己是被信任的。如果听了对方的秘密，心里还持着怀疑的态度，那他内心也会感到不安的。甚至在这时他会因不好意思而说出自己的秘密作为交换，在无形之中，彼此之间的亲密度也就增加了。

1.只可说“有些秘密”

虽然，为了赢得对方的信任，内向者有必要说出自己的一些秘密，但只是有些秘密可以说，你不能毫无保留地将自己的秘密全部说出来，这显然是愚蠢的。哪些秘密是可以说的，哪些秘密是永远不能说的，这对于自己而言，都需要一个度，这样才能在赢得对方信任的同时也有效地保护自己。

2.态度需要真诚

当然，并不是说为了很好地保护自己，就编造一些虚假的事情说出来，这样做是达不到效果的，反而会弄巧成拙。当内向者说出自己一些秘密的时候，态度需要真诚，适当将自己那些无伤大雅的秘密说出来，这样才能让对方感觉到自己是被信任的。如果内向者只是说出一些编造的秘密，那会让对方有一种欺骗的感觉，当然，信任也就无从产生。

内向者心理启示：

有时候，为了赢得对方的信任，内向者可以适当说出自己的一些秘密。就好像案例中一样，小媚过去失恋的经历跟乐乐现在的情境是相似的，有着同样的感受，更容易打开对方的心扉。即便对方不想袒露自己内心的秘密，但如果遇到相似经历的人说出了秘密，他内心的防线也会坍塌，他会愿意将自己内心隐藏的事情说出来。

大胆自我营销，赢得对方信任

有人说过，内向者是支配人类命运的尘世之星。大部分内向者身上都充满着无尽的智慧，这种智慧表现得最为明显的就是他们在交际中的魅力。不管是天生的安静姿态，还是特有的装饰、优雅的举止、端庄的仪态、不凡的谈吐，都能展现出你与众不同的魅力。内向者在交际中要表现自己的个性，随时绽放出自己特有的光彩，让别人有交往的热情，这就需要内向者能够成功地把自己推销出去。其实，内向者在交际方面是非常擅长的，因为他们善于用自己的语言与人建立友好的关系，取得他人的信任。

内向者在与人交谈时要尽可能地推销自己。初次与人相识，大家都不怎么了解，你可以在交谈中较为清楚详细地介绍一下自己。比如，你正在从事的工作，你的特殊兴趣爱好等，这样就更能引起对方对你的好感。除了你所展现内在以外，也要适当地注意自己外在的举止、谈吐、仪态，这些对于成功地把自己推销出去都是相当重要的。而怎样把自己成功地推销

出去，是相当有技巧的。

1.进行夸张或搞笑的自我介绍

内向者初次参加一个朋友聚会，面对那些陌生的面孔，你可以通过一个比较夸张的自我介绍来推销自己，引起大家的关注。通常在人多的场合或聚会，与其向别人一一地推销自己，还不如来个夸张的自我介绍。初次相识，每个人都需要准备一个自我介绍。内向者只要在自我介绍的内容上增添点夸张的元素，那么大家就会对你印象深刻了，虽然聚会上人比较多，但是你独特的自我介绍会让大多数人记住你的名字。而你能够以如此幽默的方式出场，在带给大家快乐的同时也能够轻易获得别人的好感，乃至欣赏。

有一位男士，他在参加某次聚会的时候，这样介绍自己：本人字龙天，号仙山居士，居住在山清水秀仙境之地，本人自认为才高八斗玉树临风，虽然相貌很丑，可是我很温柔，我很喜欢交朋友，所以我有很多朋友，本人爱好很多，多得连我都不知道了，我最大的优点就是很自信，只要有自信没有什么事情办不到的，你说呢，就这些了，我说的是不是很合情合理呀？哈哈，那是必需的。这位男士刚介绍完，就引来一阵大笑，旁边的女孩赶忙打听"你住在哪个仙境之地呢？"

这位男士如此能够吸引大家的目光，就在于他的自我介绍有些夸张，有些幽默，这在带给大家欢乐的同时也得到了很多人的喜欢。对于一个能时刻把快乐带给身边朋友的人，人们都是不忍拒绝的。

2.讲一个笑话

朋友初交时，或许气氛有点冷清，那么内向者可以选择讲一个笑话，它可以很好地起到调节气氛的作用。内向者的幽默常常成为他在交际中取胜的一个法宝，如果你希望彼此之间能够把谈话愉快地进行下去，那么不妨在恰当的时候，讲一个笑话，既可以展现你的幽默，又可以轻松地带给他人快乐。

3.主动为大家展示自己的才能

如果你是一个多才多艺的人，那么就要学会主动为大家展示自己的才能。不要等着别人来发现你的才艺，这种可能性虽然有，但是实在少得可怜。所以能够把自己推销出去，你可以主动要求为大家展示。内向者在这方面若有所擅长，或能歌善舞，或能说会道，或会画画，或会弹琴。哪怕有一样你擅长，那就是你的才能。在某些场合，大家都显得无精打采的时候，你不妨主动献艺，一定会博得满堂彩。在大家为你齐欢呼的时候，你会发现已经成功地把自己推销出去了。

内向者善于推销自己是一种才华，更是一种艺术。一定要记住，你推销的是你自己，所以在人际交往中，一定要有技巧地把自己推销出去，除了上面所说几点技巧外，还要注意：学会尊重别人，不断积累自己的社会知识，学会投其所好，采用迂回的谈话技巧，并且为自己打造一张自我名片。这样，在自我推销成功后，为自己带来更多的机会。

内向者心理启示：

与人谈话时，内向者要学会推销自己。或是时时刻刻地表现出你仪态的优雅，或是你充满自信的笑容，或是你对一件事情自己独到的见解，或是你的独立，或是你的不俗谈吐，或是你的真诚，以及你特有的个性。当对方觉得与你交谈是一件比较愉快的事情，认为你是一个不错的人时，就会愿意为你介绍一些不错的朋友。那么，这时候，他已经肯定你了，你已经把自己成功地推销出去了。一个成功的推销员不是能把产品推销出去，而是成功地把自己推销出去。内向者要聪明地学会利用自己潜在的天赋，在工作中，在生活中，在社交场合，把自己成功地推销出去。

以诚信赢得对方的信任

在日常交际中，为什么诚信的人总是轻易赢得他人的信任呢？因为一个讲诚信的人，会给对方积极的心理暗示：恪守信用的人是值得信赖的。内向者要善于利用这个契机，以自己的诚信赢得他人的信任。戴尔·卡耐

基曾说："任何人的信用，如果要把它断送了都不需要多长时间，就算你是一个极谨慎的人，仅须偶尔忽略，多么好的名誉，便可立即毁损，所以养成小心谨慎的习惯，实在重要极了。"信誉是一个人的品牌，是一个人所拥有的无形资产。生活中，人们常常谈论一些产品的品牌效应，有的产品牌子做得好，其销售量就高，反之，就难以在市场上立足。其实，一个人的品牌也是同样的道理，一个人若是信誉好，有诚信，人们会争相与你结交，哪怕你是一个穷困落魄的人，至少，你那份难得的信誉是无价的。信誉好的人，他能够赢得所有的信任；信誉差的人，他会失去所有的支撑力。当然，有了好的名声，将给对方一定的心理暗示：信誉这么好的人，做人做事一定差不了。那么，一切事情自然就容易多了。所以，内向者要有意识地树立良好的信誉，为自己做事铺好路子。

在20世纪70年代，日本商人藤田田接受了美国油料公司定制餐具300万个刀与叉的合同，当时，在合约书上写明交货日期为9月1日，交货地点在芝加哥。按当时的运输条件，要做到这一点，日本公司必须在8月1日就由横滨发货。

签订合约后，藤田田组织了几家工厂同时生产这批产品，可是，由于工厂一再误工，完工交货的日期被拖延到了8月20日，如果这时再从东京航运必然会误了合同上写的交货日期。为此，藤田田果断地采取了一系列措施，以确保原计划的交货日期。他租用了泛美航空公司的货运机空运，花了3万美元的空运费，货物得以及时送到了芝加哥。虽然，经济上的损失很大，但却赢得了客户的信任，维持了良好的合作关系。不久，许多美国公司都知道了藤田田这位诚信的商人，由于这样的关系，藤田田在美国顺利地开辟了自己的商业之路。

藤田田这样的知名企业家将信誉看成是企业唯一的生命，企业有了信誉才能在社会上立足。那么，为了信誉，金钱上的损失就可以忽略不计。不过，有的企业为了眼前的利益，大量制造、倾销低次的产品，亲手将树立起来的良好信誉砸了，这样的行为无异于杀鸡取卵，只有愚蠢的人才会这样做。

从前，一些商店为了利润、会刊登一些虚假广告，到几年乃至十几年以后，已经是寥寥无几了。然而，在当时他们似乎没有意识到这样做是不会长久的，因为这样的行为缺少了信誉、诚信做坚强的后盾。内向者若想成大事，就必须树立自己的品牌形象，这会给人以心理暗示：有诚信，信誉好，将来一定成大事，我就喜欢与这样的人合作。这样一来，本来被动的你，亦然变成了主动，那么任何事情都是不用发愁的。当然，信誉的树立并不是一朝一夕的事情，而是需要内向者恒定地坚持下去，如此这样，你才能打造诚信的品牌形象。

那么，内向者如何才能做到诚信呢？以下几点可以供你参考，当你通过下面几点给对方留下诚实守信的印象后，将会大大提升你的个人形象。

1.适当暴露自己的不足之处

许多内向者害怕暴露自己的缺点，认为这将使自己的信誉形象扫地，其实，这样想是错误的，因为适当暴露自己的缺点，实际上是一种诚实的表现。所以，适当暴露自己的不足之处，以彰显自己的诚实，这样可以有效提升自我信誉度，不过，凡事有个度，不能暴露太多，以致对方会认为你缺点太多。

2.直言相告，体现自己的责任感

中国人历来的说话方式都有点拐弯抹角，一旦碰到对自己不利的事情或者向对方提出什么要求的时候，往往会东扯西扯，最后才暴露出自己的本意，这种做法其实会让人觉得你毫无诚意。因此，对自己需要帮助的事情，应直言相告，体现自己的诚意。

3.拥有较强的时间观念

内向者应该有一定的时间观念，其中就包括了守时，这是每个人都应该具备的美德，一个常常迟到的人会给人留下较差的印象。因此，无论是与对方相约还是会见客户，你最好提前五分钟到场，这一点会给对方留下好印象。而且，比对方早到，可以顺势熟悉周围的环境，准备一下见面的话题，这样才能顺利达到办事的目的。

内向者心理启示：

内向者不要忽视这样一个道理，那就是：树立良好的信誉不容易，而毁誉却是一瞬间的事情。有的人大半辈子都被认为是“勤勤恳恳、诚信”的人，可是，到晚年了，突然做了一件不诚信的事，那么，他之前所树立的“诚信”就土崩瓦解了，以至于落个“晚节不保”的名声。因此，要想树立良好的信誉，就必须是持久而稳定的，内向者在任何时候、任何事情上都需要保持一个人的诚信，否则，你将会失信于所有人，那么，你自己也难以在圈子里立足了。

第18章

内向者说服他人的心理策略

人们在进行思想交流的时候，双方都更加相信自己的观点是正确的，这样就难免会发生冲突。需要一个人来说服另一个人。说服别人，并不等于拒绝。而一个不善于说服别人的内向者，总是处于被动的局面而错失许多机会；如果不善于说服别人，在受到误解或竞争时，你会因为不被别人所了解而永远处在不愉快状态。

利用逆反心理，巧妙说服对方

在生活中，每个人都有逆反心理，内向者在日常交际中要善于利用这一心理。逆反心理指的是人们彼此之间为了维护自尊，而对对方的要求采取相反的态度和言行的一种心理状态。比如，当一个人进入青春期，可以说他开始进入一个叛逆期，经常不“不受教”、“不听话”，经常与老师对着干，这样与常理背道而驰，以反常的心理状态来显示自己的“高明”的行为，其实就是逆反心理。显而易见，逆反心理是一种不恰当的心理，它会令我们作出一些错误的决定。但尽管如此，若在日常沟通中，内向者巧用人们的逆反心理，欲擒故纵，定会说服对方，达到预期目的。

小张打算买一套二手房给父母住，最近父母都生病了，所以小张希望能尽快购买一套合适的房子。当小张去看第一套房子的时候，觉得各方面条件都很不错，就是价格有点小贵，似乎在这样一个地段买一般装修的二手房价格太高了。不过，小张当即对户主表达了自己急切的购买心情，谁料，这样一来，在价格方面，户主更是一点也不会少了，而且还劝小张说：“以这样的价格购买如此舒适的房子，已经很划算了，再说你父母现在正等房子住，买了吧。”小张就快答应时，但脑海里却冒出“或许还能找到更不错的房子”的想法，于是，他暂时回绝了。

小张又开始看房子，到第三套房子的时候，小张非常满意，这个地段距离医院很近，小区里绿化、健身设施都不错，特别适合老人住。吸取了上次与户主谈判的教训，小张没有表现出自己强烈的购买欲望，而是不咸不淡地对户主说：“我觉得房子还行，不过，装修好像好多年了，有些陈旧了。”户主急忙解释说：“装修了大概有四五年了。”小张笑着说：“以这样的装修，我想在价格上应该有商量吧？”户主摇摇头：“我给出的价格应该是最低了，你想在这样的地段，距离学校、医院都近，交通也

方便，这样的价格实在不能再低了。”小张依然保持淡定的笑容回答说：“我考虑考虑。”

过了几天，当中介催促付定金的时候，小张说：“我前天看中了另外一套更实惠的房子，我觉得我需要考虑一下，请您容许我再考虑考虑。”中介当即把这个情况反映给户主，又从中做了一些说服工作，户主也在中介的劝说下少要几万块。听到这样的消息，小张故意装作毫不在意地说：“那就把这套房子定下来吧。”

在上面这个案例中，小张经历了两次沟通，前一次失败，后一次成功，为什么？秘诀就是欲擒故纵，当内向者想购买一套二手房时，在沟通过程中，一旦自己向卖方表达了强烈的购买意向，就会大大降低议价的可能性，就比如小张的前一次沟通。所以，即便内向者对这套房子再满意，也不要将内心的急切心情表达出来。这时候内向者可以利用逆反心理的策略，看到自己满意的房子，当对方催促付定金的时候，内向者可以告诉对方自己看中了另外一套更便宜的房子，需要考虑考虑。其实，这样做的潜台词就是告诉对方假如可以在价格方面作出让步，交易就会达成。

1.故意表现得毫不在意

内向者需要假装表现得毫不在乎，对这个协议能不能成都不关心，这样你所表现出来的态度越是不在意，对方就越有可能想要与你达成这笔交易。

比如，你可以这样说：“张经理，这样吧，你可以拿回去跟贵公司领导商量一下，考虑一下这个价格是否可以，没有利润的项目，我想我们不会做”“这位美女，这条裙子你要不要？不要的话，我可要留给别人了，今天早上一位美女看中了，说等一下过来取。你要的话，这条给你，我去仓库再去拿一条给那位美女”。假如内向者说出这样的话，那压力就会转移到对方身上，他们心理压力也会变得很大，因为不知道对方所说的是真是假。

2.拥有一定的主动权

在日常沟通中，利用逆反心理实际上是蓄势待发，制造守势来软化和麻痹对方，是一种最大化进攻效果的策略。因此，内向者在使用这个心理策略的时候，需要拥有一定的主动权，这样才能采取“纵”的手段。

3.观察对方是属于何种类型的人

其实，使用逆反心理的策略，还需要有恰当的对象，最好是那种刚愎自用、自以为是、虚荣心强、傲慢自大的人，假如对方是性格相反的人，那使用这个策略就有点弄巧成拙了。在实际沟通中，我们使用逆反心理策略，可以先通过积极型的方法，向对手展示通过交易可以得到的利益，而且适当让对手误以为自己拥有了主动权，当对方放松了防备，就说明对方已经上钩了，这时内向者可以向对方表现出无所谓的态度，而对方因自负的性格会让他受不了内向者突然之间变冷淡的态度，从而被说服。

内向者心理启示：

在实际沟通中，内向者要利用人的逆反心理，欲擒故纵，巧妙说服。通常情况下，内向者会制造表面假象，向对方传递错误信息，从而麻痹对方，等到时机成熟之后实施反攻，给对方一个措手不及。其实，“擒”与“纵”本来就是互相矛盾的，而在这个计策中，巧用这对矛盾，以最终的“擒”为目的，“纵”为手段，这样让对手放松戒备，掉以轻心，从而成功地说服对方。

避免争论，缓解对方抵抗的姿态

心理学家告诫内向者：“千万不要就不同意见和对方争辩，这样只会导致对抗，特别是沟通刚开始的时候。”在日常沟通中，当双方之间的意见出现分歧的时候，不要立即反驳，反驳只会强化对方立场，内向者需要学会使用“感知”的方式表达自己的立场。在适当条件下使用“他”“他们”等第三人称，避免使用“你”“我”这种第一、二人称导致的对抗情绪。总之，内向者应尽量避免与对方发生争论，从而成功缓解对方抵抗的

姿态。

假如对方开始有想争辩的想法，内向者可以想办法化解对方的负面情绪，比如说“我完全理解你的感受，很多人都有和你相同的感觉，但是你知道吗？在仔细研究这个问题之后，我发现……”如果客户听到一些谣言后来质疑我们，内向者可以说“是的，我听说这件事了，类似的谣言并不止这一条，现在我们有JFC这样一年订购几百台的大客户，还有德国、法国、英国等客户都和我们有独家代理协议，所以我们并没有什么问题”。

有一个学员，做汽车推销工作，但是他做得很不如意，于是向别人寻求帮助。结果，别人稍微一试探，就知道他有个突出问题，就是喜欢与人争辩。他经常和顾客争论不休，粗暴地反对顾客的观点，每当顾客对他所介绍的汽车进行挑剔的时候，他便怒火中烧，毫不客气地大声争辩，直到辩得顾客哑口无言为止。尽管他嘴上赢了，但却没有人再敢买他的汽车。

于是，有人告诉他，首先要做的不是学习什么谈话技巧，而是压制自己喜欢争辩的个性，应该清楚这是做生意，不是总统竞选。即便心里有什么不同的意见，或者发现对方有明显的错误，也应该保持冷静，以一种温顺和谦和的口气加以解释，千万不要直接指责。

他耐心听取了建议，在这之后就尽可能不与别人争辩了。如果顾客说别的汽车怎么怎么好，他就一言不发，先恭敬地听完，然后说：“那款车确实不错，质量很好，风格时尚，他们公司的推销员也很棒！”顾客得到了认同，自然也就无话可说了。于是，他就趁此机会开始介绍自己的汽车：“这款车其实也不差……你看……”就这样，他很少与人发生冲突，销量自然上升了。

当内向者与对方发生争辩的时候，或许你的观点是正确无误的，不过，你强迫别人改变他的观点，你将会一无所获。其实，正确与错误本身没有多大的意义，观点是个人的，每个人都有坚持自己观点的权利，即便是错误，你无须强迫别人都听从你的意见。

纳森是一名所得税顾问，最近因为一项9000美元的账目问题，使得他与一位税收稽查员发生了点争执。纳森认为这是应收账款里的一笔呆账，根本没办法收回，所以不应该征税；而稽查员却始终不相信，认为他在耍花招。纳森越是争辩，稽查员越是固执。

于是，纳森决定改变话题，尽可能不刺激他的敏感神经。他说："和你比起来，我做的这些工作简直是微不足道。我也曾研究过税务问题，但那都是书上讲的，枯燥乏味，一知半解。而你的知识和经验却全部来自业务实践。所以，其实我很想请教一些这方面的问题……"他说得很认真。

稽查员听完，气也消了很多，开始友善地谈起自己的工作，还说了许多人偷税漏税的花招，他十分反感这些人。聊着聊着，他的口气越来越友善，最后甚至兴奋地聊起他的儿子来。临走时，这位稽查员对纳森说："我会认真考虑你的意见和问题的，并在这几天之内给出结果。"果然，三天之后，他告诉纳森："我不再征收那9000美元的税了。"

其实稽查员争论的并不是一个谁对谁错的问题，他总觉得自己是稽查员，自己就是权威，他要的就是一个面子。所以，不要争辩，就是给对方面子，你给别人面子，给别人自尊，就是一种聪明。

1. 不要说"你错了"

苏格拉底说："我只知道一件事，那就是我什么也不知道！"在日常沟通中，内向者对于别人错误的观点应该抱有更多的宽容和理解，而不是说"你错了"。内向者可以这样说："嗯，可能是这样的，不过我还有另外一种想法，不知道对不对……不对的话还请指正。"这样说，反而会收到很好的效果。

2. 谦逊一些

假如内向者能谦逊地说可能是自己错了，那对方自然也就不好意思再固执了，这其实就是一个双方的妥协。

内向者心理启示：

人总是一种理性的动物，不过内向者并不总是按照逻辑规则进行思考。人们生活在一种情感之中，通过直觉和喜恶来判断问题。假如不高兴的话，即便是错的也会固执己见，甚至迁怒对方，于是很容易在无意识中犯下错误。

灵巧问话，让对方只能回答“是”

在日常沟通过程中，内向者可以妙用心理学中的选择效应，指的是，从表面上看，内向者给出了一些选择，但实际上，所有的选择只会促使对方去作出肯定的回答，也就是想办法让对方回答“是”。试想，如果内向者的每一次提问，都能够让对方说“是”，而不是说“不”，这样不就把握了话语主动权吗？另外，当对方回答问题时，如果一开始就说出“是”，就会使其整个身心趋向于肯定的一面，在其内心，他会呈现出一种放松的状态，在交谈中营造和谐的谈话气氛。在这样的谈判状态下，对方很有可能放弃自己原来的偏见，而同意内向者所提出的意见。

哈里森是一名电机推销员，前不久，一位工程师到车间视察，用手摸了一下之前哈里森推销给他们的电机，感觉很烫手，他便断定哈里森推销的电机质量肯定很差。于是，等哈里森再次登门拜访的时候，工程师直接下了逐客令：“哈里森，你又来推销你那些破烂！不要做梦了，我再也不买你那些玩意儿了！”哈里森并没有正面反驳，而是提问：“好吧，斯宾斯先生！我完全同意你的立场，假如电机发热过高，别说买新的，就是已经买的也得退货，你说是吗？”斯宾斯回答说：“是的。”

哈里森继续提问：“当然，任何电机工作时都有一定程度的发热，只是发热不应该超过全国电工协会规定的标准，你说是吗？”斯宾斯先生点点头，回答说：“是的。”哈里森笑了，问道：“按照国家技术标准，电机的温度可比室内温度高出42℃，是这样的吧？”斯宾斯表示了赞同：“是的，但是，你们电机的温度比这高出许多，昨天还差点把我的手烫伤了！”哈里森似乎很满意这样的答案，又提出了问题：“那么，请问一下，你们车间里的温度是多少呢？”斯宾斯先生回答说：“大约24℃。”哈里森十分高兴：“车间是24℃，加上电机的42℃，一共是66℃，请问，斯宾斯先生，当你把手放进66℃的水里会不会被烫伤呢？”斯宾斯点点头，哈里森达到了自己的目的，他说道：“那么，请你以后千万不要去摸电机了，我们产品的质量是绝对没有问题的。”

在上面这个案例的谈判中，相信大家都猜到了结局，是的，哈里森凭借着选择效应，他又成功地做成了一笔生意。而且，在哈里森与斯宾斯先生交谈的过程中，几乎每一次哈里森提问，斯宾斯先生都作出了肯定的回答。如此一来，哈里森完全掌握了话题的主动权，因此，他最后达到了自己的目的，赢得了胜利。

1.暗示你想要的答案

在沟通过程中，要想得到对方肯定的答案，内向者所选择的提问方式也很重要。其实，许多研究口才心理学的专家建议：将所想要的答案暗示在话语里，对方的回答绝对是肯定的答案。比如，如果你问对方：“这个东西你喜不喜欢？”对方的回答有可能是：“不。”那么，当你将答案暗示在话语里，你就应该这样问：“我想你一定喜欢，是吧？”那么，对方的回答肯定是“是”。

2.积极营造回答“是”的谈话氛围

在实际沟通中，内向者一定要制造出说“是”的谈话氛围，尽量避免对方否定自己的提问，因此，内向者在提出每一个问题之前都应该再三思考，不得信口开河。比如，询问一位朋友：“今天还是和昨天一样热，是吗？”对方的回答应该是肯定的：“是。”

内向者心理启示：

所谓的有效问答术，简单地说，就是开始就让对方说“是”，而应尽量避免对方说“不”。这样的交谈不会引起争吵，甚至会让彼此成为伙伴。因此，内向者在说服对方的过程中，千万不要一开始就说那些意见分歧很大的话题，争得面红耳赤，这样做得不到任何结果。不妨从双方都同意的地方开始提问，这才是最好的办法。

委婉地向对方提建议，更容易成功

有时候，人们经常会对“表里如一”的成语产生误解，认为正直坦率的人在说话上也同样是直接和坦率的，在许多交际场合中，经常有人用这种误解来要求和标榜自己，和别人谈话的时候从来不讲究技巧和策略，而是信口开河直言无忌，从来不考虑别人的感受和处境，那么，别人就会对你产生极大的厌恶情绪。尤其在交际场合，内向者更要注意委婉和含蓄，如果你想成功说服对方，那就一定委婉地提出自己的意见，这样更容易获得赞同。

有一家大型的外资公司，员工们对公司的待遇都十分不满意。公司领导得知这一情况后却无动于衷，不愿意改善员工们的待遇。在这位领导的眼里，这些工作人员都是智力平平之辈，能力上更是乏善可陈，并且对公司也没有认同感，在工作上缺少应有的激情，没有必要为他们浪费太多的金钱。当别人对他提出意见的时候，他就说：“我能收容你们就不错了，就你们这样的工作能力和做事态度，哪一个公司也是不会要的。”

工人们的工作热情就更加低落了，经常出现迟到的现象。为了调动大家的工作热情，秘书准备向老板提议改善员工的待遇。他这样对老板说：“现在公司的大部分员工简直是没有办法上班了。”

老板问：“为什么呀？”

秘书说：“坐出租车吧，价钱太贵坐不起；坐公交车吧，又经常挤不上车；而且每月的交通费也是一笔不小的开支，他们根本没有能力解决这一问题。”

秘书说完就叹了口气，一脸无可奈何地看着老板。老板却说：“那就让他们安步当车吧，一文不费，而且可以借此锻炼身体，不是一个很好的办法吗？”

秘书摇了摇头说："不行啊，把鞋袜磨破了，他们买不起新的。不如这样吧，请您发出一个告示，提倡光脚走路，号召大家赤脚走路上班，这个问题不就解决了吗？要怪就怪他们生不逢时，生活在这个年代。谁让他们不去想发财的门路，却当苦命的职员？他们坐不起出租车，也不能鞋袜整齐地到公司上班，都是咎由自取！"

这位秘书边说边笑，老板听了心里不是滋味，最后终于答应改善下属的待遇。

这位秘书并没有直冲冲地劝说领导改善下属待遇，而是用开玩笑的方式委婉地进行劝说。在劝说的过程中，他没有说老板的一句不是，而是用嘲笑下属的形式来显示出他们的苦衷。这种语气虽然是开玩笑，但实质上是在劝说老板不要太苛刻和吝啬，应该照顾一下员工们的生活。这样的方式比较委婉，既没有伤害到老板的面子，又让老板觉察到了自己的过失，从而主动地改善员工们的待遇。

1.间接提示

内向者可以通过相联系的事件或者道理，"间接"地表达信息。让对方在推理中去感知，从而更好地接受你的意见。

2.说话要留有余地

内向者说话不要过于绝对，以免给对方造成抵触心理，同时也让自己失去回旋的余地。

3.巧用语言暗示

将一些道理放在与之相类似的、具体的事例之中，从而让对方更好地领会你所要传达的信息和要表达的内容。

4.打话语"擦边球"

不直接切入主题，用打擦边球的形式将一些看似不相干的话，让对方在似有似无的语境中明白你的真实意图。

5.否定之前先肯定

出现意见分歧的时候，不能粗暴地全盘否定对方的观点，而是先找出对方合理的内容进行肯定和赞扬，然后用转折句引出下文，提出更合理的

意见和建议，以便于让对方愉快地接受。

6.多用设问句

祈使句往往会显得比较武断和蛮横，让别人觉得你在高高在上地发布命令。而设问句则是把双方放在了对等的位置，用商量的口吻去探讨问题。因此，后者更容易让人接受。

内向者心理启示：

内向者做人正直、坦荡是毋庸置疑的，但是这种良好的道德品质只能体现在为人处世当中，并不意味着说话的方式过于生硬和直率。毕竟，不恰当的直言相告是对别人的否定，不仅会给别人的心里增加压力，还会让他人产生厌恶的情绪。因此，在日常生活中，内向者应该尽量避免说话过于直接，用委婉的方式进行巧妙的表达，做到既能告诉对方自己的意见，又避免伤害双方的感情。

让对方以为想法是他的

如果别人有存在问题的地方，内向者仅仅提出建议，让他发现自己问题的所在，从而通过思考来解答问题。这样既帮别人解决了问题，还让别人拥有了一种成就感，何乐而不为呢？泰勒是著名的工程师，他曾经对自己的雇员使用这种方法，他说："让他们以为是他们自己构思出了那些别人逐渐灌输给他们的思想。"这样达到了成功给别人建议的目的，又很好地维护了他人的自尊心，从而增强他的成就感和自豪感。

赫斯特年轻的时候在旧金山开了一家规模比较小的报社。一次，适逢著名漫画家纳斯特来到旧金山，赫斯特就想请他帮助自己完成一个非常重要的计划：为了保险起见，他想发动人们敦促电车公司在电车前面装上保险杠，而这需要纳斯特按他的构思给他画了一幅漫画，可纳斯特替他画的第一幅画却令他不满意。纳斯特是著名的漫画家，自己又很难说动他，如何才能让纳斯特心甘情愿地为他重画一幅漫画呢？

一天晚上，他们共用晚餐时，赫斯特大大夸赞了那幅漫画。接下来，赫斯特又说："这里的电车已经造成许多孩子或死或残。有时候，我觉得那些开车的司机就像吃人的妖精一样，根本不像人。他们好像从来不会思考，总是直接冲向那些在街上玩耍的孩子们。"纳斯特立即跳了起来，惊讶地嚷道："天啊，先生，我保证可以画出一张出色的漫画，请把原来的那张撕掉吧，我重新再画一张。"

于是，纳斯特兴高采烈地在宾馆挥舞着画笔，按赫斯特的思路，一直忙到深夜。第二天，他果然送来了可使电车公司屈服的杰作。

纳斯特是在赫斯特的巧妙诱导下主动请求重画的，还按照赫斯特的思路辛苦了大半夜，重新画了一幅漫画。在纳斯特自己看来，他甚至以为是自己无意中有了一个绝妙的构思。聪明的赫斯特就是这样不动声色地用这种暗示的方法把自己的思路放进纳斯特的头脑中的。

每个人总是尽可能地去表达自己的思想，如果内向者想让他人愉快地接受自己的意见和计划，最好让他人觉得这一切都是自己的想法，相信一切都源自他们自己的创作，而不是按照他人的思路。不露痕迹地把自己的思想植入他人的脑中，使得他人完全心甘情愿地听你的，最后他人还会以为这个想法是他自己的。

1.仅仅提出建议，让对方实施

戴尔·卡耐基曾经说过："如果你仅仅是提出建议，而让别人自己去得出结论，让他觉得这个想法是他自己的，这样不更聪明吗？"有关社会学家的研究成果已经表明，人们对于自己得出的看法，往往比别人给的看法更加坚信不疑。

2.避免将自己的想法强加给别人

内向者要想使自己的想法被别人接受，在许多时候应该仅仅提出建议和意见，其中所蕴含着的结论，最后留给别人自己去得出。而不宜越俎代庖，硬把自己的意见往别人头脑里塞。让他人觉得正确结论是他自己得出的，可以说是内向者向他人提出意见的最高艺术。它将所表达的意见，用

巧妙的形式表现出来。

3.让他以为想法是自己想出来的，更容易接受

人与人之间交往，当内向者发现他人的决策、意见有错误和失误的时候，不妨向他人提出一些建议、忠告。最高明的技巧是既提出自己的见解能够让他人采纳，又让他人觉得这个见解其实是他自己的想法。所谓就是让人毫不察觉地把自己的想法传达进他的大脑，并使之接受。

若让他人觉得正确结论是他自己得出来的，就不要直接去点破错误、失误之所在，而是用征询意见的方式，向他人讲明其决策、意见本身与实际情况不相吻合，使他人在参考你所提出的许多意见时，自己得出你想要说出的正确结论。这样一来，内向者仅仅提出意见，就能使他人得出正确想法，我们也会因为他人正确的决策而受益，他人也会因为这个想法是他自己的而自豪不已。

内向者心理启示：

孙子云："不战而屈人之兵。"孙子认为，能够百战百胜，还不算是最高明的将帅；只有不战而使敌人屈服，那才称得上是高明中之最高明者。同样的道理，内向者想在交际中以智取胜：巧妙提出自己的建议，让他人发现问题，并通过思考来解决问题，让他人觉得那个想法是他自己的。这既容易达到建议的目的，又会最大限度地保护他人的自尊心。

以谬制谬，说服强势的他

"以谬制谬"，也就是面对他人的谬论，人们有时可以用确凿的事实、严密的论据去反驳，但以谬制谬的方法却并不是这样，而是用跟对方同样荒谬的言语进行说服，这同样能达到说服对方的目的。用简单的话来说，也就是当对方说出错误的言论时，不要去纠正他，而是顺着对方的错误言论，推出错误的结果。一旦结果呈现在对方面前时，对方的错误言论也就不攻自破了。这样的说服巧妙之处在于，相当于是对方主动开口承认自己的言语是错误的，从而甘心情愿听从。当然，正因为如此巧妙，才会在说服过程中发挥出强有力的作用，让对方无法反驳，只能哑口无言地呆愣在那里。

楚庄王钟爱一匹马，这匹马穿的是华丽锦缎，住的是华丽房屋，睡是床铺，吃的是切好的干枣。后来这匹马死了，楚庄王决定用棺椁装殓它，以大夫的礼仪来替它风光大葬。大臣们议论纷纷，都认为楚庄王的做法很不妥。楚庄王不听众人的劝解，说谁敢再为葬马的事情劝说他，就要杀头，群臣都不敢再劝了。

这时，楚国田的乐官优孟大哭着走了进来。楚庄王奇怪他为什么哭，优孟回答说："这匹马是大王最喜欢的，就凭楚国这样大的国家，有什么事情办不到？大王却只用大夫的礼仪来安葬宝马，太不够档次了，大王应该改用人君的礼仪来葬马。"楚庄王问："怎样用人君的礼仪葬马呢？"优孟说："臣请求大王用雕饰过的玉做棺材，派甲士挖穴，让老人和孩子背土。齐、赵两国陪侍在前面，韩、魏两国护卫在后面。庙堂祭祀用太牢为祭品，封给万户大的地方作为它的奉邑。"

听到这里，楚庄王已经意识到这样的方式好像太过分了，优孟见时机已经成熟，便下结论说："诸侯听到了这件事，都知道大王您轻视人而重视马。"楚庄王一听，马上说："寡人的过错竟到了这种地步吗？太不可思议了，我该怎么办呢？"优孟笑着说："请大王将这匹马当作一匹普通的牲畜来埋葬吧，在地上挖个土灶，用铜铸的大鼎作为棺材，赏赐给它姜枣，再用木兰树的皮铺在棺材里，用粳米做祭品，用大火炖煮，将它埋葬在人的肠胃里。"楚庄王觉得优孟说的话在理，于是叫人把马交给了宫里主管膳食的官员。

楚庄王要给马办丧事，这本来就很荒唐，而将马的葬礼办得跟大夫的葬礼一样简直就是胡闹。但在楚庄王自己看来却不觉得有什么过错，因为他太爱那匹马了，面对楚庄王如此的决定，大臣们如何反驳呢？这时优孟先不指出楚庄王的错误，而是顺着他的想法，推理出一系列结论，让楚庄

王意识到自己的想法是荒谬的，最后优孟则达到了“以谬制谬”的目的。

内向者在使用“以谬制谬”这种说服方式时，需要注意哪些问题呢？

1.必须确认对方的言论是“谬”的

以谬制谬的方式只针对对方的言论是谬的，假如内向者明明知道对方的言论是正确的，还使用这个方法，那无疑给自己难堪，因为你所推理出来的结论会证明你的言论是错误的。

2.采用以退为进的辩论

即便发现对方的言论是极其荒谬的，也不需要说破，而是先假设对方观点是合理的，然后将对方貌似合理的论点加以引申，推出一个明显错误的谬论。以其人之道还治其人之身，有力驳倒对方的观点，这样的说服过程才是精彩的。

内向者心理启示：

《墨子·贵义》中有：“以其言非吾言者，是犹以卵投石也，尽天下之卵，其石犹是也，不可毁也。”楚庄王正在情绪之中，硬碰硬地说服对方显然是没有用的，优孟从另外一个角度出发，先顺从楚庄王的意思，契合对方心理，让楚庄王得以顺利地听下去，然后通过推理推出一个谬论，及时地说服了强势的楚庄王。

第19章

内向者轻松获得他人帮助的心理策略

如果内向者想让他人主动给你帮忙，那么最重要的一点就是你要取得他人的信任。在与他人的沟通过程中，内向者需要巧用话语攻心策略，特别是在求人办事的时候，“瓦解”对方的心理防线，经过一番言语说辞，轻松获得他人的帮助。

用眼神和暗示鼓励对方

生活中的每一个人，都有较强的自尊心和荣誉感。假如内向者在请求帮助时给予对方真诚的表扬与鼓励，就是对他人价值的最好承认和重视。以真诚鼓励他人，能使他人的心灵需求得到满足，并能激发他人潜在的才能。如果想得到他人的支持，就需要打动他人，而打动他人最好的方式就是真诚的欣赏和善意的赞许。一个善意的眼神，一句简单的问候，一个温暖的怀抱，一束期待的目光，对他人来说，都是一种鼓励。而这样的鼓励，常常会激励他人奋发向上，并且引起他人对你的感激之情。

韩国某大型公司的一个清洁工，本来是一个最被人忽视，最被人看不起的角色，但就是这样一个人，却在一天晚上公司保险箱被窃时，与小偷进行了殊死搏斗。

事后，有人为他请功并问他的动机时，答案却出人意料。他说：当公司的总经理从他身旁经过时，总会善意地微笑，并不时地赞美他“你扫的地真干净”。

一个大型公司的清洁工，看别人看来是多么不起眼的一个小角色，他自己也认为这是个很卑微的职位。就是这么一个别人都看不起的人，他内心更需要人们对他的赞许和鼓励，对他而言，一句简单的问候，就可以成为他为你肝脑涂地的理由。这么一句简简单单的话，就使这个员工受到了感动，并愿意为公司的利益而献出自己的生命。这也正符合了中国的一句老话“士为知己者死”。

某王爷手下有个著名的厨师，他的拿手菜是烤鸭，深受王府里的人喜爱，尤其是王爷，更是倍加赏识。不过这个王爷从来没有给予过厨师任何鼓励，使得厨师整天闷闷不乐。

有一天，王爷有客从远方来，在家设宴招待贵宾，点了数道菜，其中

一道是王爷最喜爱吃的烤鸭。厨师奉命行事，然而，当王爷夹了一个鸭腿给客人时，却发现找不到另一条鸭腿，他便问身后的厨师说：“另一条腿到哪里去了？”

厨师说：“禀王爷，我们府里养的鸭子都只有一条腿！”王爷感到诧异，但碍于客人在场，不便问个究竟。

饭后，王爷便跟着厨师到鸭笼去查个究竟。时值夜晚，鸭子正在睡觉。每只鸭子都只露出一条腿。

厨师指着鸭子说：“王爷你看，我们府里的鸭子不全都只有一条腿吗？”

王爷听后，便大声拍掌，吵醒鸭子，鸭子当场被惊醒，都站了起来。

王爷说：“鸭子不全是两条腿吗？”

厨师说：“对！对！不过，只有鼓掌拍手，才会有两条腿呀！”

“只有鼓掌拍手，才会有两条腿！”连一只鸭子都希望得到别人的赞美，更何况是厨师呢？虽然厨师的技艺已经是炉火纯青了，但是他仍需要有人对他进行鼓励，哪怕是王爷一个赞许的眼神，一句简单的话，一个小小的暗示，都会让他受宠若惊。王爷的鼓励，会让他满心欢喜，让他的厨艺更上一层楼。如果他一直没有得到王爷的鼓励，那么他会整日闷闷不乐，无心研究厨艺，他的厨艺也有可能越来越差。

1.以眼神和暗示鼓励对方

内向者要常常用眼神和暗示对他人进行鼓励，可以唤起他对生活的激情，这样的鼓励像是一缕春风，滋润着他的心田，更像是一座桥梁，拉近了你和他之间的距离，并建立和谐的人际关系。他对你的感激和信任，都会让他全心全意地来支持你，帮助你，甚至甘愿为你效力。人际关系中，通过鼓励他人来博取他的信任和感激，就会使你在交际中无往不胜。

2.鼓励是一种心理感应

鼓励是一种心理感应，它能给人带来成就感和喜悦感，能增强人们的自信；鼓励就像是一股清泉，带给人无尽的甘甜和希望，能够唤起人们的斗志；鼓励更是一种理解，给人以生活的勇气，能体现人们美好的心灵。

内向者心理效应：

当人们受到意外的鼓励时，因心里高兴则会对给予自己鼓励的人心中充满感激。一句鼓励的话，可以改变一个人的观念和行为，甚至改变一个人的命运。生活中，内向者要学会鼓励他人，他定会对你感激万分，也会给你很大的支持。

不好意思开口，巧把话说

有这样一个寓言故事：有位车夫拉车上桥，坡很陡，走到半路实在拉不动了。他急中生智，用力顶着车把，放声歌唱起来。听到他这么一唱，前面的人都停下来观察他，后面的人想看看究竟发生什么事了，几步走过去追上他，而车夫则趁着这个好时机央求大家帮着推车，于是大家一齐用力，车就这样被推上了桥。

在这个寓言故事中，车夫懂得抓住人们好奇围观的心理，本来是自己求人帮忙，最后却成为大家自觉自愿的行为，于是，求人办事不露痕迹，让对方自己上套了。对此，内向者应该谨记，求人办事也需要委婉含蓄，讲究“曲径通幽”，留给彼此一定的余地。如果内向者不好意思开口求人，那不如温婉曲折地表达，影响其心理，让其不知不觉掉进“陷阱”。

雷特是《纽约日报》的总编辑，他身边缺少一位精明干练的助理，于是他把目光瞄向了年轻人约翰·海。他需要约翰帮助自己成名，帮助格里莱成为这家大报的成功的出版家。而约翰当时刚从西班牙卸除外交官职，正打算回到家乡伊利诺州从事律师业。

雷特抓住了这个机会，请他到联盟俱乐部吃饭。饭后，他建议约翰到报社去玩玩，从许多电讯中间，雷特找到了一条重要消息。那时恰巧刚开

始编辑国外新闻，于是他对约翰说："请坐下来，为明天的报纸写一段关于这消息的社论吧！"约翰自然无法拒绝，于是提起笔来就写。社论写得很棒，雷特看后很赞赏，于是又请他再帮忙顶缺一星期、一个月，渐渐地干脆让他担任这一职务。约翰就这样在不知不觉中放弃了回家乡做律师的打算，而留在纽约做了新闻记者。

约翰原本并没有想过从事新闻工作，他原本打算回家乡从事律师这个职业。雷特巧妙地抓住了机会，先是婉求"写一篇关于这个消息的社论"，之后又"请他帮忙顶缺一个星期"，接着是"一个月"，时间长了，约翰已经习惯了这份工作，放弃了自己之前的打算。在整个过程中，约翰由"被人请求"而产生的行为转变为自觉自愿的行为，无疑，其中获利最大的人应该是雷特。由此可见，求人办事，央求不如婉求。

1.引起对方的兴趣

求人办事，内向者需要注意的是请求对方给予自己帮助的时候，首先应该引起对方的兴趣，这样才能让其主动钻进"套子"，继而达到自己的目的。

2.激起对方自尊心

当内向者请求对方去做一件事情的时候，不妨先给对方一个强烈的刺激，使对方对做这件事有一定的要求，在这样的情况下，就激起了对方的自尊心，他会很渴望去完成这件事情，而你也将达到自己的目的。

3.运用婉转的表达方式

要想达到求人办事的目的，内向者要学会运用一些婉转的表达方式，说一些委婉含蓄的话，这样会使你事半功倍，同时也能有效地影响对方心理。

内向者心理启示：

在日常交际中，内向者往往因性格羞怯，不愿意开口请求帮助。这时就可以采取委婉的说话方式，既将自己的目的达到了，又可以照顾好自己的心理。当对方理解了话语里的意思，就可以回应自己了。更重要的是，委婉地开口求人，更容易被对方接受。

主动示弱激起对方的同情

人们总是不由自主地同情弱者，不愿意袖手旁观置之于不顾，而比较容易答应弱者的请求。当对方不愿意帮忙或者正犹豫不决的时候，内向者不妨开口“装可怜”，激起对方的保护欲，一旦对方觉得你的说法真实可信，他很有可能作出让步，答应你的请求。求人办事，要放得下面子，做个可怜人，以情乞悯，以达到自己的目的。

汽车巨头亨利·福特公司的贸易业务很忙。他们的桌子上总是堆满了各种催账单。福特每次都是大概看一眼后，就把账单扔在桌子上，对经理说：“你们看着办吧，我也不知道该先付谁的好！”但是有一次，他从一大堆的催账单中抽出一张对财务经理说：“马上付给他！”这是一张传真来的账单，除了列明货物标的、价格、金额外，在大面积空白处还画着一个头像，头像正在流着眼泪。“看看，人家都流泪了，”福特说，“以最快的方式付给她吧！”

我们谁都明白，这个催账人并非真的在流泪，他之所以急着催账，有可能是另有隐情或者急需资金，但是，那催账单上几滴泪珠能够迅速引起他人的重视，以最快的速度要回了大笔的贷款。由此可见，“装可怜”的威力实在不能小看啊！

鲍尔温交通公司总裁福克兰，在年轻的时候因巧妙处理了一项公司的业务而青云而上。他当时是一个机车工厂的普通职员，由于他的建议，公司买下了一块地皮，准备建造一座办公大楼。居住在这块土地上的100户居民，都得因此而迁移地方。但是居民中有一位爱尔兰老妇人，却首先跳出来与机车工厂作对。在她的带领下，许多人都拒绝搬走，而且这些人抱成一团，决心与机车工厂一拼到底。福克兰对工厂领导说：“如果我们建议通过法律途径来解决问题，就费时费钱。我们更不能采用其他强硬的办

法，以硬碰硬，驱逐他们，这样我们将会增加更多仇人，即使建成大楼，我们也将不得安宁。这件事还是交给我来处理吧！”

这一天，他来到了老妇人家门前，坐在石阶上独自地流起了眼泪。这种行为自然引起了老妇人的注意。良久，她开口发问：“年轻人，有什么伤心事吗？说出来，我一定能帮助你。”福克兰趁机走上前去，他擦擦眼泪，没有直接回答老妇人的问题，而是说：“您在这时无事可做，真是天大的浪费呀！我知道您有很强的领导能力，实在是应该抓紧时间干成一番大事业的。听说这里要建造新大楼，您是不是准备发挥超人才能，做一件连法官、总统都难以做成的事：劝您的邻居们，让他们找一个快乐的地方永久居住下去。这样，大家一定会记得您的好处的呀！”第二天，这个强硬顽固的爱尔兰老妇人便成了全费城最忙碌的妇人了。她到处寻觅房屋，指挥她的邻人搬走，并把一切办得稳稳妥妥。办公大楼很快便开始破土动工了。而工厂在住房搬迁过程中，不仅速度大大加快，而且所付的代价竟只有预算的一半。

在这个案例中，福克兰装出一副可怜的样子，用流泪打动了老妇人的心，使对方心甘情愿地为福克兰办成一件大事。事实上，内向者要善于抓住人性的弱点，这样就能使自己在求人办事中获得成功。

1.用眼泪打动对方

三国时期，蜀主刘备是精于哭道的高手，于是，有人戏称“刘备的江山是哭出来的”。虽然，这样的说法有失偏颇，但是，“哭”的确是求人办事的“秘密武器”，在提出自己诉求的时候，不失时机地流下几滴眼泪，会激发对方的保护欲，必然会爽快地答应你的请求。

2.先批评自己

在求人办事的时候，内向者率先就自我批评“不好意思，都是我不好，把这样的事情告诉你，给你带来了麻烦”，不妨装一下可怜，使对方产生同情，以此来达到自己预期目的。

3.表示自己的无助

在提出自己诉求的过程中，内向者不妨通过语言表现自己的无助，比如，“我也是没有办法，不然，我是无论如何都不会来麻烦你的，还希望你能够帮我这个忙”“现在我是一点办法都没有了，希望你能帮忙出个主意”，对方看到你无助的样子，定会毫不犹豫地答应你的请求。

内向者心理启示：

在日常生活中，当人们在讲述自己幼年丧父、生活艰苦等不幸的经历时，旁边的人都会不由自主地宽慰，并给予一定的帮助。“装可怜”虽然不是人们常用的一种方法，但却是非常有效的一种方法。所以，内向者在求人办事的过程中，应该巧妙地运用这一方法，开口“装可怜”，激起对方的保护欲，达到影响他人心理的目的。

参考文献

[1] 墨菲.别让太过内向误了你:最有效的心理调控法 [M].北京：中国华侨出版社，2014.

[2] 苏珊·凯恩.安静:内向性格的竞争力 [M].北京：中信出版社，2012.

[3] 陈思群.内向者的情商修炼书 [M].北京：中国华侨出版社，2012.